物联网工程专业系列教材

嵌入式 Qt 开发项目教程

主　编　王　浩　陈邦琼

参　编　浦灵敏　宋林桂

中国水利水电出版社
www.waterpub.com.cn

内 容 提 要

本书主要包括六部分内容：嵌入式 Linux 开发应用、Qt 开发环境搭建及程序开发、电子相册设计与开发、GPS 定位程序设计与开发、GPRS 短信程序设计与开发以及温湿度实时数据曲线图程序设计与开发。

本书内容体系完整，案例详实，叙述风格平实、通俗易懂。书中的程序实例已全部通过了嵌入式及物联网实训平台的测试。

本书可作为嵌入式与物联网工程相关专业的教材使用，供需要掌握嵌入式开发技术和物联网开发技术的学生学习，还可作为希望了解嵌入式和物联网知识的企业管理者、科研人员、高等院校教师等读者朋友的参考用书。

本书配有免费电子教案，读者可以从中国水利水电出版社网站以及万水书苑下载，网址为：http://www.waterpub.com.cn/softdown/或 http://www.wsbookshow.com。

图书在版编目（CIP）数据

嵌入式Qt开发项目教程 / 王浩，陈邦琼主编. -- 北京：中国水利水电出版社，2014.12（2018.7 重印）
物联网工程专业系列教材
ISBN 978-7-5170-2678-5

Ⅰ. ①嵌… Ⅱ. ①王… ②陈… Ⅲ. ①软件工具－程序设计－高等学校－教材 Ⅳ. ①TP311.56

中国版本图书馆CIP数据核字(2014)第266768号

策划编辑：石永峰　责任编辑：陈　洁　加工编辑：鲁林林　封面设计：李　佳

书　名	物联网工程专业系列教材 嵌入式 Qt 开发项目教程
作　者	主　编　王　浩　陈邦琼 参　编　浦灵敏　宋林桂
出版发行	中国水利水电出版社 （北京市海淀区玉渊潭南路 1 号 D 座　100038） 网址：www.waterpub.com.cn E-mail：mchannel@263.net（万水） sales@waterpub.com.cn 电话：（010）68367658（发行部）、82562819（万水）
经　售	北京科水图书销售中心（零售） 电话：（010）88383994、63202643、68545874 全国各地新华书店和相关出版物销售网点
排　版	北京万水电子信息有限公司
印　刷	三河市鑫金马印装有限公司
规　格	184mm×260mm　16 开本　13.75 印张　302 千字
版　次	2014 年 12 月第 1 版　2018 年 7 月第 2 次印刷
印　数	3001—5000 册
定　价	28.00 元

前　　言

随着嵌入式及物联网技术的快速发展，嵌入式 Linux 平台下的 Qt 应用开发在汽车、电子、工业控制、无线电、数码产品、网络设备等领域得到了广泛的应用。这使得嵌入式 Qt 编程人员成为了当今较为紧缺的人才，目前越来越多的学校相继开设了嵌入式专业和物联网应用技术专业，同时国内市场上有关在 Linux 环境下 Qt 编程开发方面的书籍也不少，但几乎没有一本是以工作过程为导向，按照任务驱动、案例式、模块化进行讲解嵌入式 Qt 开发技术的。

本书是集作者多年来从事嵌入式和物联网技术开发、教学及师资培训、嵌入式及物联网技术大赛指导等方面的经验，系统总结和归纳了嵌入式 Qt 开发技术，对嵌入式 Linux 开发环境搭建、工具安装设置、Qt 开发环境搭建、Qt 库编译及有关项目设计与开发进行了详细讲述。本书立足当前嵌入式及物联网发展趋势、核心技术及其主要应用领域，将技术热点与实践应用紧密结合，以实际应用为中心，按照任务驱动、模块化方式，并结合嵌入式 Qt 开发项目案例，由浅入深、循序渐进地讲解嵌入式 Linux 系统下的 Qt 开发流程和实用技术。

本书按照嵌入式系统的开发流程分成六章，包括嵌入式 Linux 开发应用、Qt 开发环境搭建及程序开发、电子相册设计与开发、GPS 定位程序设计与开发、GPRS 短信程序设计与开发以及温湿度实时数据曲线图程序设计与开发。“嵌入式 Linux 开发应用”部分讲述嵌入式 Linux 平台搭建、工具安装以及交叉编译程序的整个流程，使读者能够通过实际动手操作，系统地掌握嵌入式环境下 C 程序开发和编译的整个过程。“Qt 开发环境搭建及程序开发”部分讲述 Qt 开发环境搭建、PC 版和 ARM 版 Qt 库的编译安装以及程序的开发编译及下载运行。“电子相册设计与开发”部分详细讲解利用 Qt 图形图像编程技术进行电子相册设计与开发的整个流程。“GPS 定位程序设计与开发”部分讲述通过嵌入式设备上的串口通信，接收从 GPS 接收机发送过来的 NMEA 协议数据，然后进行解析和显示处理。“GPRS 短信程序设计与开发”部分详细讲解通过串口通信编程实现短信的发送和接收。最后“温湿度实时数据曲线图程序设计与开发”部分从 Zigbee 无线通信角度讲述 Zigbee 协调器获取温湿度传感器发送的温湿度数据之后，通过嵌入式 Qt 编程，实现在嵌入式设备界面上实时显示反应温湿度变化的曲线。

本书内容体系完整，案例详实，叙述风格平实、通俗易懂。书中的程序实例已全部通过了嵌入式及物联网实训平台的测试。读者对象包括：各级别从事嵌入式与物联网工程开发的技术人员，Qt 编程开发的技术人员，也可以作为高等院校相关专业师生的教学参考书以及相关培训机构的教材。通过本书的学习，读者可以快速掌握和提升嵌入式 Linux 平台下的 Qt 编程能力和实际开发水平。

由于编写时间较仓促，以及作者水平有限，书中不足之处在所难免，敬请广大读者批评指正。

王　浩

2014 年 9 月

目　录

前言
第 1 章　嵌入式 Linux 开发应用……1
1.1　嵌入式 Linux 简介……1
1.1.1　嵌入式 Linux 特点……1
1.1.2　嵌入式 Linux 应用领域……2
1.2　Linux 操作系统安装……3
1.2.1　Ubuntu 操作系统简介……3
1.2.2　新建虚拟机……4
1.2.3　安装 Ubuntu10.04 操作系统……12
1.2.4　Root 用户参数设置……14
1.2.5　安装 VMware Tools……15
1.2.6　vim 编辑器安装……17
1.2.7　设置 Linux 系统共享文件夹……18
1.3　Linux 交叉编辑器安装……20
1.3.1　交叉开发环境特点……20
1.3.2　交叉开发环境组成要素……20
1.3.3　安装交叉编译器……21
1.4　Linux 平台的 C 程序开发……23
1.4.1　Linux 的 C 程序代码编写……23
1.4.2　编译 PC 版的 C 程序……24
1.4.3　编译 ARM 版的 C 程序……24
1.5　Linux 平台的 minicom 串口安装配置……25
1.5.1　设置虚拟机串口参数……25
1.5.2　安装与配置 minicom……26
第 2 章　Qt 开发环境搭建及程序开发……29
2.1　Qt 技术简介……29
2.1.1　Qt 支持的平台……29
2.1.2　Qt 套件的组成……30
2.2　Linux 平台下 Qt 开发平台搭建……31
2.2.1　构建 Qt/Embeded 的交叉编译环境条件……31
2.2.2　编译安装 PC 版 Qt 库……34
2.2.3　编译安装 ARM 版 Qt 库……38
2.3　Linux 平台下 Qt 程序开发……41
2.3.1　设置开发环境为中文环境……41
2.3.2　构建用户登录程序……42
2.3.3　用户登录程序界面设计……44
2.3.4　用户登录程序信号和槽设计……50
2.3.5　用户登录程序功能代码实现……51
2.4　Linux 平台下 Qt 程序编译运行……53
2.4.1　PC 版程序编译运行……53
2.4.2　ARM 版程序编译下载运行……54
第 3 章　电子相册设计与开发……58
3.1　电子相册功能简介……58
3.1.1　项目开发背景……58
3.1.2　功能结构分析……58
3.2　电子相册程序设计……59
3.2.1　构建电子相册程序……59
3.2.2　电子相册程序界面设计……62
3.3　电子相册程序代码功能实现……69
3.3.1　程序头文件功能实现……69
3.3.2　程序主文件功能实现……71
3.4　电子相册程序运行……75
第 4 章　GPS 定位程序设计与开发……78
4.1　串口通信简介……78
4.1.1　RS-232-C 串口标准……78
4.1.2　串行数据传输……79
4.2　GPS 简介……80
4.2.1　GPS 全球卫星定位系统组成……80
4.2.2　GPS 应用……81
4.3　GPS 系统的 NMEA 协议……82
4.3.1　NMEA 协议特性……82
4.3.2　NMEA 协议使用……83
4.4　GPS 定位程序功能分析……84
4.4.1　硬件设备的 GPS 平台构建……84
4.4.2　串口工具测试……84
4.4.3　功能模块分析……85
4.5　串口类编程简介……85
4.6　GPS 定位程序设计……87

4.6.1 构建 GPS 定位程序……87
4.6.2 GPS 定位程序串口界面设计……89
4.6.3 GPS 定位程序信息显示界面设计……94
4.6.4 GPS 定位程序功能设计……95
4.7 GPS 定位程序代码功能实现……97
4.7.1 程序头文件功能实现……98
4.7.2 程序主文件功能实现……98
4.8 GPS 定位程序编译运行……104
4.8.1 桌面 PC 版程序编译运行……104
4.8.2 嵌入式 ARM 版程序交叉编译运行……105
第 5 章 GPRS 短信程序设计与开发……108
5.1 GPRS 通信基础……108
5.1.1 GPRS 通信简介……108
5.1.2 GPRS 模块结构……109
5.2 短信编解码……109
5.2.1 AT 指令简介……109
5.2.2 UCS2 短信编码……110
5.2.3 UCS2 短信解码……111
5.2.4 GPRS 通信串口测试……112
5.3 短信程序功能分析……115
5.3.1 短信收发程序业务描述……115
5.3.2 发送短消息模块……115
5.3.3 接收短消息模块……116
5.4 GPRS 短信程序设计……116
5.4.1 构建 GPRS 短信程序……116
5.4.2 GPRS 短信程序界面设计……118
5.4.3 短信号码设置界面设计……120
5.4.4 短信发送与接收区界面设计……125
5.4.5 GPRS 短信程序功能设计……126
5.5 GPRS 短信程序代码功能实现……130
5.5.1 程序头文件功能实现……130
5.5.2 程序主文件功能实现……131
5.6 GPRS 短信程序编译运行……145
5.6.1 桌面 PC 版程序编译运行……145
5.6.2 嵌入式 ARM 版交叉编译运行……147
第 6 章 温湿度实时数据曲线图程序设计与开发……149
6.1 数字温湿度传感器简介……149
6.1.1 DHT11 引脚说明及接口电路……149
6.1.2 DHT11 数据时序……150
6.1.3 CC2530 与 DHT11 通信……151
6.2 Zigbee 技术简介……152
6.2.1 ZiggBee 协议体系结构……152
6.2.2 ZigBee 网络拓扑结构……153
6.2.3 ZiggBee 网络设备类型……154
6.2.4 DHT11 传感器驱动程序的设计……154
6.3 ZigBee 协调器程序功能实现……158
6.3.1 Zigbee 协调器建立无线通信网络……158
6.3.2 协调器无线温湿度采集功能实现……159
6.4 ZigBee 终端节点程序功能实现……160
6.4.1 终端温湿度数据发送功能实现……160
6.4.2 下载和调试通信程序……163
6.5 温湿度实时数据曲线图程序设计……163
6.5.1 硬件设备平台构建……163
6.5.2 串口工具测试 Zigbee 节点模块……164
6.5.3 功能模块设计……165
6.6 温湿度实时数据曲线图程序设计……166
6.6.1 构建温湿度实时数据曲线图程序……166
6.6.2 嵌入式网关串口通信界面设计……168
6.6.3 温湿度实时数据显示界面设计……170
6.6.4 温湿度实时数据曲线图界面设计……171
6.6.5 温湿度实时数据曲线图程序功能设计……172
6.7 温湿度实时数据曲线图程序代码功能实现……177
6.7.1 程序头文件功能实现……177
6.7.2 程序主文件功能实现……178
6.8 温湿度实时数据曲线图程序编译运行……183
6.8.1 桌面 PC 版程序编译运行……183
6.8.2 嵌入式 ARM 版交叉编译运行……184
附 录……187
附录 1 电子相册程序实现源码……187
附录 2 GPS 定位程序实现源码……191
附录 3 GPRS 短信程序实现源码……196
附录 4 温湿度实时数据曲线图程序实现源码……209

第 1 章　嵌入式 Linux 开发应用

1.1　嵌入式 Linux 简介

嵌入式 Linux（Embedded Linux）是指对标准 Linux 经过小型化裁剪处理之后，能够固化在容量只有几 KB 或者几 MB 字节的存储器芯片或者单片机中，是适合于特定嵌入式应用场合的专用 Linux 操作系统。在目前已经开发成功的嵌入式系统产品当中，有近一半嵌入式使用的是经过裁剪的嵌入式 Linux 操作系统。这与它自身的优良特性是分不开的。

1.1.1　嵌入式 Linux 特点

嵌入式 Linux 同 Linux 一样，具有低成本、多种硬件平台支持、优异的性能和良好的网络支持等优点。另外，为了更好地适应嵌入式领域的开发，嵌入式 Linux 具有以下几方面特点：

1．模块化方面

Linux 的内核设计非常精巧，分成进程调度、内存管理、进程间通信、虚拟文件系统和网络接口五大部分。其独特的模块机制可根据用户的需要，实时地将某些模块插入或从内核中移出，使得 Linux 系统内核可以裁剪得非常小巧，很适合于嵌入式系统的需要。

2．实时性方面

由于现有的 Linux 是一个通用的操作系统，虽然它也采用了许多技术来提高内部系统的运行和响应速度，但从本质上来说并不是一个嵌入式实时操作系统。因此，利用 Linux 作为底层操作系统，在其上进行实时化改造，从而构建出一个具有实时处理能力的嵌入式系统，

3．硬件支持方面

Linux 能支持 X86、ARM、MIPS、ALPHA 和 PowerPC 等多种体系结构的微处理器。目前已成功地移植到数十种硬件平台，几乎能运行在所有流行的处理器上。另外世界范围内有众多开发者在为 Linux 的扩充贡献力量，所以 Linux 有着异常丰富的驱动程序资源，支持各种主流硬件设备和最新的硬件技术，甚至可在没有存储管理单元 MMU 的处理器上运行，这些都进一步促进了 Linux 在嵌入式系统中的应用。

4．安全性方面

Linux 内核的高效和稳定已在各个领域内得到了大量事实的验证。Linux 中大量网络管理、网络服务等方面的功能，可使用户很方便地建立高效稳定的防火墙、路由器、工作站、服务器等。为提高安全性，它还提供了大量的网络管理软件、网络分析软件和网络安全软件等。

5. 网络支持方面

Linux 是首先实现 TCP/IP 协议栈的操作系统，它的内核结构在网络方面是非常完整的，并提供了对包括十兆位、百兆位及千兆位的以太网，还有无线网络、Token ring（令牌环）和光纤甚至卫星的支持，这对现在依赖于网络的嵌入式设备来说无疑是很好的选择。

1.1.2 嵌入式 Linux 应用领域

由于嵌入式 Linux 自身的优良特性，使得嵌入式应用涵盖的领域极为广泛，开发人员可以使用嵌入式 Linux 这种模块化的实时操作系统在工业控制、医疗设备、消费类电子产品、网络设备、智能家居、交通控制以及仪器仪表等领域方面开发各种高端嵌入式产品，如图 1-1 所示。

图 1-1 嵌入式 Linux 应用设备

（1）网络设备：在互联网日益昌盛的今天，人们对网络访问的要求也越来越高，随着 3G、4G 网络的普及，越来越多的应用离不开网络，越来越多的设备加入网络的支持，世界因为网络而改变已成为不争的事实。嵌入式 Linux 对于广域网、局域网、无线设备、有线设备的支持都很强大，所以有如下被广泛应用于这个领域的各个设备：

- Internet 连接设备
- 家庭/建筑物自动化网关
- 移动服务点
- 联网式媒体设备
- 机顶盒

（2）消费类电子：这类产品应用极其广泛，很多产品大家都能随处可见，甚至已经在使用。嵌入式 Linux 创建用户界面更具有个性化，浏览体验更丰富多彩。设备制造商可以快速、高效地将其设备推向市场。嵌入式 Linux 在这方面的典型应用如下：

- 数字相框
- 电子阅读器设备
- GPS 导航设备
- 便携式媒体播放器
- 移动手持终端

（3）工业控制仪器：嵌入式 Linux 以其高性能、高可靠性、强大的数据库和网络支持，使其在工控、仪表仪器和医疗设备等方面也占有一席之地。

- HMI 人机界面
- 遥测设备
- 智能装置
- 监控设备

（4）其他：嵌入式 Linux 还依靠其快速、高效开发的特点被广泛应用于其他领域：

- 条码和 RFID 扫描仪
- 媒体服务器

1.2　Linux 操作系统安装

用户要进行嵌入式 Linux 的应用开发，首先要搭建一个性能优良的主机开发环境，因为嵌入式 Linux 下的大部分开发工作都是在 PC 机端开发完成的，一般嵌入式 Linux 开发环境有以下几个方案：

- 基于 PC 机的 Windows 操作系统下的虚拟机。
- 在 Windows 下安装虚拟机后，再在虚拟机中安装 Linux 操作系统。
- 直接安装 Linux 操作系统。

如果用户的 PC 机硬件配置较好，那么建议在 Windows 环境下安装 VMWare 虚拟机软件，然后再安装一个桌面版本的 Linux 系统，本书安装的是 Ubuntu10.04 版本。

1.2.1　Ubuntu 操作系统简介

Ubuntu 是一个以桌面应用为主的 Linux 操作系统，基于 Debian 发行版和 GNOME 桌面环境，它是一个由全球化的专业开发团队建造的操作系统，内部包含了所有诸如浏览器、Office 套件、多媒体程序、即时消息等应用程序。Ubuntu 是一个 Windows 和 Office 的开源替代品。与 Debian 的不同在于它每 6 个月会发布一个新版本。Ubuntu 的目标在于为一般用户提供一个最新的、同时又相当稳定的主要由自由软件构建而成的操作系统。Ubuntu 具有庞大的社区力量，用户可以方便地从社区获得帮助。Ubuntu 系统有以下三方面特性：

1．安装速度

Ubuntu 的安装速度相对其他版本的 Linux 而言，因其安装过程并不对计算机性能进行检测，所以相对 Windows 系统速度上还是有绝对的优势。但相对于 Linux Mint 和 openSUSE，其速度上的优势就不明显了，由于支持功能相对较多，所以安装过程相对复杂较慢，Ubuntu 运行界面如图 1-2 所示。

图 1-2　Ubuntu 运行界面

2. 汉化方面

由于没有商业利益方面的驱动，在这方面 Linux 的各个版本可能跟 Windows 相比都要逊色，但是相对于其他 Linux 版本，Ubuntu 在汉化方面则有很大优势，其图形界面方面汉化程度要比其他版本有明显优势。

3. 软件方面

Ubuntu 由社区开发，适用于笔记本电脑、桌面电脑和服务器。无论您是在家庭、学校还是工作时使用，Ubuntu 几乎都包含了您所需的所有程序：无论是文字处理和电子邮件，还是 Web 服务和编程工具，这在很大程度上是基于其强大的软件库。

1.2.2　新建虚拟机

（1）运行 WMware Workstation，打开文件菜单，选择 New→Virtual Machine 命令，新建一个虚拟机，如图 1-3 所示。

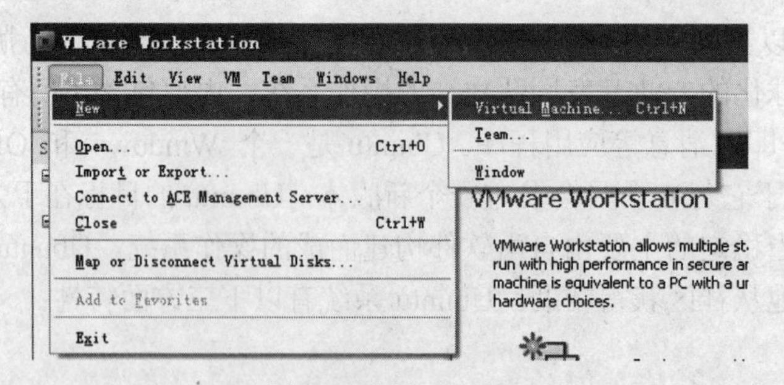

图 1-3　新建虚拟机

（2）选择自定义模式（Custom），单击 Next 按钮，如图 1-4 所示。

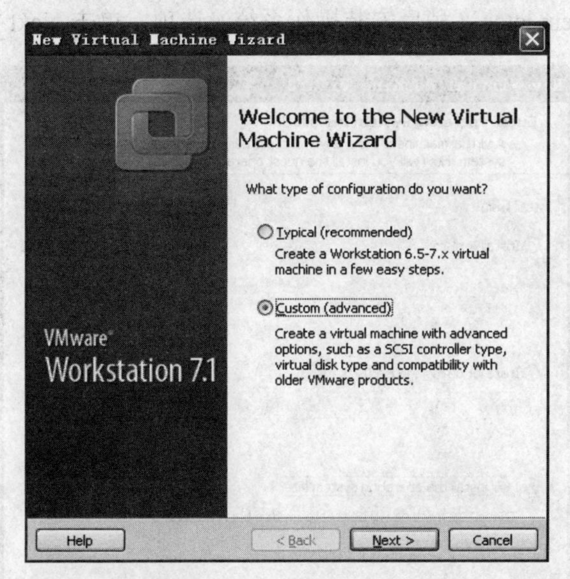

图 1-4　选择自定义模式

（3）由于本机上安装的 WMware Workstation 是 7.1 版本的，所以这里选择 WMware 版本为 Workstation6.5-7.x，单击 Next 按钮，如图 1-5 所示。

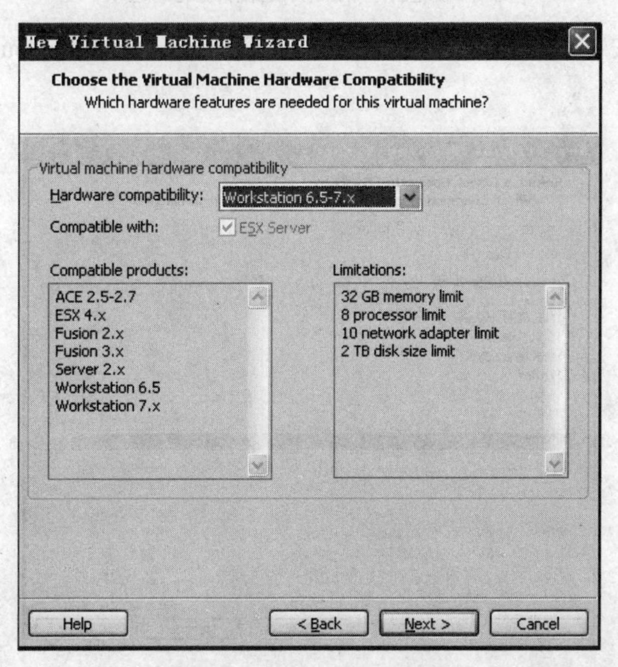

图 1-5　选择 WMware 版本

（4）前面只是新建一个虚拟机，Ubuntu 操作系统将在后面进行安装，所以这里选择 I will install the operating system later.（稍后安装操作系统）选项，单击 Next 按钮，如图 1-6 所示。

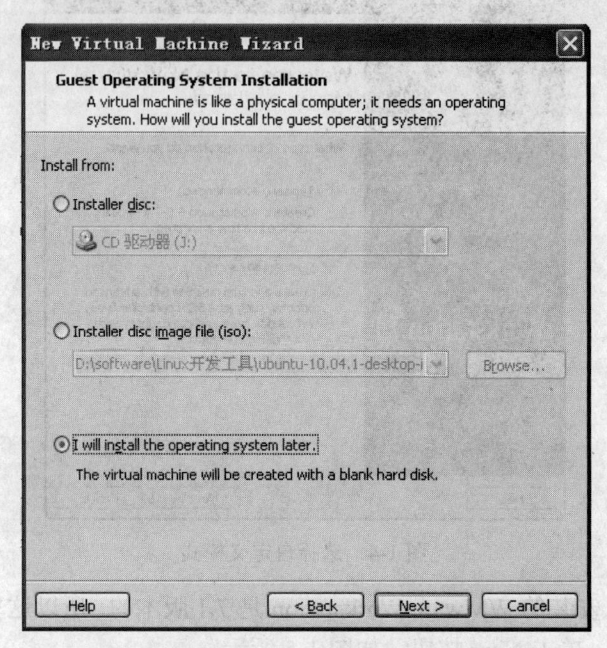

图 1-6　选择“稍后安装操作系统”选项

（5）选择将要安装在虚拟机上的操作系统类型为 Linux，版本为 Ubuntu，单击 Next 按钮，如图 1-7 所示。

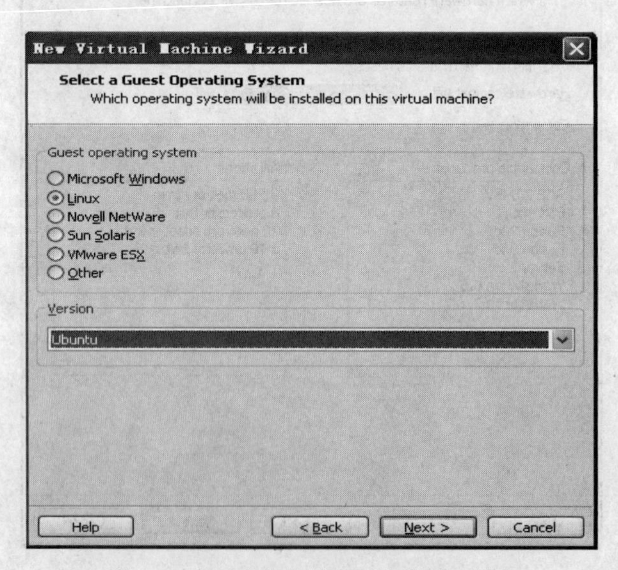

图 1-7　选择安装的操作系统类型和版本

（6）新建的虚拟机命名为 MyUbuntu，安装路径这里选择为 E:\My Documents\My Virtual Machines\MyUbuntu 目录下，单击 Next 按钮，如图 1-8 所示。

图 1-8 选择安装路径

（7）处理器的个数选择 1 个，由于处理器分为单核和多核，这里 PC 的处理器内核选择 2 个，单击 Next 按钮，如图 1-9 所示。

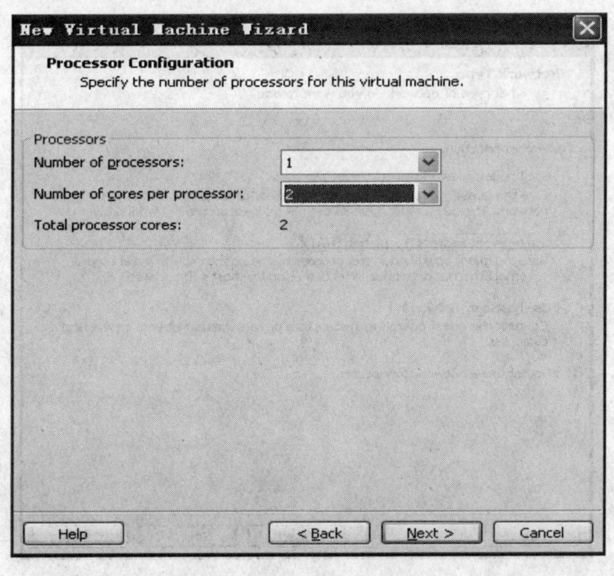

图 1-9 处理器的参数选择

（8）为了使虚拟机运行起来更加流畅一些，这里虚拟机内存设置为 1024MB，即 1GB，单击 Next 按钮，如图 1-10 所示。

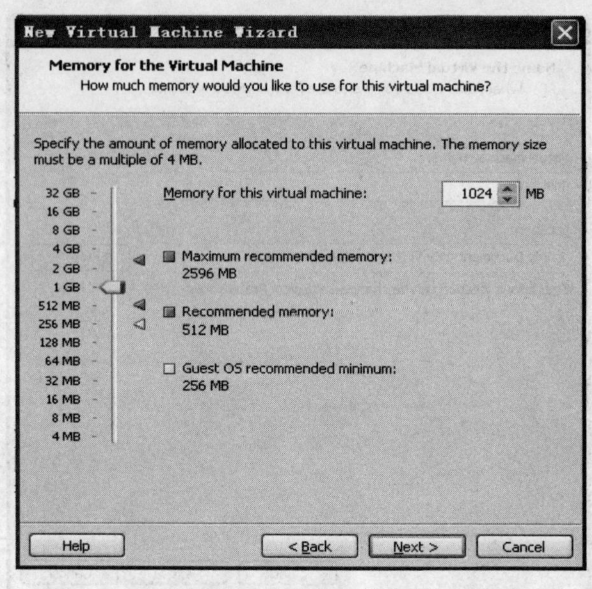

图 1-10　设置虚拟机内存

（9）这里选中 Use network address translation（NAT）（使用网络地址翻译）单选项，这样只有宿主机可以上网，虚拟机不用特殊设置就可以共享宿主机的网络，单击 Next 按钮，如图 1-11 所示。

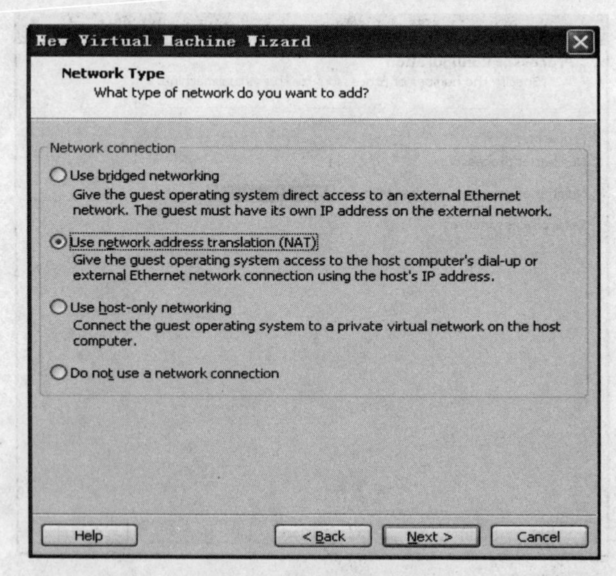

图 1-11　网络连接选择

（10）输入输出控制器保持默认选择，单击 Next 按钮，如图 1-12 所示。

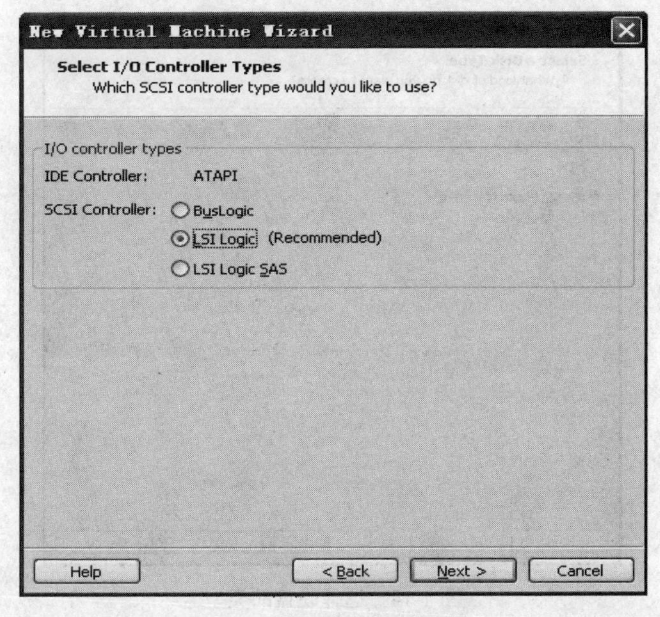

图 1-12　输入输出控制器选择

（11）选中 Create a new virtual disk（新建一个虚拟硬盘）单选项，单击 Next 按钮，如图 1-13 所示。

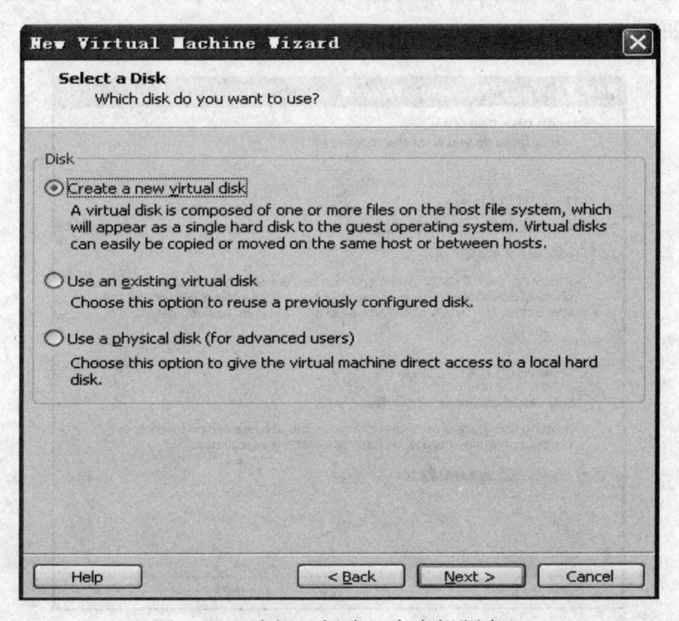

图 1-13　选择“新建一个虚拟硬盘”

（12）选择新建一个虚拟硬盘的类型为 SCSI 类型，单击 Next 按钮，如图 1-14 所示。

图 1-14　选择硬盘的类型

（13）将新建的硬盘最大容量设置为 20GB，同时选择把虚拟硬盘当做一个单独的文件，这里不勾选 Allocate all disk space now.复选框，为的是在新建虚拟硬盘时，不马上直接分配 20GB 空间，而是在之后的使用过程中，慢慢增大这个空间，直到增大到设定的 20GB 为止，单击 Next 按钮，如图 1-15 所示。

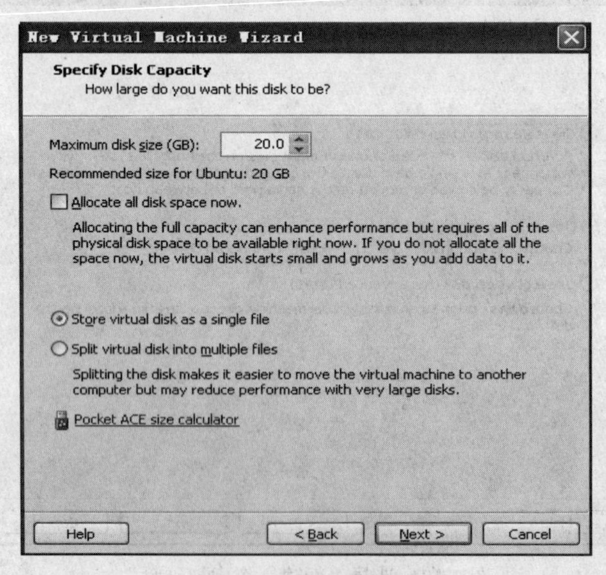

图 1-15　设定硬盘空间

（14）将前面设定的 20GB 硬盘文件命名为 MyUbuntu.vmdk，单击 Next 按钮，如图 1-16 所示。

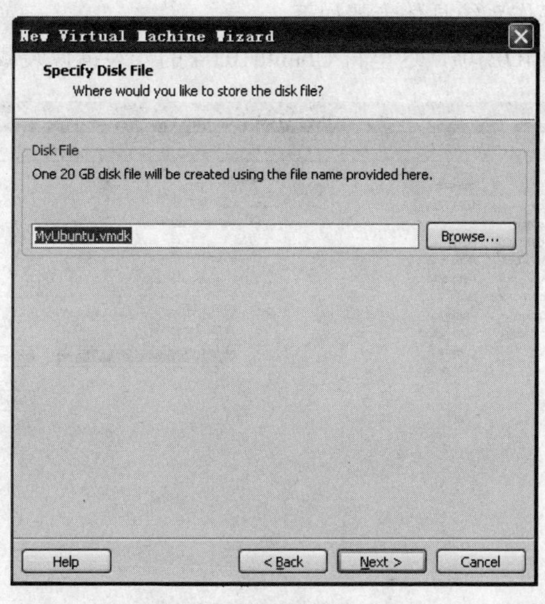

图 1-16　硬盘文件命名

（15）将前面各项参数设置完成之后，在如图 1-17 所示的界面上回显新建的虚拟机各项参数，以确保用户设置正确，单击 Finish 按钮。

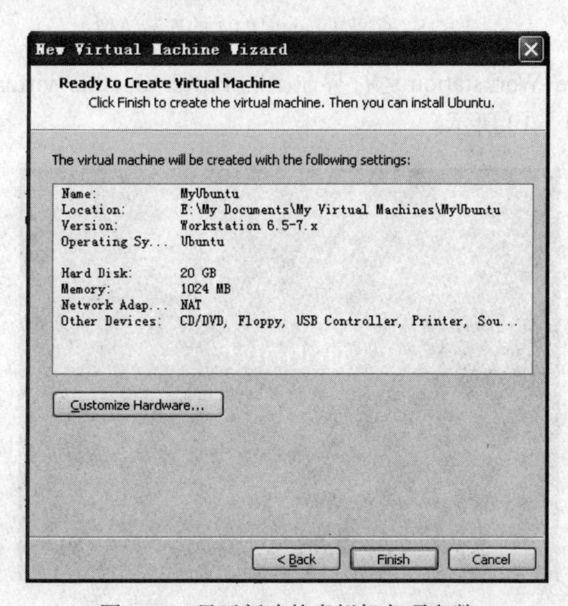

图 1-17　显示新建的虚拟机各项参数

1.2.3 安装 Ubuntu10.04 操作系统

安装 Ubuntu10.04 操作系统具体步骤如下：

（1）选择 CD/DVD(IDE)项，这里将 Ubuntu10.04 的安装镜像装载进行，如图 1-18 所示。

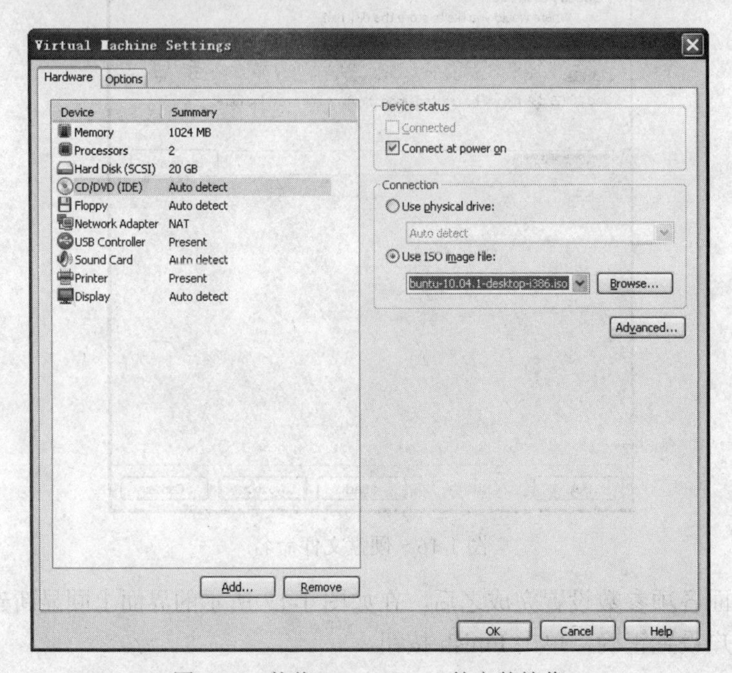

图 1-18　装载 Ubuntu10.04 的安装镜像

（2）单击 WMware Workstation 运行界面上的 Power on this virtual machine 选项，启动 Ubuntu 安装界面，如图 1-19 所示。

图 1-19　Ubuntu 安装启动界面

（3）用户可以根据自己的喜好选择相应版本的 Ubuntu，这里安装语言选择 English 版本，单击 Install Ubuntu 10.04.1 LTS 按钮，如图 1-20 所示。

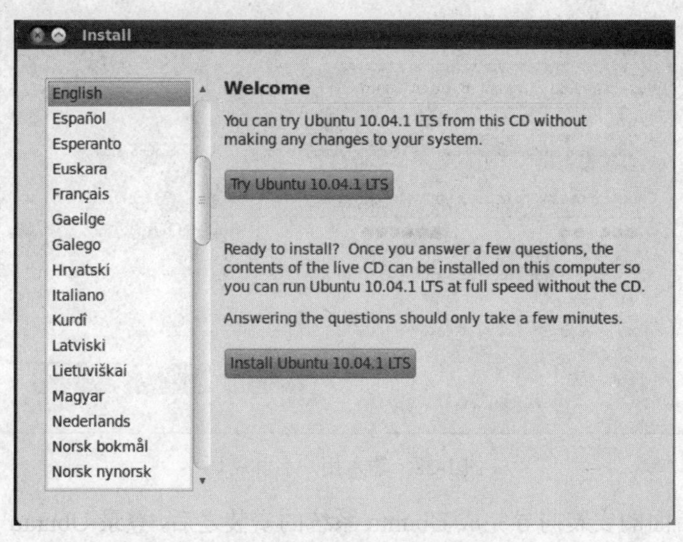

图 1-20　选择安装版本类型和语言

（4）在如图 1-21 所示的界面上，选中 Erase and use the entire disk（擦除和使用整个盘）单选项，单击 Forward 按钮。

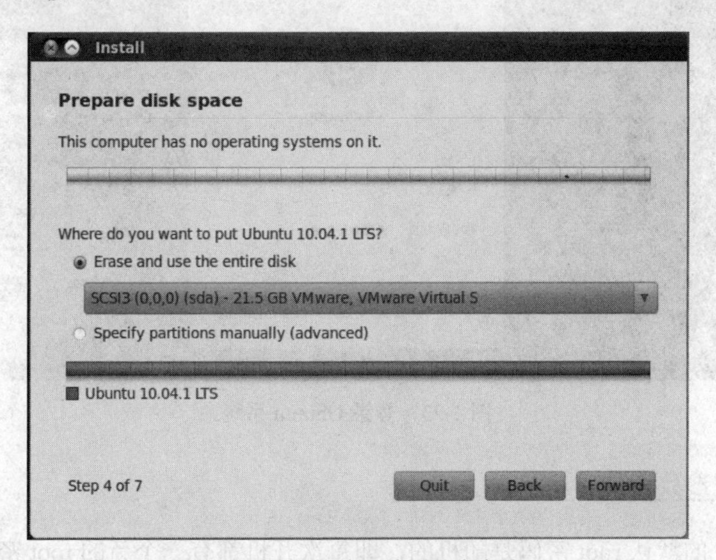

图 1-21　选择擦除和使用整个盘选项

（5）在如图 1-22 所示的界面上，设置登录 Ubuntu 系统的用户名和密码，输入正确之后，单击 Forward 按钮。

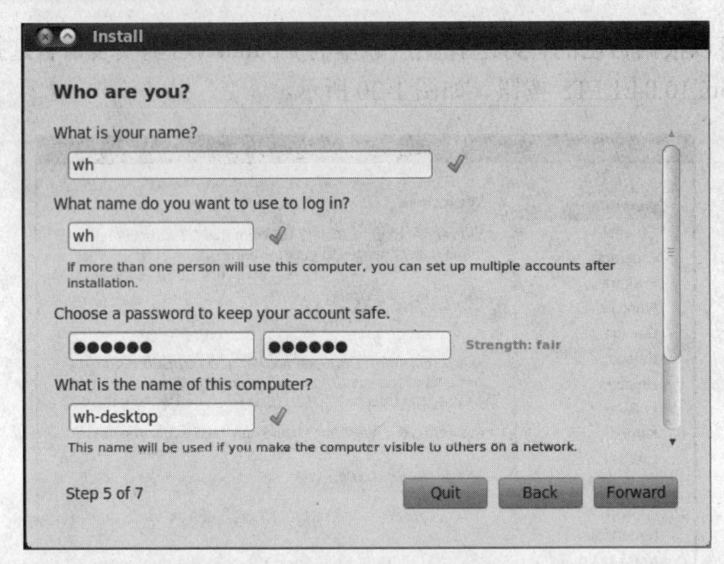

图 1-22　输入用户名和密码

（6）当按照后面的安装向导完成 Ubuntu 系统的安装之后，登录 Ubuntu 系统，在如图 1-23 所示的登录界面上，输入前面设置的 wh 用户密码进行系统登录。

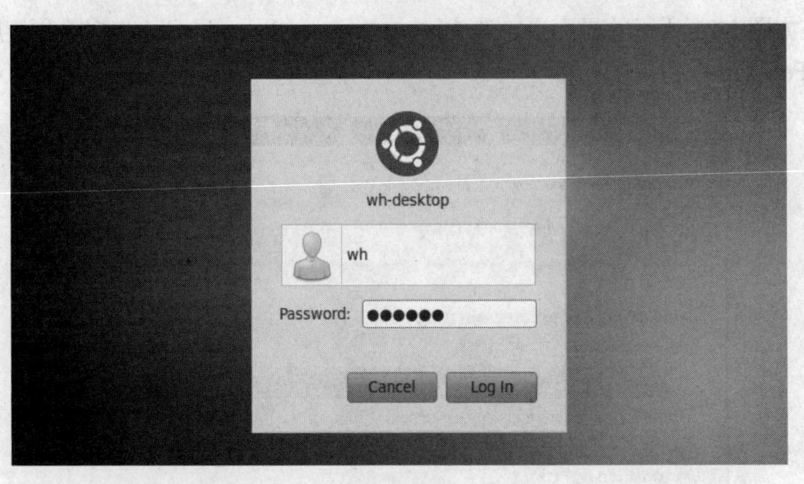

图 1-23　登录 Ubuntu 系统

1.2.4　Root 用户参数设置

Ubuntu 系统的默认 root 密码是随机的，即每次开机都有一个新的 root 密码。用户可以在终端输入命令 sudo passwd，然后输入当前 wh 用户的密码，回车之后，终端会提示我们输入新的密码并确认，此时的密码就是 root 新密码。修改成功后，输入命令 su root，再输入新的密码就可以了，如图 1-24 所示。

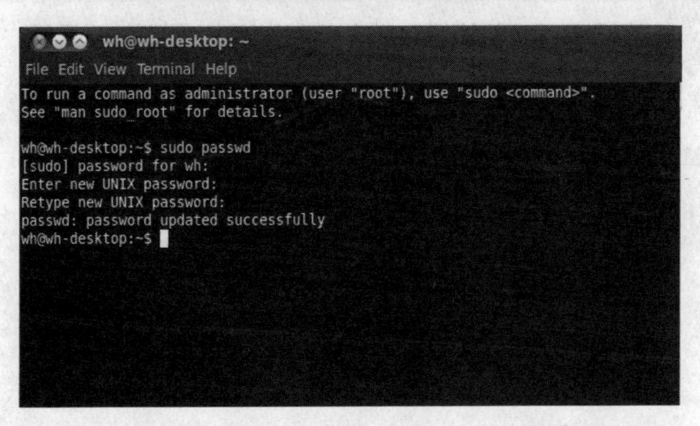

图 1-24　设置 root 用户参数

1.2.5　安装 VMware Tools

前面安装完 Ubuntu 系统之后，用户必须使用 Ctrl+Alt 组合键才能在虚拟和现实系统间进行切换，这样使用起来极不方便。而 VMware Tools 用于解决虚拟机的分辨率问题、改善鼠标的性能以及将虚拟机的剪贴板内容直接粘贴到宿主机中，VMware Tools 是通过光盘镜像的方式加载到操作系统中运行安装的，下面详细介绍 VMware Tools 安装过程。

（1）打开 VMware Workstation，选择菜单 VM→Install VMware Tools 命令，如图 1-25 所示。

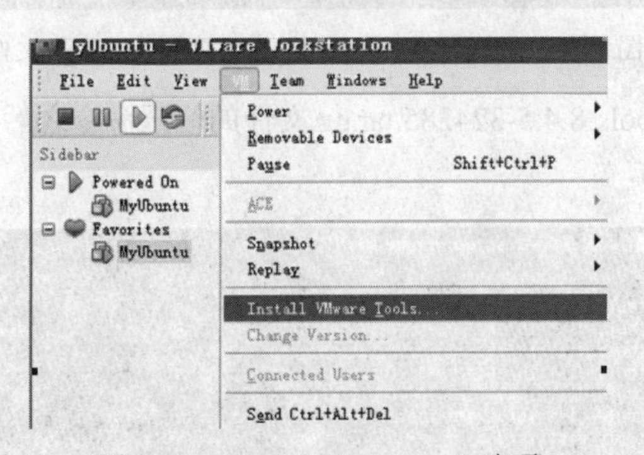

图 1-25　Install VMware Tools 选项

（2）在/media/VMware Tools/目录下显示如图 1-26 所示的 VMwareTools-8.4.5-324285.tar.gz 压缩文件。

（3）解压 VMwareTools-8.4.5-324285.tar.gz 文件。

首先将 VMwareTools-8.4.5-324285.tar.gz 文件拷贝至/home/wh/目录下，然后执行解压命令，如图 1-27 所示，具体操作命令如下：

```
root@wh-desktop:~# cd /media/VMware\ Tools/
root@wh-desktop:/media/VMware Tools# cp VMwareTools-8.4.5-324285.tar.gz /home/wh/
root@wh-desktop:/home/wh/# tar xzvf VMwareTools-8.4.5-324285.tar.gz
```

VMware Tools - File Browser
File Edit View Go Bookmarks Help
Back
Forward
100%
Places
VMware Tools
root
Desktop
File System
Network
Floppy Drive
VMware To...
Trash
manifest.txt
VMwareTools-8.4.5-324285.tar.gz

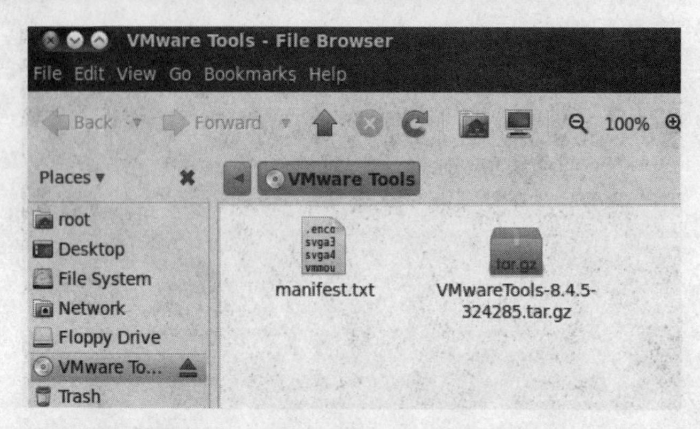

图 1-26　生成 VMwareTools-8.4.5-324285.tar.gz 文件

root@wh-desktop: /home/wh
File Edit View Terminal Help
root@wh-desktop:~# cd /media/VMware\ Tools/
root@wh-desktop:/media/VMware Tools# ls
manifest.txt VMwareTools-8.4.5-324285.tar.gz
root@wh-desktop:/media/VMware Tools# cp VMwareTools-8.4.5-324285.tar.gz /home/wh/
root@wh-desktop:/media/VMware Tools# cd /home/wh/
root@wh-desktop:/home/wh# ls
Desktop examples.desktop Public VMwareTools-8.4.5-324285.tar.gz
Documents Music Templates
Downloads Pictures Videos
root@wh-desktop:/home/wh# tar xzvf VMwareTools-8.4.5-324285.tar.gz

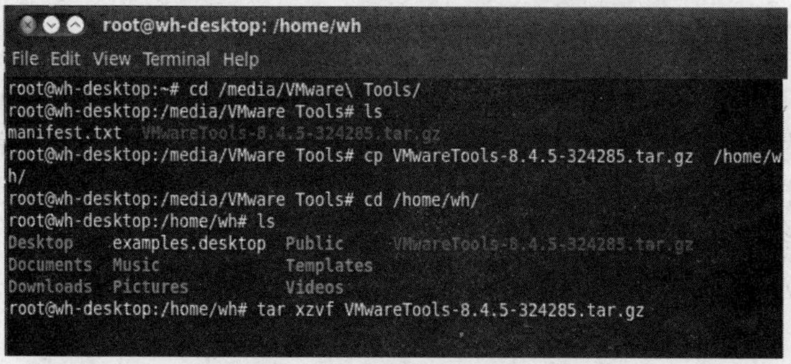

图 1-27　解压 VMwareTools-8.4.5-324285.tar.gz 文件

（4）执行 VMwareTools-8.4.5-324285.tar.gz 文件的解压命令之后，生成 vmware-tools-distrib 文件夹，如图 1-28 所示。

root@wh-desktop: /home/wh
File Edit View Terminal Help
vmware-tools-distrib/etc/suspend-vm-default
vmware-tools-distrib/etc/poweroff-vm-default
vmware-tools-distrib/etc/manifest.txt.shipped
vmware-tools-distrib/etc/vmware-tools-libraries.conf
vmware-tools-distrib/etc/vmware-tools-prelink.conf
vmware-tools-distrib/vmware-install.pl
vmware-tools-distrib/doc/
vmware-tools-distrib/doc/README
vmware-tools-distrib/doc/open_source_licenses.txt
vmware-tools-distrib/doc/INSTALL
vmware-tools-distrib/installer/
vmware-tools-distrib/installer/services.sh
vmware-tools-distrib/installer/upstart-job.conf
vmware-tools-distrib/INSTALL
vmware-tools-distrib/FILES
root@wh-desktop:/home/wh# l
Desktop/ examples.desktop Public/ VMwareTools-8.4.5-324285.tar.gz
Documents/ Music/ Templates/ vmware-tools-distrib/
Downloads/ Pictures/ Videos/
root@wh-desktop:/home/wh# ls
Desktop examples.desktop Public VMwareTools-8.4.5-324285.tar.gz
Documents Music Templates vmware-tools-distrib
Downloads Pictures Videos
root@wh-desktop:/home/wh#

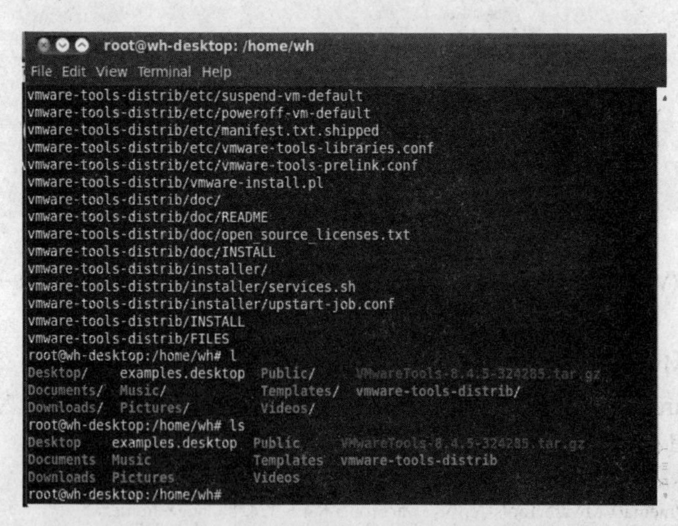

图 1-28　生成 vmware-tools-distrib 文件夹

（5）执行 vmware-tools-distrib 文件夹下的 vmware-install.pl 文件，如图 1-29 所示，具体操作命令如下：

```
root@wh-desktop:/home/wh/vmware-tools-distrib# ./vmware-install.pl
```

```
root@wh-desktop:/home/wh# vmware-tools-distrib/
bash: vmware-tools-distrib/: is a directory
root@wh-desktop:/home/wh# cd vmware-tools-distrib/
root@wh-desktop:/home/wh/vmware-tools-distrib# ls
bin  doc  etc  FILES  INSTALL  installer  lib  vmware-install.pl
root@wh-desktop:/home/wh/vmware-tools-distrib# ./vmware-install.pl
```

图 1-29　执行 vmware-install.pl 文件

（6）按照提示输入信息，推荐输入回车执行，最后成功完成 VMwareTools 的安装，如图 1-30 所示。

```
root@wh-desktop: /home/wh/vmware-tools-distrib
File Edit View Terminal Help
You can now run VMware Tools by invoking "/usr/bin/vmware-toolbox-cmd" from the
command line or by invoking "/usr/bin/vmware-toolbox" from the command line
during an X server session.

To enable advanced X features (e.g., guest resolution fit, drag and drop, and
file and text copy/paste), you will need to do one (or more) of the following:
1. Manually start /usr/bin/vmware-user
2. Log out and log back into your desktop session; and,
3. Restart your X session.

To use the vmxnet driver, restart networking using the following commands:
/etc/init.d/networking stop
rmmod pcnet32
rmmod vmxnet
modprobe vmxnet
/etc/init.d/networking start

Enjoy,

--the VMware team

Found VMware Tools CDROM mounted at /media/VMware Tools. Ejecting device
/dev/sr0 ...
root@wh-desktop:/home/wh/vmware-tools-distrib#
```

图 1-30　VMwareTools 的安装成功

1.2.6　vim 编辑器安装

Ubuntu 默认安装的 vim 编辑器在编辑文本过程中存在很多问题，因此需要重新下载 vim。

用 root 账户登录 Ubuntu，命令行中输入 vim，如果未安装会得到如图 1-31 所示的提示，这里按照提示输入 apt-get install vim 进行 vim 编辑器安装。

```
root@wh-desktop: ~
File Edit View Terminal Help
root@wh-desktop:~# vim
The program 'vim' can be found in the following packages:
 * vim
 * vim-gnome
 * vim-tiny
 * vim-gtk
 * vim-nox
Try: apt-get install <selected package>
root@wh-desktop:~# apt-get install vim
```

图 1-31　安装 vim 编辑器

安装完成后，输入 vim 会进入 vim 的标准模式，这时按键盘上的 i 键进入插入模式，按 Esc 键退出插入模式，进入标准模式，在这个模式下有几个基本命令：

- :wq－保存退出。
- i－进入插入模式。
- x－删除当前光标的字符。
- dd－删除当前行，并且保存当前行到剪切板。
- p－粘贴。
- help <command>－查看命令的帮助。
- ↑、↓、←、→键：上、下、左、右移动光标。
- :w filename－保存文件到当前目录。
- :q－退出 vim 页面。
- :wq!－强行退出 vim 页面。

1.2.7 设置 Linux 系统共享文件夹

（1）打开 VMware Workstation，选择 Options 选项卡，在 Folder sharing 区域中，选中 Always enabled 单选项，单击 Add 按钮，如图 1-32 所示。

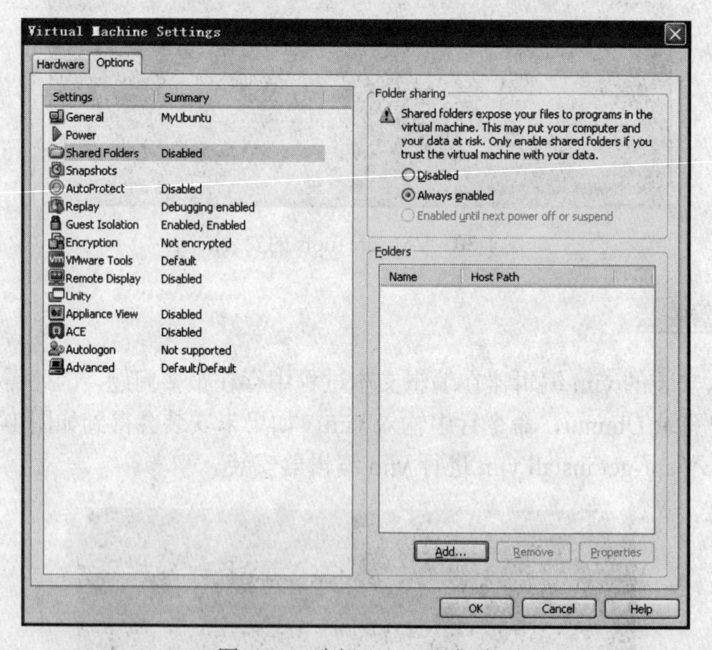

图 1-32　选择 Options 选项

（2）在如图 1-33 所示的“新增共享文件夹”对话框中，路径选择 E:\Sharewhtc，名称设置为 Sharewhtc，单击 Next 按钮，如图 1-33 所示。

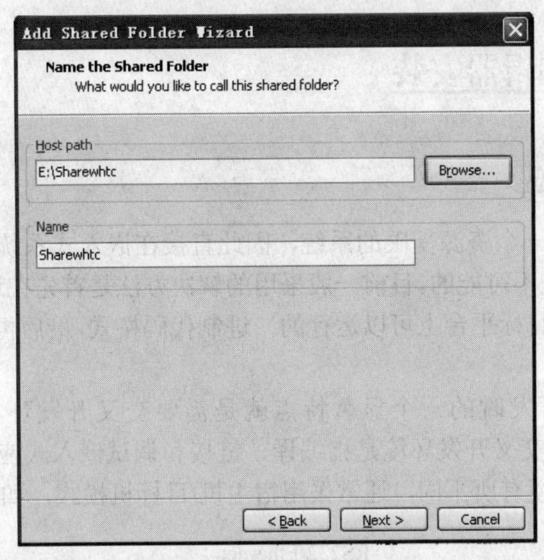

图 1-33　设置共享文件夹属性

（3）当属性设置完成之后，会显示如图 1-34 所示的共享文件夹 Sharewhtc 的名称及路径信息。

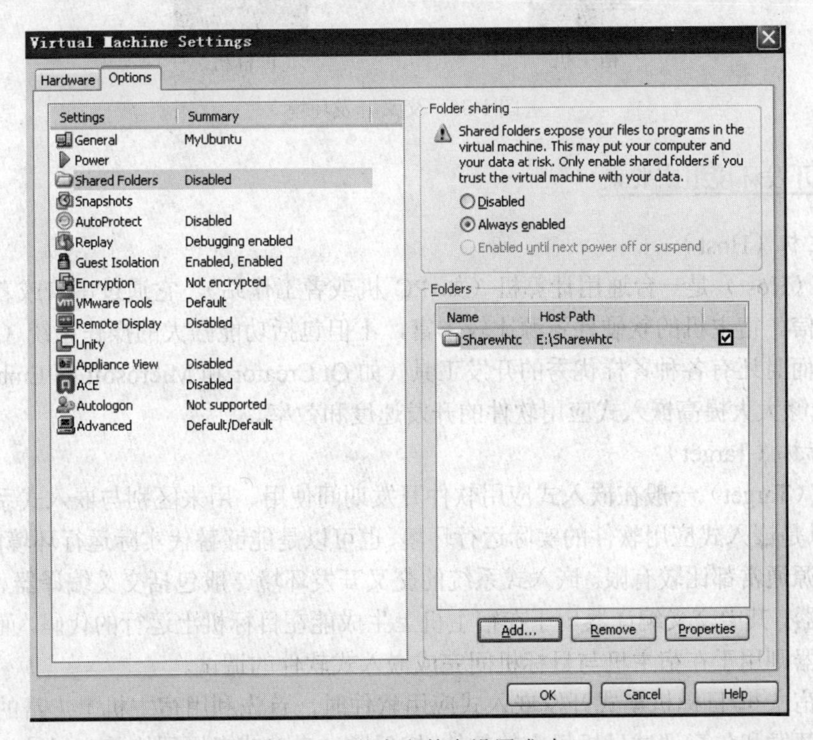

图 1-34　共享文件夹设置成功

1.3　Linux 交叉编辑器安装

1.3.1　交叉开发环境特点

嵌入式系统通常是一个资源受限的系统，因此直接在嵌入式系统的硬件平台上编写软件比较困难，有时候甚至是不可能的。目前一般采用的解决办法是首先在通用计算机上编写程序，然后通过交叉编译生成目标平台上可以运行的二进制代码格式，最后再下载到目标平台的特定位置上运行。

嵌入式应用软件开发时的一个显著特点就是需要交叉开发环境（Cross Development Environment）的支持，交叉开发环境是指编译、链接和调试嵌入式应用软件的环境，它与运行嵌入式应用软件的环境有所不同，通常采用宿主机/目标机模式，如图 1-35 所示。

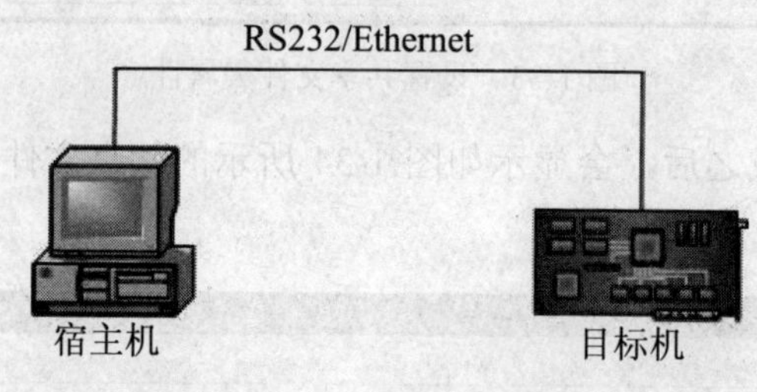

图 1-35　交叉开发环境

1.3.2　交叉开发环境组成要素

1. 宿主机（Host）

宿主机（Host）是一台通用计算机（如 PC 机或者工作站），它通过串口或者以太网接口与目标机通信。宿主机的软硬件资源比较丰富，不但包括功能强大的操作系统（如 Windows 和 Linux），而且还有各种各样优秀的开发工具（如 Qt Creator 和 Microsoft 的 Embedded Visual C++等），能够大大提高嵌入式应用软件的开发速度和效率。

2. 目标机（Target）

目标机（Target）一般在嵌入式应用软件开发期间使用，用来区别与嵌入式系统通信的宿主机，它可以是嵌入式应用软件的实际运行环境，也可以是能够替代实际运行环境的仿真系统，但软硬件资源通常都比较有限。嵌入式系统的交叉开发环境一般包括交叉编译器、交叉调试器和系统仿真器，其中交叉编译器用于在宿主机上生成能在目标机上运行的代码，而交叉调试器和系统仿真器则用于在宿主机与目标机间完成嵌入式软件的调试。

在采用宿主机/目标机模式开发嵌入式应用软件时，首先利用宿主机上丰富的资源和良好的开发环境开发和仿真调试目标机上的软件，然后通过串口或者用网络将交叉编译生成的目标代码传输并装载到目标机上，并在监控程序或者操作系统的支持下利用交叉调试器进行分析和调试，最后目标机在特定环境下脱离宿主机单独运行。

1.3.3 安装交叉编译器

（1）将 arm-linux-gcc-4.5.1-v6-vfp-20101103.tgz 交叉编译器拷贝到前面构建的共享文件夹 Sharewhtc 目录下，如图 1-36 所示。

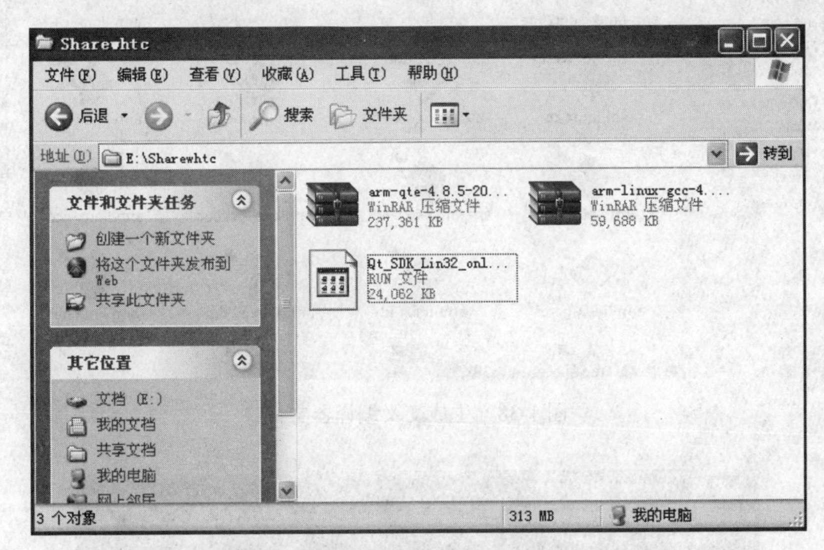

图 1-36 交叉编译器拷贝到共享文件夹

（2）执行如下命令进行解压 arm-linux-gcc-4.5.1-v6-vfp-20101103.tgz 交叉编译器，如图 1-37 所示。

```
root@wh-desktop:/mnt/hgfs/Sharewhtc# tar xzvf arm-linux-gcc-4.5.1-v6-vfp-20101103.tgz  -C /
```

图 1-37 执行解压命令

（3）交叉编译器解压完成之后，在/opt/FriendlyARM/toolschain/4.5.1/bin/目录下生成各种交叉编译器文件，如图 1-38 所示。

（4）设置交叉编译器环境变量。

为了一开机就自动设置 PATH，可修改/etc/profile 文件。执行命令：root@wh-desktop:/# vim /etc/profile，打开文件之后，添加如下内容，如图 1-39 所示。

```
export PATH=/opt/FriendlyARM/toolschain/4.5.1/bin:$PATH
```

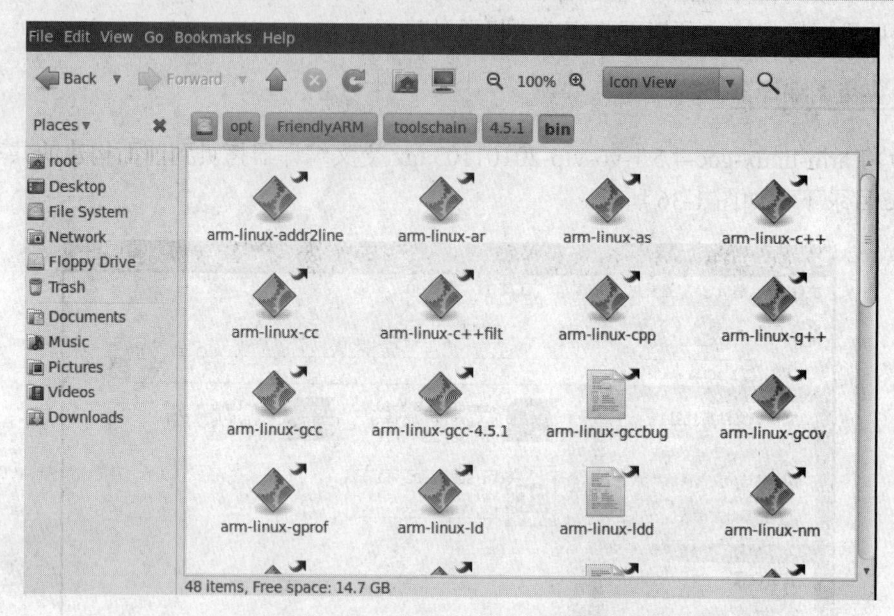

图 1-38　生成交叉编译器文件

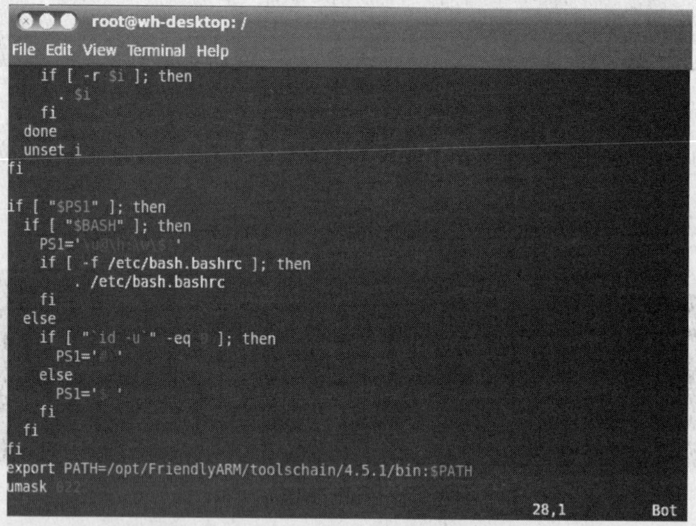

```
root@wh-desktop: /
File Edit View Terminal Help
    if [ -r $i ]; then
      . $i
    fi
  done
  unset i
fi

if [ "$PS1" ]; then
  if [ "$BASH" ]; then
    PS1='\u@\h:\w\$ '
    if [ -f /etc/bash.bashrc ]; then
        . /etc/bash.bashrc
    fi
  else
    if [ "`id -u`" -eq 0 ]; then
      PS1='# '
    else
      PS1='$ '
    fi
  fi
fi
export PATH=/opt/FriendlyARM/toolschain/4.5.1/bin:$PATH
umask 022
                                                  28,1          Bot
```

图 1-39　设置交叉编译器环境变量

（5）输入以下命令，使设置的环境变量生效。

```
root@wh-desktop:/# source /etc/profile
```

（6）检查交叉工具链版本，输入以下命令，如图 1-40 所示。

```
root@wh-desktop:/#arm-linux-gcc -v
```

```
root@wh-desktop: /mnt/hgfs/Sharewhtc
File Edit View Terminal Help
root@wh-desktop:/mnt/hgfs/Sharewhtc# arm-linux-gcc -v
Using built-in specs.
COLLECT_GCC=arm-linux-gcc
COLLECT_LTO_WRAPPER=/opt/FriendlyARM/toolschain/4.5.1/libexec/gcc/arm-none-linux
-gnueabi/4.5.1/lto-wrapper
Target: arm-none-linux-gnueabi
Configured with: /work/toolchain/build/src/gcc-4.5.1/configure --build=i686-buil
d_pc-linux-gnu --host=i686-build_pc-linux-gnu --target=arm-none-linux-gnueabi --
prefix=/opt/FriendlyARM/toolschain/4.5.1 --with-sysroot=/opt/FriendlyARM/toolsch
ain/4.5.1/arm-none-linux-gnueabi/sys-root --enable-languages=c,c++ --disable-mul
tilib --with-cpu=arm1176jzf-s --with-tune=arm1176jzf-s --with-fpu=vfp --with-flo
at=softfp --with-pkgversion=ctng-1.8.1-FA --with-bugurl=http://www.arm9.net/ --d
isable-sjlj-exceptions --enable-__cxa_atexit --disable-libmudflap --with-host-li
bstdcxx='-static-libgcc -Wl,-Bstatic,-lstdc++,-Bdynamic -lm' --with-gmp=/work/to
olchain/build/arm-none-linux-gnueabi/build/static --with-mpfr=/work/toolchain/bu
ild/arm-none-linux-gnueabi/build/static --with-ppl=/work/toolchain/build/arm-non
e-linux-gnueabi/build/static --with-cloog=/work/toolchain/build/arm-none-linux-g
nueabi/build/static --with-mpc=/work/toolchain/build/arm-none-linux-gnueabi/buil
d/static --with-libelf=/work/toolchain/build/arm-none-linux-gnueabi/build/static
 --enable-threads=posix --with-local-prefix=/opt/FriendlyARM/toolschain/4.5.1/ar
m-none-linux-gnueabi/sys-root --disable-nls --enable-symvers=gnu --enable-c99 --
enable-long-long
Thread model: posix
gcc version 4.5.1 (ctng-1.8.1-FA)
root@wh-desktop:/mnt/hgfs/Sharewhtc#
```

图 1-40　测试 arm-linux-gcc -v 版本

1.4　Linux 平台的 C 程序开发

1.4.1　Linux 的 C 程序代码编写

用 vim 编辑文件 test.c，执行 root@wh-desktop:/home/wh# vim test.c 命令，C 程序代码内容如下：

```
#include <stdio.h>
int sum(int m);
int main()
{
        int i , n=0;
        sum(50);
        for(i=1; i<=50; i++)
        {
                n +=1;
        }
        printf("The sum of 1-50 is %d \n", n );
}
int sum(int m)
{
        int i ,n =0;
        for (i=1; i<m; i++)
                n +=1;
        printf("The sum of 1-m is %d\n", n);
}
```

vim 编辑器中的 C 程序代码如图 1-41 所示。

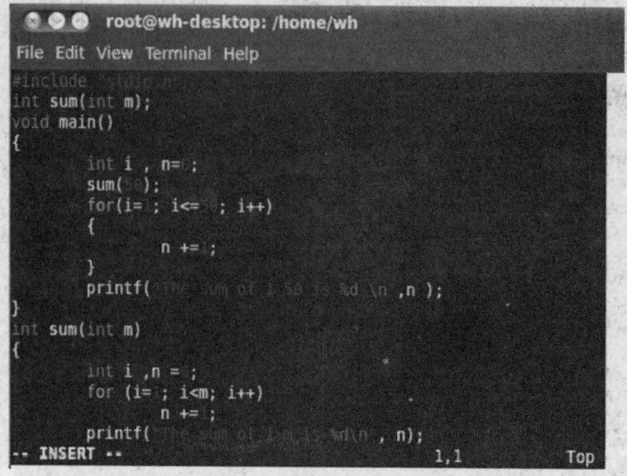

图 1-41　C 程序代码

1.4.2　编译 PC 版的 C 程序

用 PC 版的 Linux 的 C 语言编译器 gcc 执行命令：root@wh-desktop:/home/wh# gcc -o pc-test test.c，编译完成之后生成 pc-test 可执行程序，然后执行./pc-test 文件，显示如图 1-42 所示的运行结果。

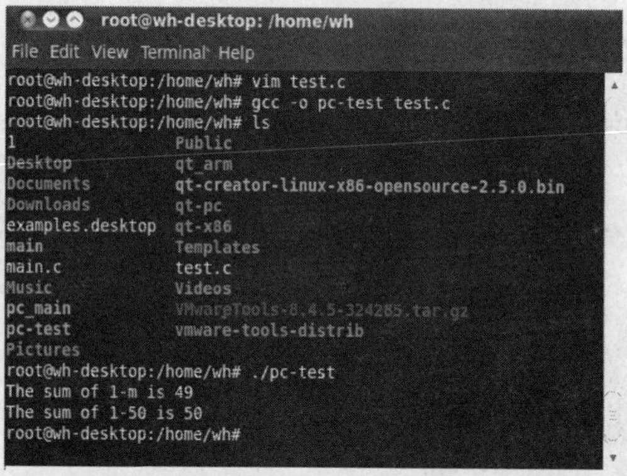

图 1-42　编译运行 PC 版的 C 程序

1.4.3　编译 ARM 版的 C 程序

用交叉编译器 arm-linux-gcc 编译 test.c 文件。注意：直接从 Windows 下的 Word 文档中拷贝程序到 vim 编缉器中，编译时可能会出现错误（可能是字库或换行符的不同）。

执行 root@wh-desktop:/home/wh# arm-linux-gcc -o Arm-test test.c 命令，生成文件 Arm-test。

输入 root@wh-desktop:/home/wh# file Arm-test 命令，查看生成的 test 文件的类型，Arm-test 的文件类型为 ARM 格式，说明 ARM 的交叉编译环境已经安装成功，如图 1-43 所示。

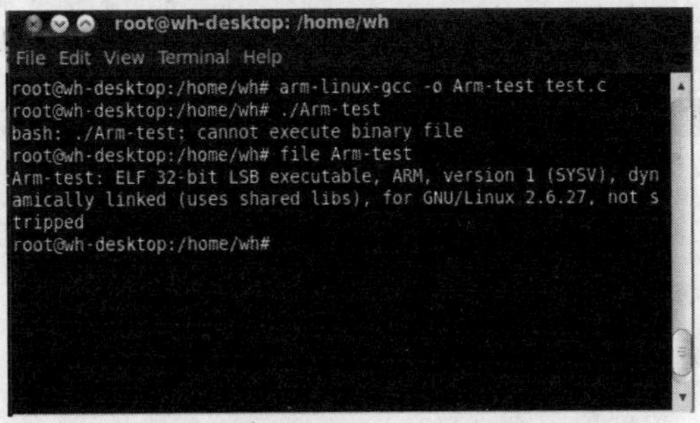

root@wh-desktop: /home/wh
File Edit View Terminal Help
root@wh-desktop:/home/wh# arm-linux-gcc -o Arm-test test.c
root@wh-desktop:/home/wh# ./Arm-test
bash: ./Arm-test: cannot execute binary file
root@wh-desktop:/home/wh# file Arm-test
Arm-test: ELF 32-bit LSB executable, ARM, version 1 (SYSV), dyn
amically linked (uses shared libs), for GNU/Linux 2.6.27, not s
tripped
root@wh-desktop:/home/wh#

图 1-43　交叉编译 ARM 版本的 C 程序

1.5　Linux 平台的 minicom 串口安装配置

为了能够顺利进行后面的项目开发测试，这里需要安装 Linux 下的串口调试工具 minicom。Linux 下 Minicom 的功能与 Windows 下的超级终端功能相似，可以通过串口控制外部的硬件设备，适于在 Linux 对嵌入式设备管理。

1.5.1　设置虚拟机串口参数

（1）打开 VMware Workstation，选择 Hardware 选项，单击 Add 按钮，弹出如图 1-44 所示的“新增串口设备”对话框，选择 Serial Port 项，单击 Next 按钮。

Virtual Machine Settings
Hardware
Options
Device
Memory
Processors
Hard Disk (SCSI)
CD/DVD (IDE)
Floppy
Network Adapter
USB Controller
Sound Card
Printer
Display
Add Hardware Wizard
Hardware Type
What type of hardware do you want to install?
Hardware
Hard Disk
CD/DVD Drive
Floppy Drive
Network Adapter
USB Controller
Sound Card
Parallel Port
Serial Port
Printer
Generic SCSI Device
Explanation
Add a serial port.
< Back
Next >
Cancel
Add...
Remove
OK
Cancel
Help

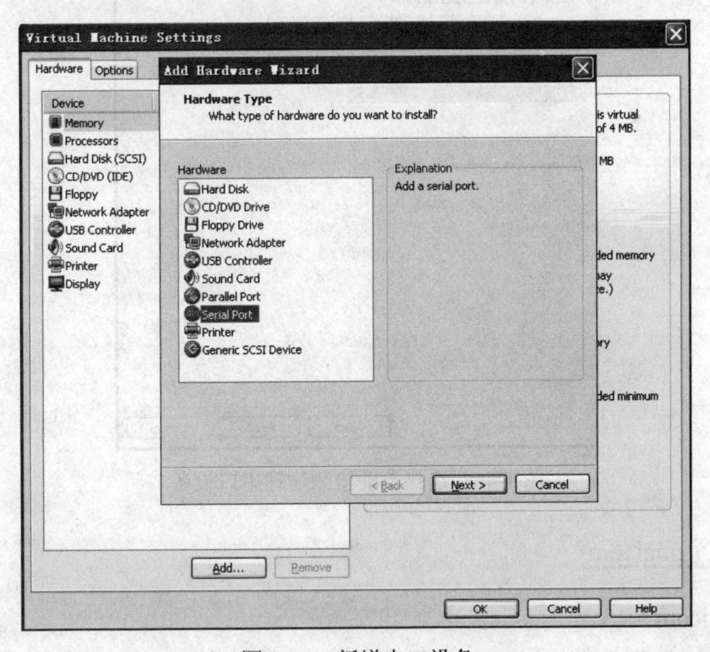

图 1-44　新增串口设备

（2）在如图 1-45 所示的“新增串口设备”对话框中，选择宿主机上的实际物理串口设备。

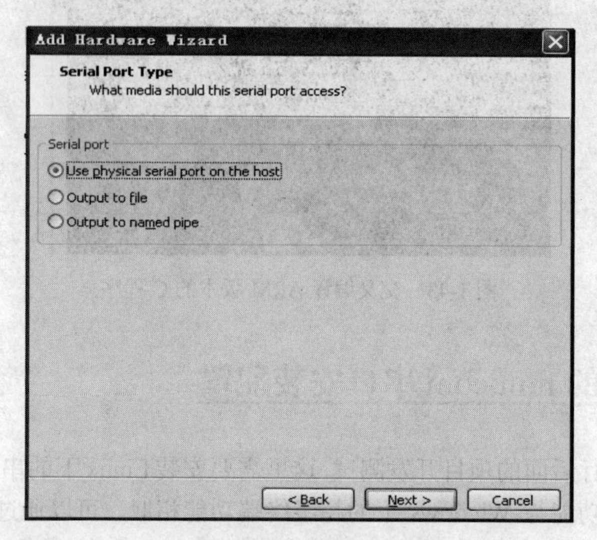

图 1-45　选择宿主机串口设备

（3）在如图 1-46 所示的“新增串口设备”对话框中，选择 Auto detect 选项，表示自动检测物理串口设备。

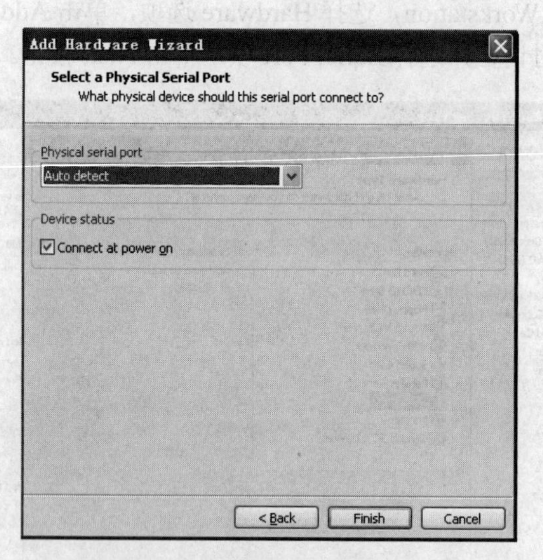

图 1-46　选择自动检测物理串口设备

1.5.2　安装与配置 minicom

1．安装 minicom

执行 root@wh-desktop:/# apt-get install minicom 命令安装 minicom 串口工具。

2. 配置 minicom

（1）执行 root@wh-desktop:/# minicom -s 命令配置 minicom 串口，如图 1-47 所示。

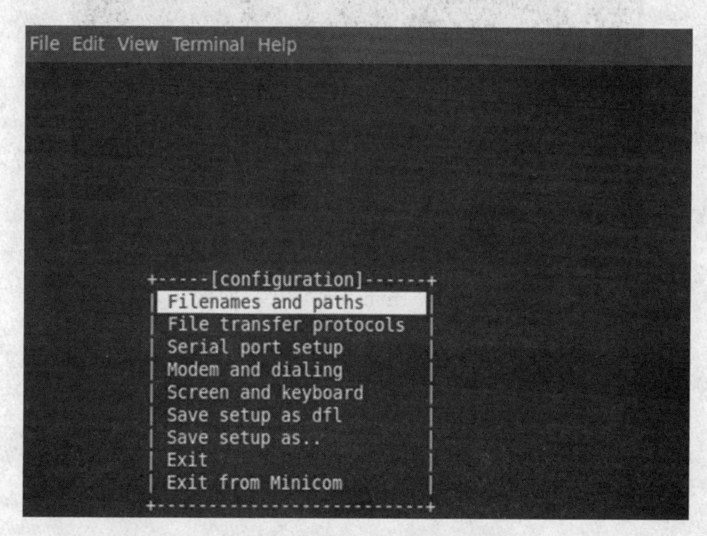

图 1-47　配置 minicom 串口

（2）选择 Serial port setup 项进入如图 1-48 所示的界面。

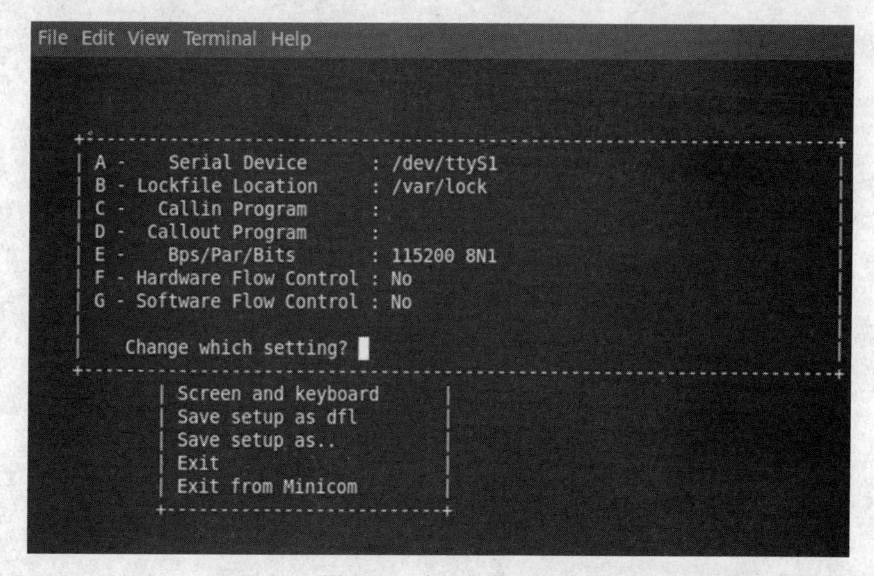

图 1-48　串口参数设置

（3）将“A - Serial Device:”由原来的/dev/ttyS0 设置为为/dev/ttyS1，具体参数请根据宿主机系统设置，回车退出，然后选择 Save setup as dfl 项，回车保存更改设置，再选择 Exit 项退出 minicom，接着 minicom 开始初始化，链接上串口设备，如图 1-49 所示。

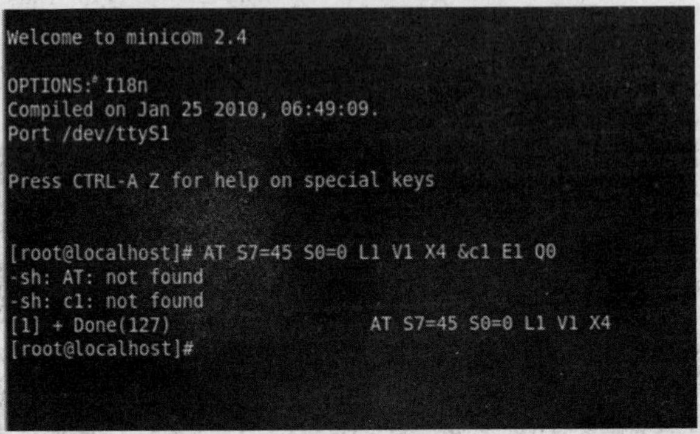

```
Welcome to minicom 2.4

OPTIONS: I18n
Compiled on Jan 25 2010, 06:49:09.
Port /dev/ttyS1

Press CTRL-A Z for help on special keys


[root@localhost]# AT S7=45 S0=0 L1 V1 X4 &c1 E1 Q0
-sh: AT: not found
-sh: c1: not found
[1] + Done(127)                  AT S7=45 S0=0 L1 V1 X4
[root@localhost]#
```

图 1-49　minicom 链接界面

第 2 章　Qt 开发环境搭建及程序开发

2.1　Qt 技术简介

Qt 是一个已经形成事实上的标准的 C++框架，它被用于高性能的跨平台软件开发。除了拥有扩展的 C++类库以外，Qt 还提供了许多可用来直接快速编写应用程序的工具。此外，Qt 还具有跨平台能力并能提供国际化支持，这一切确保了 Qt 应用程序的市场应用范围极为广泛。

自 1995 年以来，Qt 逐步进入商业领域，它已经成为全世界范围内数千种成功的应用程序的基础。Qt C++框架一直是商业应用程序的核心。无论是跨国公司和大型组织（例如：Adobe®、Boeing®、Google®、IBM®、Motorola®、NASA、Skype®），还是无数小型公司和组织都在使用 Qt。Qt 也是流行的 Linux 桌面环境 KDE 的基础（KDE 是所有主要的 Linux 发行版的一个标准组件）。Qt 4 在新增更多强大功能的同时，旨在比先前的 Qt 版本更易于扩展和使用。Qt 的类功能全面，提供一致性接口，更易于学习使用，可减轻开发人员的工作负担、提高编程人员的效率。另外，Qt 一直都是完全面向对象的，并且允许真正的组件编程。

2.1.1　Qt 支持的平台

Qt 4.5 可提供于下列平台：

- Windows（Microsoft Windows Vista，XP，2000，2003，NT4）
- Win CE 5.0 及以上版本
- Mac（Mac OS X）
- X11（Linux，Solaris，HP-UX，IRIX，AIX 以及其他 UNIX 系统）
- Embedded Linux

表 2-1 所示为 Qt 4.5 支持的平台和编译器的详细情况。

表 2-1　Qt 4.5 支持的平台情况

软件平台	硬件架构	Makespec	编译器
Microsoft Windows	Intel 32/64-bit	win32-g++ win32-icc win32-msvc2003 win32-msvc2005 win32-msvc2008	GCC 3.4.2（MinGW）（32-bit） Intel icc MSVC 2003 MSVC 2005（32 and 64-bit） MSVC 2008

续表

软件平台	硬件架构	Makespec	编译器
Windows CE	Intel 32-bit Armv4i MIPS	wince-msvc2005 wince-msvc2008	Visual Studio 2005 Visual Studio 2008
Linux（32 and 64-bit）	Intel 32/64-bit Itanium MIPS	linux-g++ linux-icc linux-icc-32 linux-icc-64	GCC 3.3 GCC 3.4 GCC 4.0 GCC 4.1, 4.2, 4.3
Embedded Linux	ARM Intel 32-bit MIPS PowerPC	qws/linux-arm-g++ qws/linux-x86-g++ qws/linux-g++	GCC 3.4 GCC 4.1 GCC 4.2 GCC 4.3
Apple Mac OS X（32-bit）	Intel 32/64-bit PowerPC	macx-g++ macx-g++42	GCC 4.0.1 GCC 4.2
Solaris	SPARC Intel 32-bit	solaris-cc solaris-g++	Sun CC 5.5 GCC 3.4.2
AIX	PowerPC	aix-xlc aix-xlc-64	xlc 6
HPUX	PA/RISC Itanium	hpux-acc hpux-g++ hpux-g++-64 hpuxi-acc	A.03.57 （aCC 3.57） GCC 3.4.4 A.06.10（aCC 6.10）

2.1.2 Qt 套件的组成

自 Qt 4.5 版开始，Qt 首次以 SDK 形式发布了 Qt 套件，并在单独的安装程序中包含了完整的 Qt SDK。Qt SDK 在一个单独安装程序内包含了使用 Qt 进行跨平台开发所需的全部工具。

1. Qt Creator——跨平台 IDE

Qt Creator 是全新的跨平台集成开发环境（IDE），专为 Qt 开发人员的需求量身定制。它包括：

（1）高级 C++代码编辑器。

（2）集成的 Gui 外观和版式设计器——Qt Designer。

（3）项目和生成管理工具。

（4）集成的上下文相关的帮助系统。

（5）图形化调试器。

从这些描述中不难看出 Nokia 全力打造 Qt Creator 的决心——意图将以前单独列出的 Qt

Designer、Qt Assistant、Qt Linguist 全部整合到 Qt Creator 中，把它们全部作为 Qt Creator 的一部分，从而奠定 Qt Creator 的稳固地位。

2. Qt 库

- Qt Library

是一个拥有超过 400 C++类，同时不断扩展的库。它封装了用于端到端应用程序开发所需要的所有基础结构。优秀的 Qt 应用程序接口包括成熟的对象模型，内容丰富的集合类，图形用户界面编程与布局设计功能，数据库编程，网络，XML，国际化，OpenGL 集成等等。

- Qt Designer

是一个功能强大的 Gui 布局与窗体构造器，能够在所有支持平台上，以本地化的视图外观与认知，快速开发高性能的用户界面。

- Qt Assistant

是一个完全可自定义，重新分配的帮助文件或文档浏览器，又称作 Qt 助手。它的功能类似于 MSDN，支持 html 的子集（图片、超链、文本着色），支持目录结构、关键字索引和全文搜索，可以很方便的查找 Qt 的 API 帮助文档，它是编程人员必备、使用频率最高的工具之一。

- Qt Demo

是 Qt 例子和演示程序的加载器，有了这个工具，用户可以很方便地查看 Qt 提供的多姿多彩的案例程序，从中不仅可以看到程序运行的情况，还可以查看源码和文档。

- qmake

是一个用于生成 Makefile（编译的规则和命令行）的命令行工具。它是 Qt 跨平台编译系统的基础。它的主要特点是可以读取 Qt 本身的配置，为程序生成平台相关的 Makefile。

- uic

是一个用来编译 ui 文件的命令行工具，全称是 UI Compiler。它能把.ui 文件转化为编译器可以识别的标准 C++文件，生成的文件是一个.h 文件。这个工具通常情况下不需要用户去手动调用，qmake 会帮你管理.ui 文件和调用 uic 工具。

- moc

是一个用来生成一些与信号和槽相关的底层代码的预编译工具。全称是 Meta Object Compiler，即元对象编译器。该工具处理带有 Q_OBJECT 宏的头文件，生成形如 moc_xxx.h、moc_xxx.cpp 的 C++代码，之后再与程序的代码一同编译。同样，这个命令行工具也不需要用户手动调用，qmake 会在适当的时候调用这个工具。

2.2 Linux 平台下 Qt 开发平台搭建

2.2.1 构建 Qt/Embeded 的交叉编译环境条件

构建 Qt/Embeded 的交叉编译环境需要两个 Qt 开发环境，一个是 Qt 的桌面开发环境：在

Linux 中全安装 Qt，用它编译好的程序后，可以直接用“./”运行。另一个是 Qt/Embeded（ARM）交叉编译环境：编译好的程序，用于在 ARM 平台上运行。因此要准备以下两个交叉编译所需要的软件包：

- qt-everywhere-opensource-src-4.8.5.tar.gz
- qt-creator-linux-x86-opensource-2.5.0.bin

安装 qt-creator-linux-x86-opensource-2.5.0.bin 步骤如下：

（1）首先将 qt-creator-linux-x86-opensource-2.5.0.bin 复制到 E:\Sharewhtc 目录下（备注：Sharewhtc 是前面安装完成的 Ubuntu 系统的共享目录），然后通过下面的命令将 qt-creator-linux-x86-opensource-2.5.0.bin 复制到用户 wh 目录下并执行，如图 2-1 所示。

```
root@wh-desktop:~# cp -rf /mnt/hgfs/Sharewhtc/qt-creator-linux-x86-opensource-2.5.0.bin /home/wh
root@wh-desktop:/home/wh# ./qt-creator-linux-x86-opensource-2.5.0.bin
```

```
root@wh-desktop: /home/wh
File Edit View Terminal Help
root@wh-desktop:~# cp -rf /mnt/hgfs/Sharewhtc/qt-creator-linux-x86-opensource-2.5.0.bin /home/wh/
root@wh-desktop:~# cd /home/wh/
root@wh-desktop:/home/wh# ks
ks: command not found
root@wh-desktop:/home/wh# ls
Desktop           main.c     qt-creator-linux-x86-opensource-2.5.0.bin
Documents         Music      Templates
Downloads         pc_main    Videos
examples.desktop  Pictures   VMwareTools-8.4.5-324285.tar.gz
main              Public     vmware-tools-distrib
root@wh-desktop:/home/wh# ./qt-creator-linux-x86-opensource-2.5.0.bin
```

图 2-1　运行 qt-creator-linux-x86-opensource-2.5.0.bin

（2）运行之后，出现如图 2-2 所示的安装界面，单击 Next 按钮。

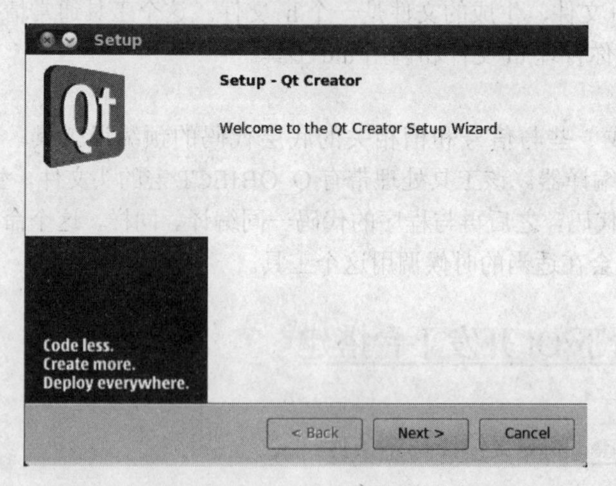

图 2-2　Qt Creator 安装界面

（3）安装路径选择/opt/qtcreator-2.5.0，如图 2-3 所示，单击 Next 按钮，后面按照安装向导一步一步安装下去。

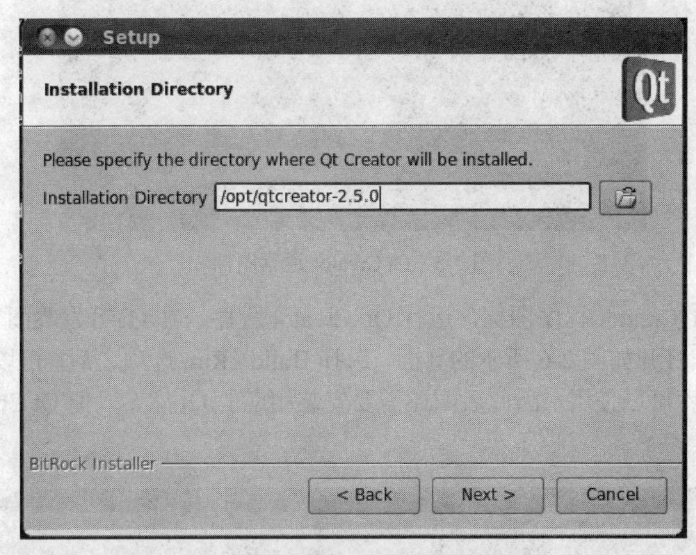

图 2-3　设置 Qt Creator 安装路径

（4）在如图 2-4 所示的界面中，单击 Finish 按钮之后，Qt Creator 安装完成。

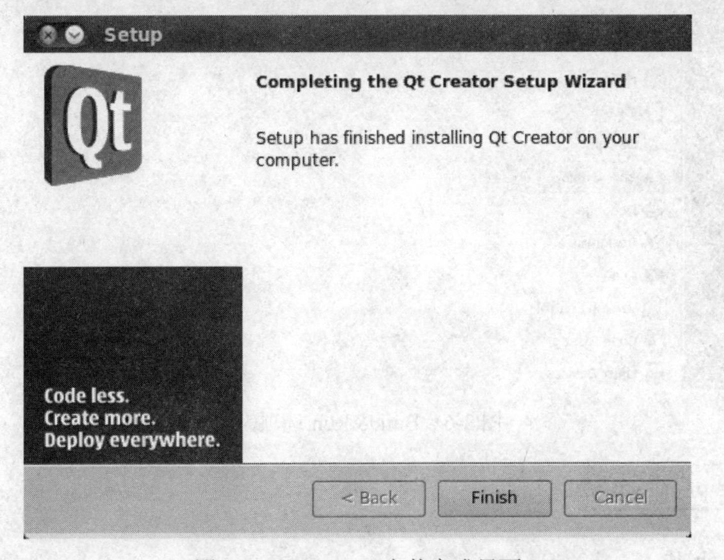

图 2-4　Qt Creator 安装完成界面

（5）一旦 Qt Creator 安装完成之后，在 Ubuntu 系统桌面上会出现如图 2-5 所示的 Qt Creator 程序运行图标。

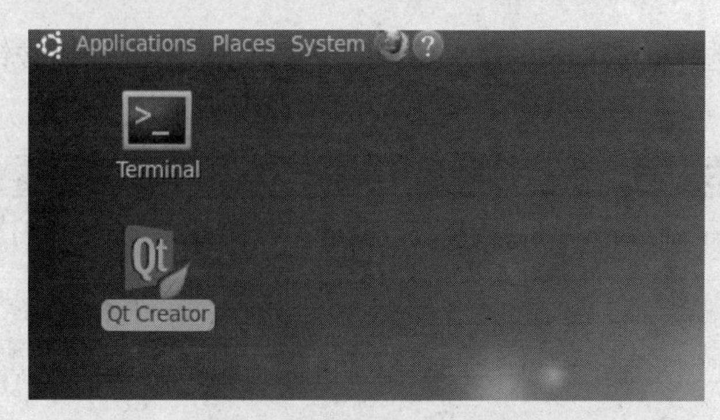

图 2-5　Qt Creator 运行图标

（6）双击 Qt Creator 程序图标，运行 Qt Creator 程序，在 Qt 开发界面上，执行 Tools→Option 菜单命令，打开如图 2-6 所示的界面，选择 Build&Run 选项之后，可以发现 Qt Versions 是空的，没有 Qt 库可以使用，因此后面还需要安装相应的 Qt 库，以便 Qt Creator 开发环境可以开发 Qt 程序。

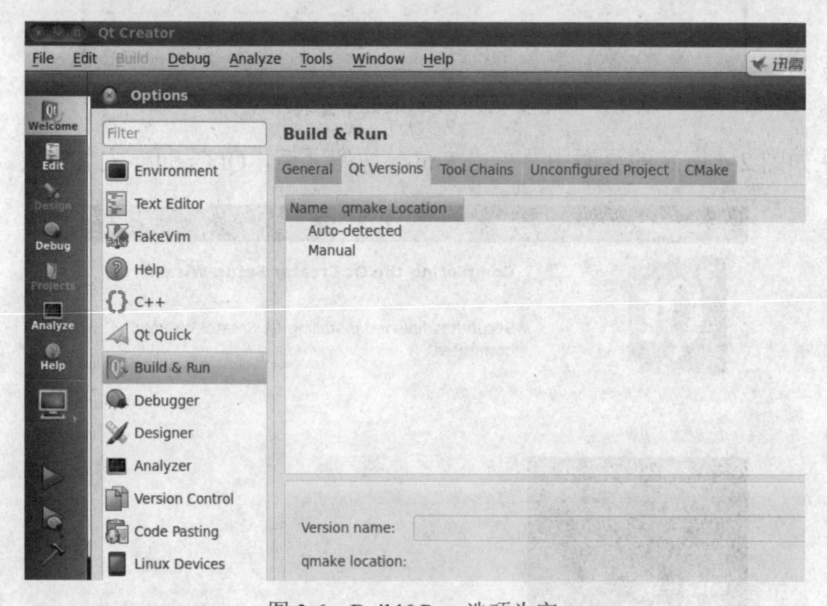

图 2-6　Build&Run 选项为空

2.2.2　编译安装 PC 版 Qt 库

1. 安装 XLib 库

在编译 PC 版 Qt 库之前，需要安装 XLib 库，以保证 PC 版 Qt 库能够成功编译，这里需要执行如图 2-7 所示的命令，语句如下：

```
root@wh-desktop:~# apt-get install libx11-dev  libxext-dev libxtst-dev
```

```
root@wh-desktop:/# apt-get install  libx11-dev  libxext-dev libxtst-dev
Reading package lists... Done
Building dependency tree
Reading state information... Done
The following extra packages will be installed:
  libpthread-stubs0 libpthread-stubs0-dev libx11-6 libxau-dev libxcb1
  libxcb1-dev libxdmcp-dev libxext6 libxi-dev libxi6 libxtst6
  x11proto-core-dev x11proto-input-dev x11proto-kb-dev x11proto-record-dev
  x11proto-xext-dev xtrans-dev
The following NEW packages will be installed:
  libpthread-stubs0 libpthread-stubs0-dev libx11-dev libxau-dev libxcb1-dev
  libxdmcp-dev libxext-dev libxi-dev libxtst-dev x11proto-core-dev
  x11proto-input-dev x11proto-kb-dev x11proto-record-dev x11proto-xext-dev
  xtrans-dev
The following packages will be upgraded:
  libx11-6 libxcb1 libxext6 libxi6 libxtst6
```

图 2-7　安装 XLib 库

2. 解压 qt-everywhere-opensource-src-4.8.5.tar.gz

（1）将源码 qt-everywhere-opensource-src-4.8.5.tar.gz 进行解压，执行如下命令，如图 2-8 所示。

```
root@wh-desktop:/mnt/hgfs/Sharewhtc# tar xzvf qt-everywhere-opensource-src-4.8.5.tar.gz
```

```
File  Edit  View  Terminal  Help
root@wh-desktop:/mnt/hgfs/Sharewhtc# ls
arm-linux-gcc-4.5.1-v6-vfp-20101103.tgz
arm-qte-4.8.5-20131207.tar.gz

minicom-2.7.tar.gz
qt-creator-linux-x86-opensource-2.5.0.bin
qt-everywhere-opensource-src-4.8.5.tar.gz
Qt_SDK_Lin32_online_v1_2_en.run
root@wh-desktop:/mnt/hgfs/Sharewhtc# tar xzvf qt-everywhere-opensource-src-4.8.5
.tar.gz
```

图 2-8　解压 qt-everywhere-opensource-src-4.8.5.tar.gz

（2）解压完成之后，将 qt-everywhere-opensource-src-4.8.5 文件夹复制 2 份到/usr/local 目录下，并分别命名为 Qt_PC 和 Qt_ARM，如图 2-9 所示。

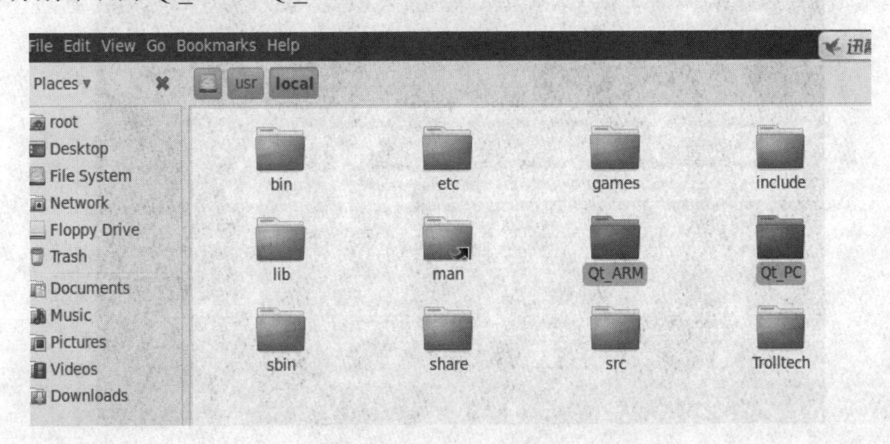

图 2-9　设置 PC 版和 ARM 版 Qt 库文件夹

3. Qt 库配置

（1）进入/usr/local/Qt_PC 目录下，执行如下命令，进行 Qt 库编译之前的配置。

```
root@wh-desktop:/usr/local/Qt_PC# ./configure
```

出现 Open Source Edition 之后，输入“O”，之后再输入“yes”，回车，如图 2-10 所示。

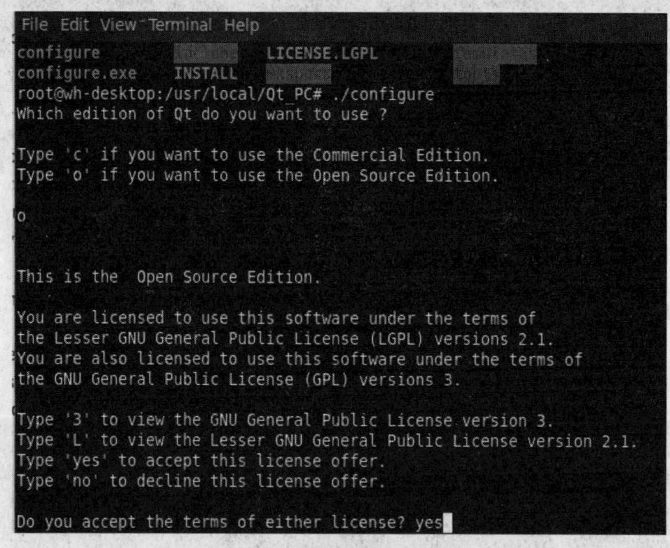

图 2-10　PC 版 Qt 库配置

（2）经过几分钟时间的运行配置之后，当出现如图 2-11 所示的信息，则表示 PC 版 Qt 库配置成功。

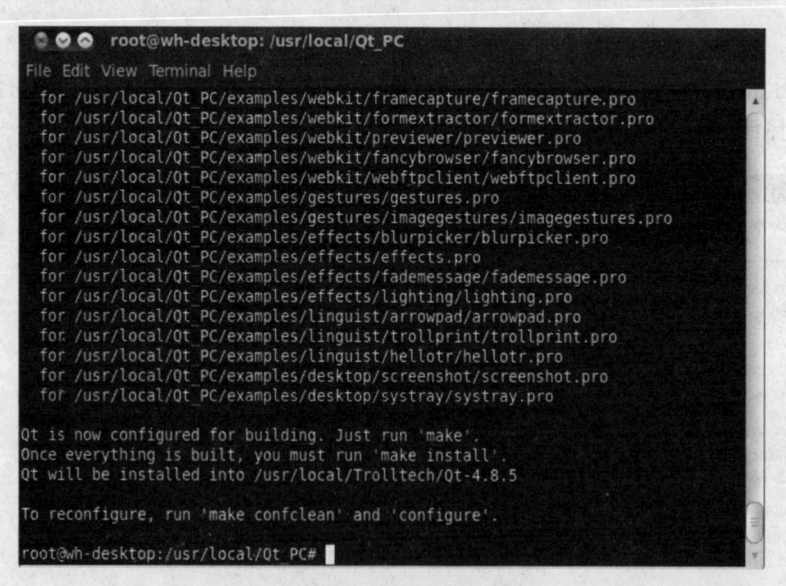

图 2-11　PC 版 Qt 库配置成功

4. 编译 PC 版 Qt 库

当 PC 版 Qt 库配置完成之后，执行如下命令进行编译 PC 版 Qt 库。

```
root@wh-desktop:/usr/local/Qt_PC#make
```

5. 安装 PC 版 Qt 库

当 PC 版 Qt 库编译完成之后，执行如下命令进行 PC 版 Qt 库安装，安装路径为：/usr/local/Trolltech/Qt-4.8.5，如图 2-12 所示。

```
root@wh-desktop:/usr/local/Qt_PC# make install
```

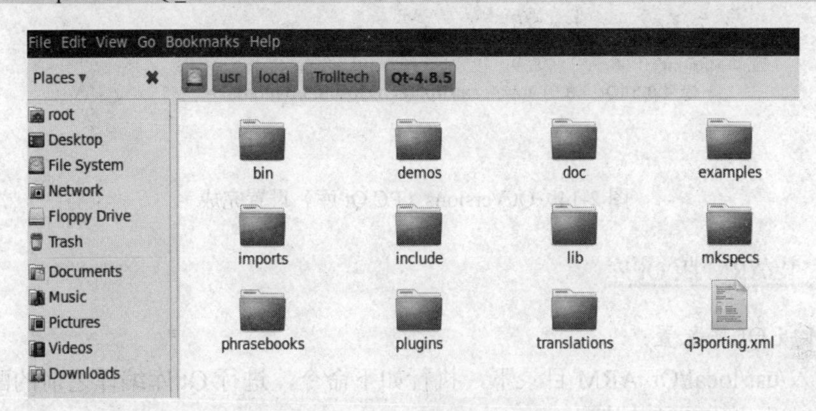

图 2-12　PC 版 Qt 库安装路径

6. 安装 Qt Creator 的 PC 版 Qt 库

（1）当 PC 版 Qt 库安装完成之后，打开 Qt Creator 开发环境，执行 Tools→Option 菜单命令，选择 Build&Run 选项，在 Qt Versions 界面上单击 Add 按钮，选择/usr/local/Trolltech/ Qt-4.8.5/ bin/qmake，单击 Open 按钮，如图 2-13 所示。

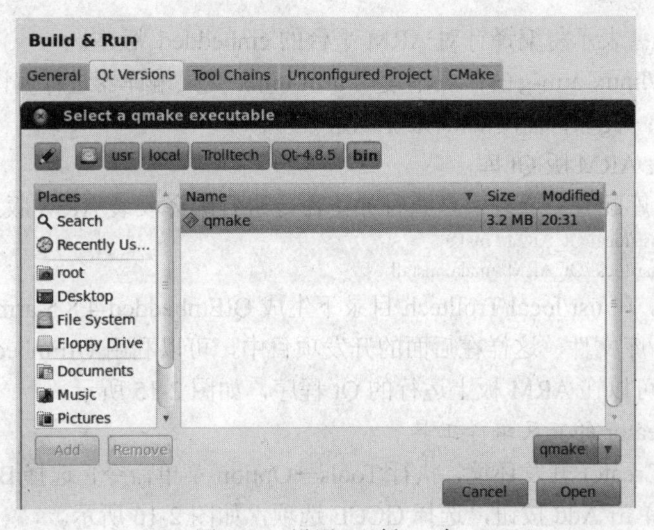

图 2-13　设置 PC 版 Qt 库

（2）当设置完成 PC 版 Qt 库之后，在 Manual 上会显示 Qt Versions 名称为 Qt 4.8.5（Qt-4.8.5），qmake 路径为/usr/local/Trolltech/Qt-4.8.5/bin/qmake，这样在 Qt Creator 开发环境中可以开发 PC 版本的 Qt 应用程序，如图 2-14 所示。

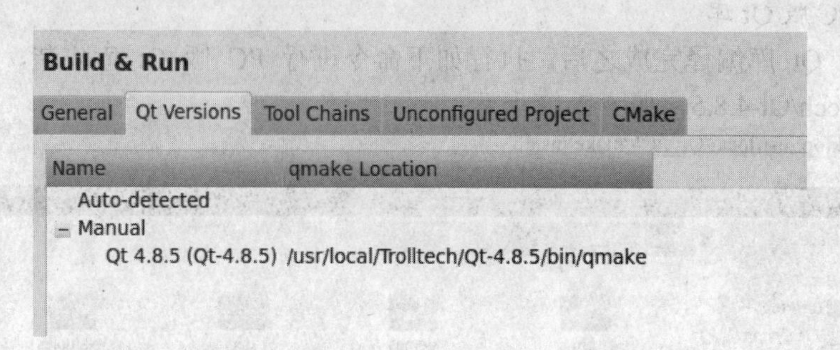

图 2-14　Qt Versions（PC Qt 库）设置完成

2.2.3　编译安装 ARM 版 Qt 库

1. ARM 版 Qt 库配置

（1）进入/usr/local/Qt_ARM 目录下，执行如下命令，进行 Qt 库编译之前的配置。

```
root@wh-desktop:/usr/local/Qt_ARM#
./configure –prefix /usr/local/Trolltech/QtEmbedded-4.8.5-arm -opensource -embedded arm -xplatform qws/linux-arm-g++
-webkit -qt-gfx-transformed -qt-libtiff -qt-libmng   -qt-mouse-tslib -qt-mouse-pc -no-mouse-linuxtp -no-neon
```

说明：

–prefix/usr/local/Trolltech/QtEmbedded-4.8.5-arm：表示 Qt 4.8.5 最终的安装路径是/usr/local/Trolltech/QtEmbedded-4.8.5，注意，部署到 ARM 开发板时，也需要把 Qt 4.8.5 放在这个路径上。

-embedded arm：表示将编译针对 ARM 平台的 embedded 版本。

-xplatform qws/linux-arm-g++：表示使用 arm-linux 交叉编译器进行编译。

-qt-mouse-tslib：表示将使用 tslib 来驱动触摸屏。

（2）编译安装 ARM 版 Qt 库。

当 ARM 版 Qt 库配置完成之后，执行如下命令进行编译安装 ARM 版 Qt 库。

```
root@wh-desktop:/usr/local/Qt_ARM# make
root@wh-desktop:/usr/local/Qt_ARM# make install
```

安装完成之后，在/usr/local/Trolltech/目录下生成 QtEmbedded-4.8.5-arm 文件夹，其中包含所有 ARM 版的 Qt 库文件，这样在后面的开发项目中，可以利用 QtEmbedded-4.8.5-arm 库进行交叉编译，生成可以在 ARM 板上运行的 Qt 程序，如图 2-15 所示。

2. 安装 Qt Creator 的交叉编译工具

（1）打开 Qt Creator 开发环境，执行 Tools→Option 菜单命令，选择 Build&Run 选项，在 Qt Versions 界面上单击 Add 按钮，选择 GCCE 选项，如图 2-16 所示。

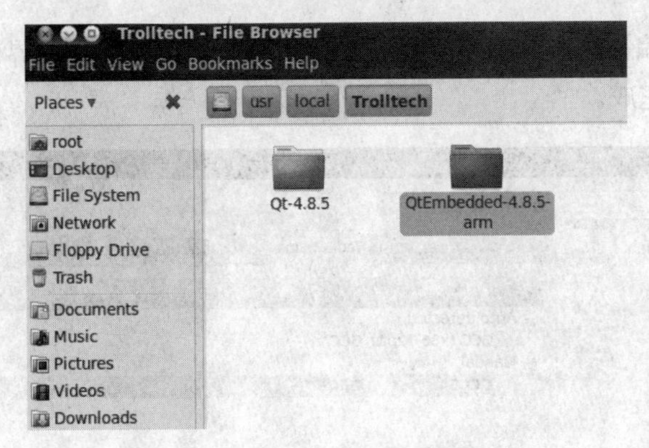

图 2-15　安装完成 ARM 版 Qt 库

图 2-16　选择 GCCE 选项

（2）选择 ARM 交叉编译工具所在的路径，这里为/opt/FriendlyARM/toolschain/4.5.1/bin/arm-linux-g++，单击 Open 按钮，如图 2-17 所示。

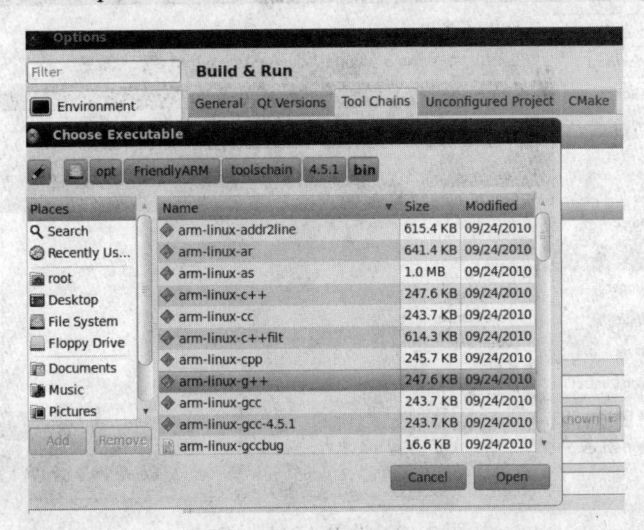

图 2-17　选择 ARM 交叉编译工具

（3）ARM 交叉编译工具设置完成之后，显示如图 2-18 所示的界面信息，表示 ARM 交叉编译工具设置成功完成。

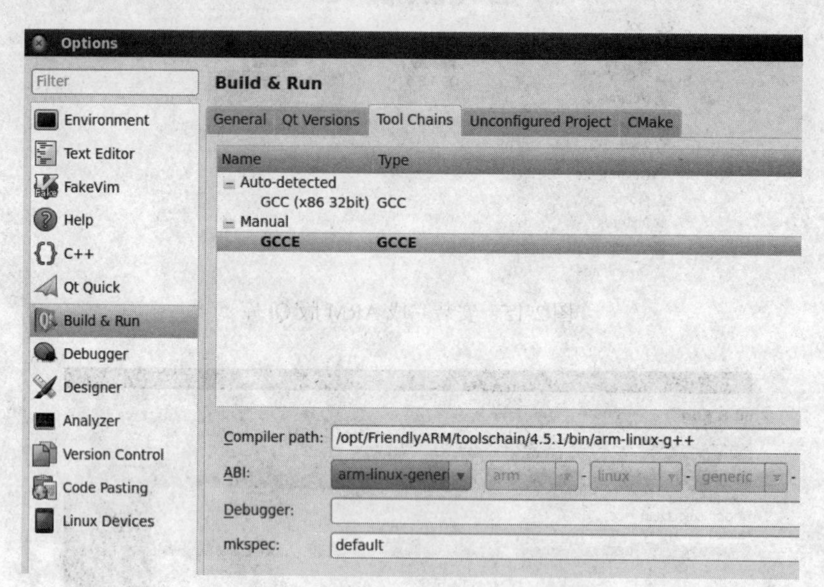

图 2-18　ARM 交叉编译工具设置成功

3. 安装 Qt Creator 的 ARM 版 Qt 库

（1）在 Qt Versions 界面上单击 Add 按钮，选择/usr/local/Trolltech/QtEmbedded-4.8.5-arm/bin/qmake，单击 Open 按钮，如图 2-19 所示。

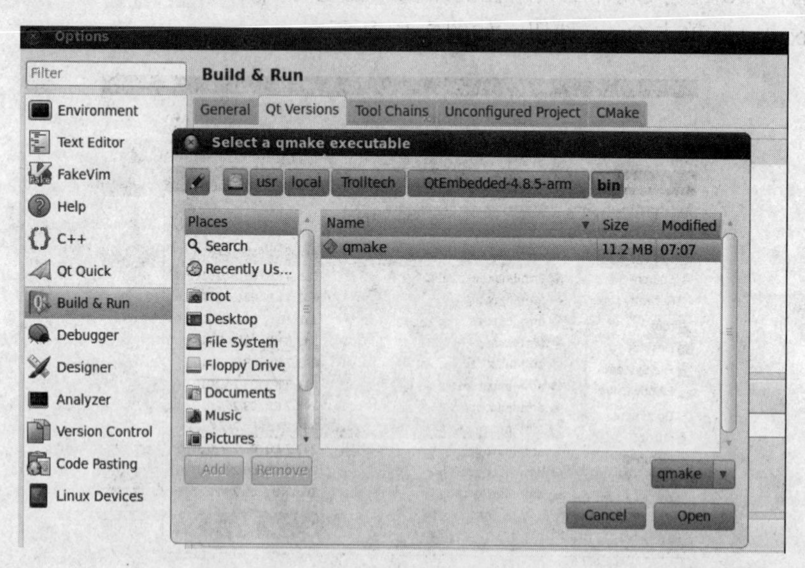

图 2-19　设置 ARM 版 Qt 库

（2）当设置完成 ARM 版 Qt 库之后，在 Manual 上会显示 Qt Version 名称为 Qt 4.8.5（QtEmbedded-4.8.5-arm），qmake 路径为/usr/local/Trolltech/QtEmbedded-4.8.5-arm/bin/qmake，这样在 Qt Creator 开发环境中可以开发 ARM 版本的 Qt 应用程序，如图 2-20 所示。

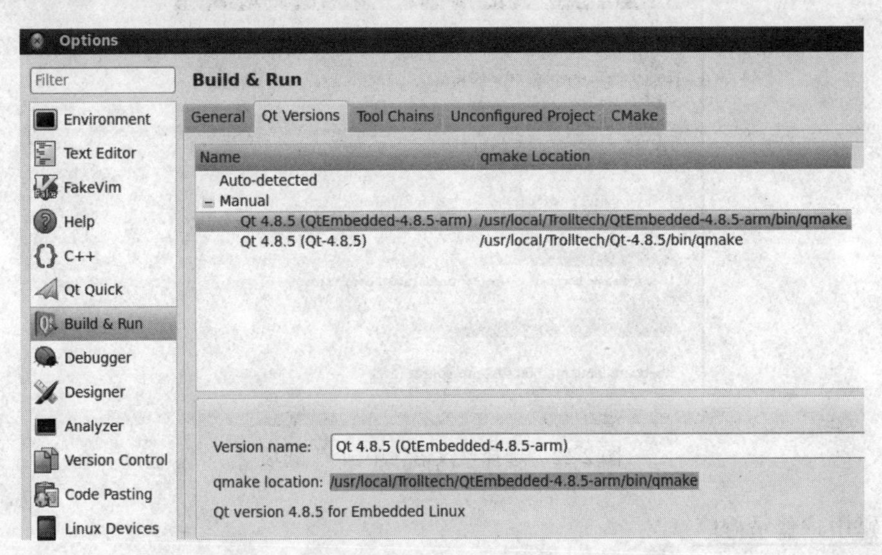

图 2-20　Qt Versions（ARM Qt 库）设置完成

2.3　Linux 平台下 Qt 程序开发

2.3.1　设置开发环境为中文环境

为了方便用户在中文环境中开发 Qt 应用程序，这里可以先将 Ubuntu 系统切换成中文开发环境。具体操作如下：

（1）打开 Ubuntu 系统菜单，选择 System→Administration→Language Support 选项，如图 2-21 所示。

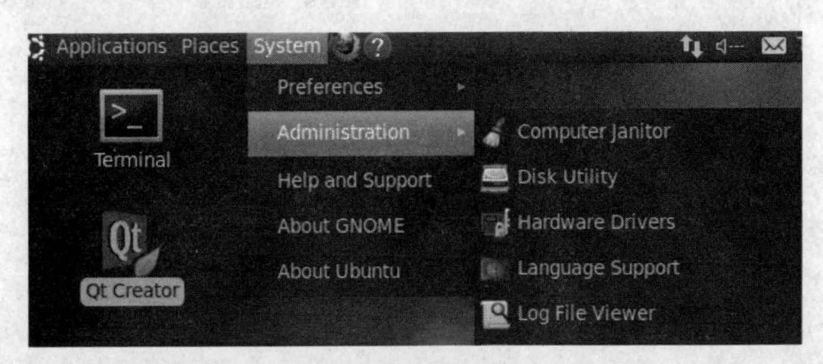

图 2-21　选择“语言支持”选项

（2）语言选项选择“汉语（中国）”选项，然后重新登录系统，就可以在中文环境下开发 Qt 程序，如图 2-22 所示。

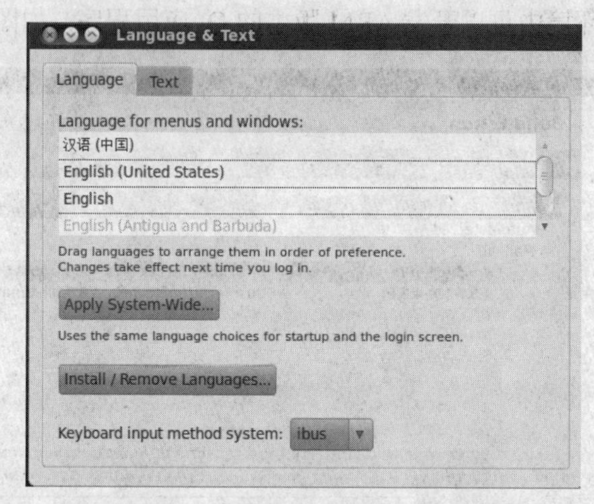

图 2-22　选择“汉语（中国）”选项

2.3.2　构建用户登录程序

程序主要实现在弹出的对话框中填写用户名和密码，单击“登录”按钮，如果用户名和密码均正确则进入主窗口，如果有错则弹出警告对话框。具体操作如下：

（1）打开 Qt Creator 开发平台，选择“新建文件与工程”选项，在中间项目类型列表中选择“Qt Gui 应用”选项，单击“选择”按钮，如图 2-23 所示。

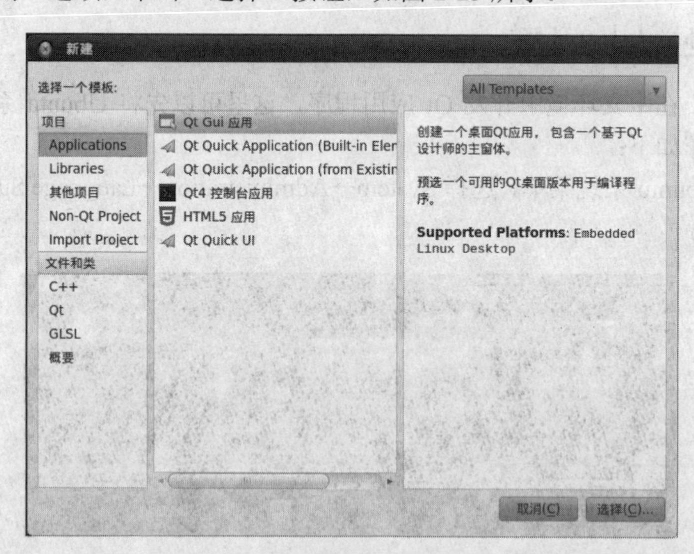

图 2-23　新建 Qt Gui 应用模板

（2）在项目介绍和位置设置对话框下方的名称输入栏中输入将要开发的应用程序名“QTLoginapp”，在创建路径栏选择应用程序所保存的路径位置，这里保存在 linux 的/root/Project 文件夹下，最后单击“下一步”按钮，如图 2-24 所示。

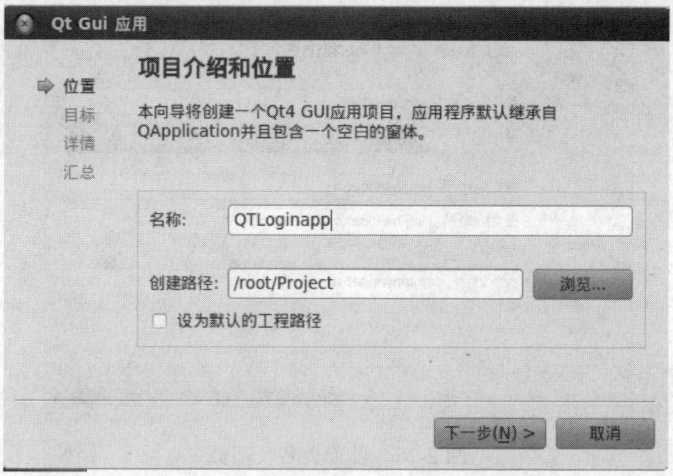

图 2-24　设置项目名称与路径

（3）在目标设置对话框中，选中 Embedded Linux 复选框，这里有四项选择，其中 Qt 4.8.5（Qt-4.8.5）release 和 Qt 4.8.5（Qt-4.8.5）debug 版本能够使程序利用桌面版面的 Qt 库在 PC 机上先进行编译调试程序代码功能，当程序各项功能测试通过之后，选择 Qt 4.8.5（Embedded-4.8.5-arm）release 和 Qt 4.8.5（Embedded-4.8.5-arm）debug 版本，将程序交叉编译为目标平台可执行代码，设置完成之后，单击“下一步”按钮，如图 2-25 所示。

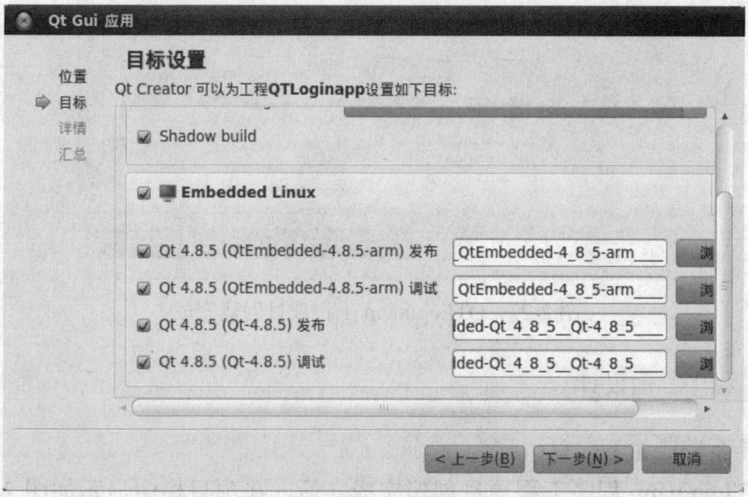

图 2-25　选择 PC 版本和 ARM 版本的 Qt 库

（4）在类信息设置对话框中，基类选择 QWidget，类名输入 LoginWidget，单击“下一步”按钮，如图 2-26 所示。

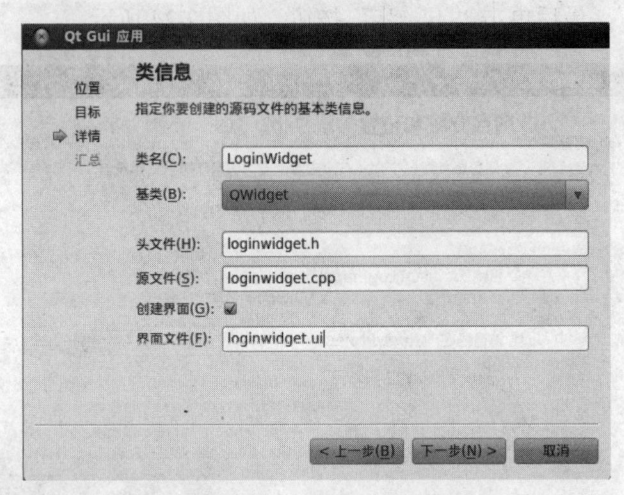

图 2-26　设置类名及基类

（5）当项目参数设置完成之后，QTLoginapp 工程项目创建完成，如图 2-27 所示。

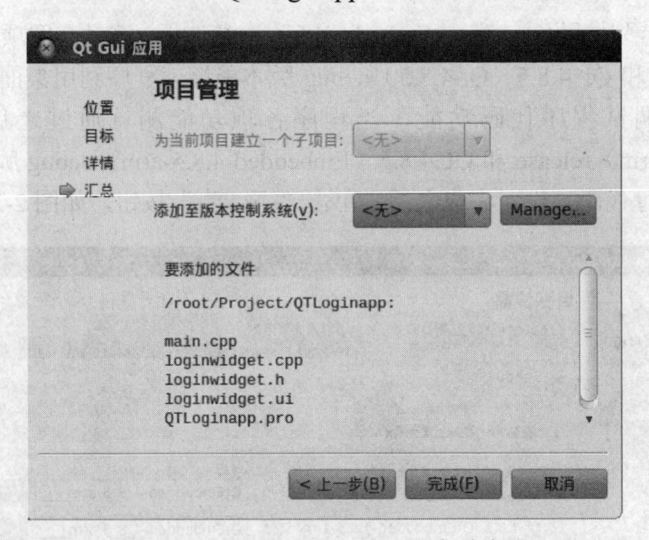

图 2-27　QTLoginapp 工程项目创建完成

2.3.3　用户登录程序界面设计

用户登录界面设计如下：

（1）当 QTLoginapp 程序工程项目创建完成之后，在项目栏中显示如图 2-28 所示的项目工程文件。

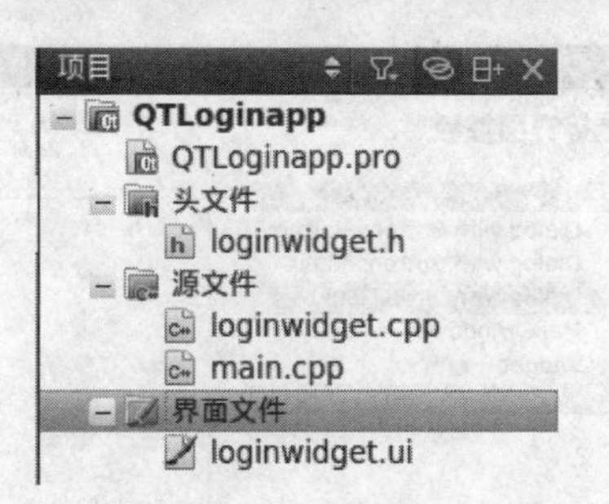

图 2-28　QTLoginApp 程序工程项目文件

（2）右击 QTLoginapp 工程项目，选择“添加新文件”选项，如图 2-29 所示。

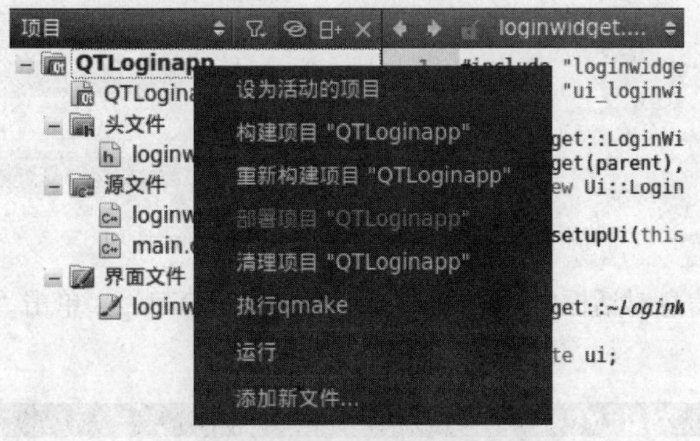

图 2-29　选择“添加新文件”选项

（3）在左侧栏中选择 Qt，中间一栏选择“Qt 设计师界面类”选项，如图 2-30 所示，单击“选择”按钮。

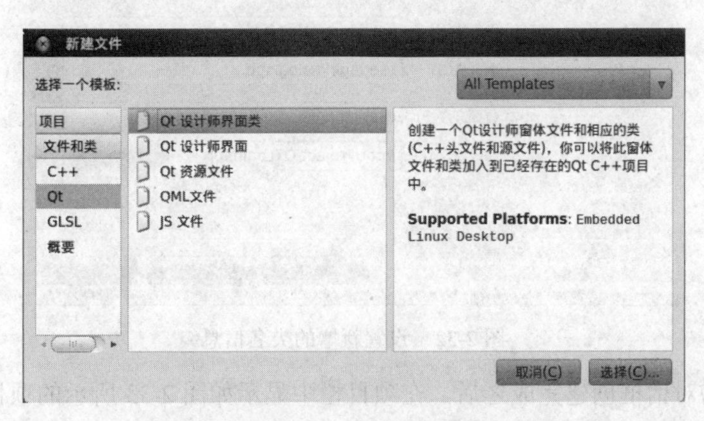

图 2-30　选择“Qt 设计师界面类”选项

（4）在如图 2-31 所示的选择界面模板对话框中，选择 Dialog without Buttons 选项，单击“下一步”按钮。

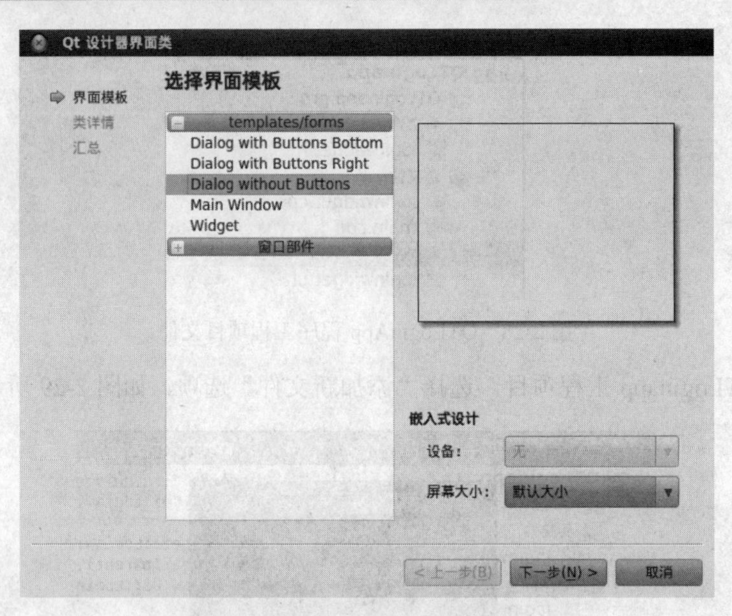

图 2-31　选择 Dialog without Buttons 选项

（5）在新增类信息对话框中，类名输入：UserLoginDialog，单击“下一步”按钮，如图 2-32 所示。

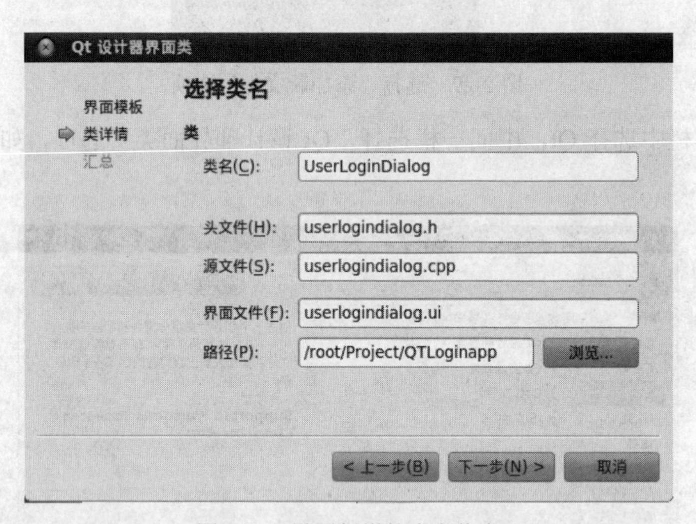

图 2-32　设置新增的类名信息

（6）当新增对话框创建完成之后，在项目栏中显示如图 2-33 所示的项目工程文件。

（7）打开 userLogindialog.ui 设计文件，从左侧 Widget Box 工具栏中，添加一个 Label 控件和 LineEdit 控件，选择 Label 控件，在 Qt 设计界面的属性编辑器中，在 objectName 栏右侧的 Value 值框中输入 userlabel，并双击控件输入“用户名”，如图 2-34 所示。

图 2-33　新增对话框完成

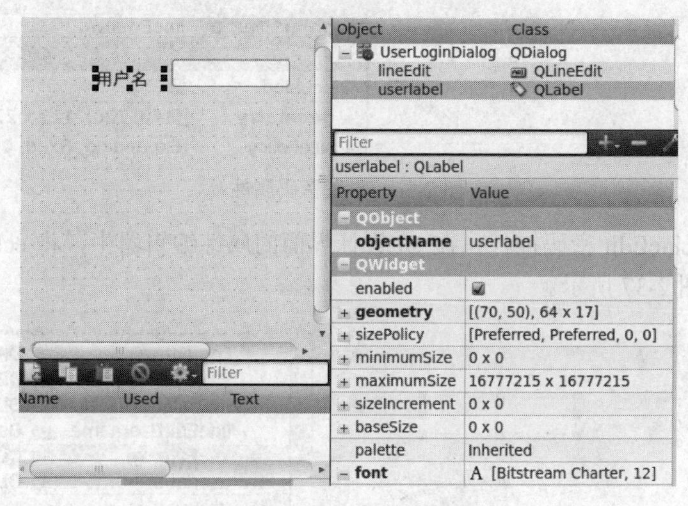

图 2-34　设置 Label 控件属性

（8）选择 LineEdit 控件，在 Qt 设计界面的属性编辑器中，在 objectName 栏右侧的 Value 值框中输入 lineEditUsername，程序运行之后，用户可以使用这个控件输入用户名信息，如图 2-35 所示。

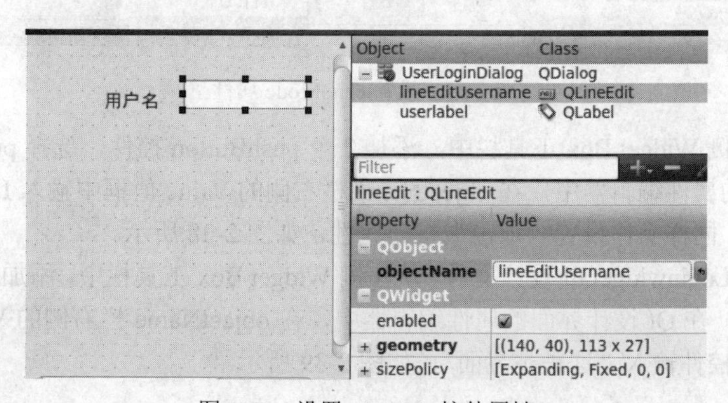

图 2-35　设置 LineEdit 控件属性

（9）继续相同的操作步骤，再添加一个 Label 控件和 LineEdit 控件，设置用户登录密码属性，如图 2-36 所示。

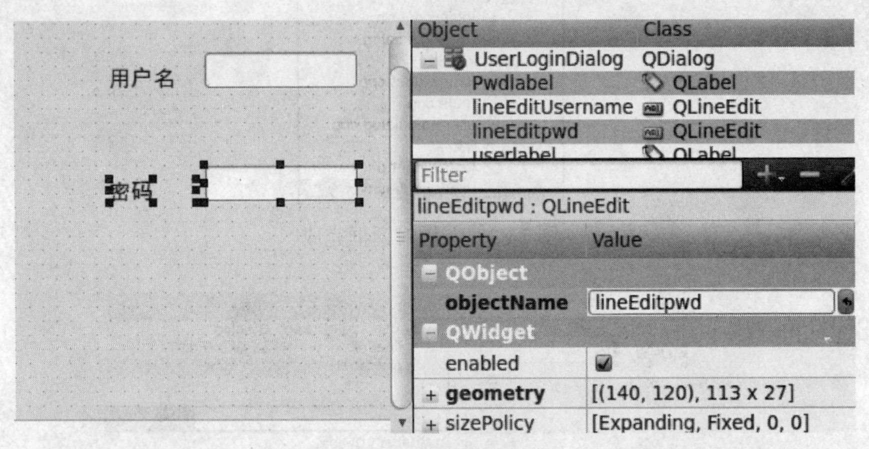

图 2-36　设置密码属性

（10）选择 LineEdit 密码控件，在 Qt 设计界面的属性编辑器中，将 echoMode 属性设置为 Password，如图 2-37 所示。

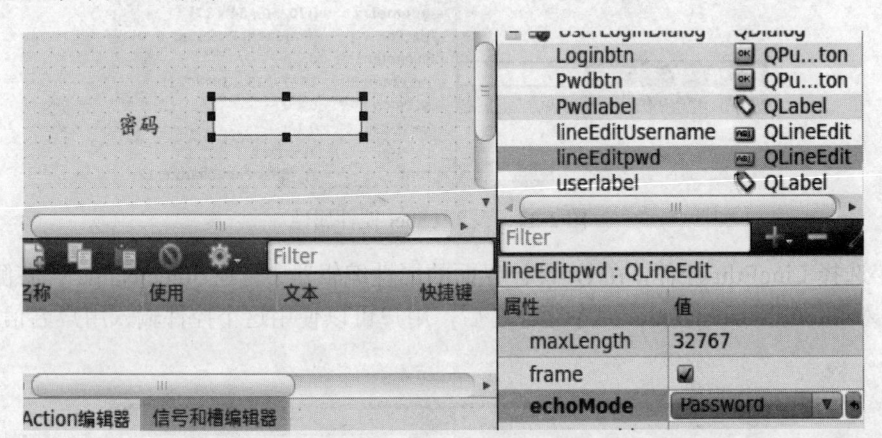

图 2-37　设置 echoMode 属性

（11）从左侧 Widget Box 工具栏中，添加 2 个 pushButton 控件，选择 pushButton 控件，在 Qt 设计界面的属性编辑器中，在 objectName 栏右侧的 Value 值框中输入 Loginbtn，双击控件输入“登录”，同样操作设置“退出”按钮属性，如图 2-38 所示。

（12）打开 Loginwidget.ui 设计文件，从左侧 Widget Box 工具栏中，添加一个 Label 控件，选择 Label 控件，在 Qt 设计界面的属性编辑器中，在 objectName 栏右侧的 Value 值框中输入 labelmain，双击控件输入“这是主界面”，如图 2-39 所示。

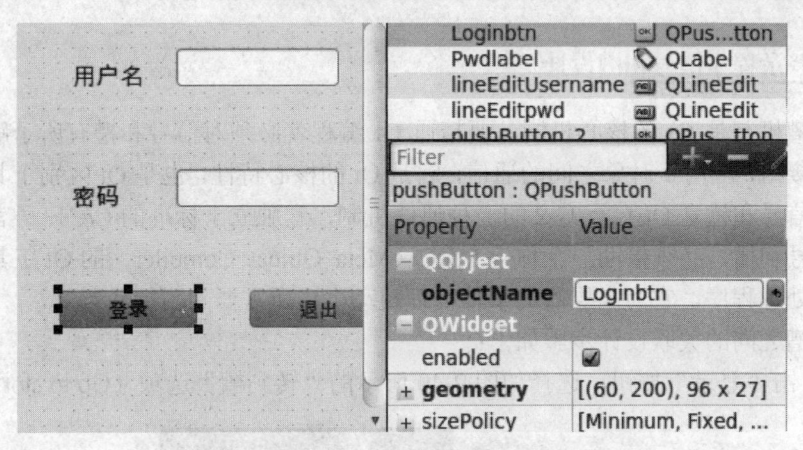

图 2-38　设置登录和退出按钮属性

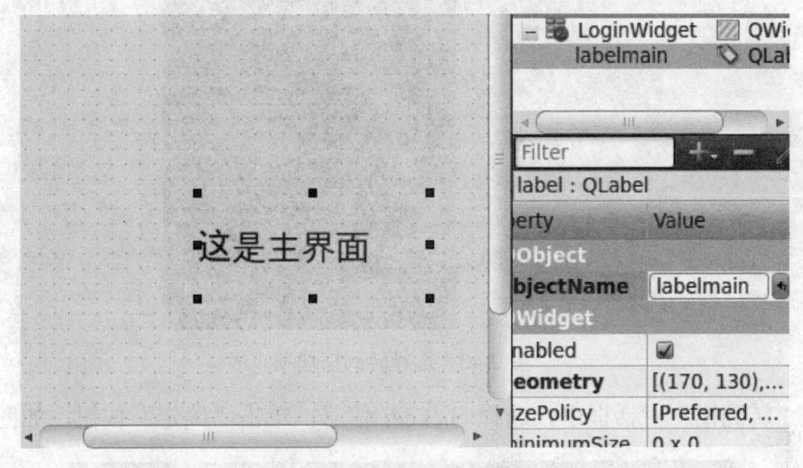

图 2-39　设置主界面属性

将上述两个设计界面中的主要控件进行规范命名和设置初始值，按表 2-2 所示进行说明。

表 2-2　项目各项控件说明

控件名称	命名	说明
Label	userlabel	用户名标签
LineEdit	LineEditUsername	用户名输入控件
Label	pwdlabel	密码标签
LineEdit	LineEditPwd	密码输入标签
PushButton	Loginbtn	登录按钮
PushButton	Pwdbtn	退出按钮
Label	labelmain	主界面标签

2.3.4 用户登录程序信号和槽设计

信号和槽机制是 Qt 的核心机制，要精通 Qt 编程就必须对信号和槽有所了解。信号和槽是一种高级接口，应用于对象之间的通信，它是 Qt 的核心特性，也是 Qt 区别于其他工具包的重要地方。信号和槽是 Qt 自行定义的一种通信机制，它独立于标准的 C/C++语言，因此要正确地处理信号和槽，必须借助一个称为 MOC（Meta Object Compiler）的 Qt 工具，该工具是一个 C++预处理程序，它为高层次的事件处理自动生成所需要的附加代码。

信号和槽之间的关联设计步骤如下：

（1）右击“登录”按钮，选择如图 2-40 所示的“转到槽”选项（Go to slot…）。

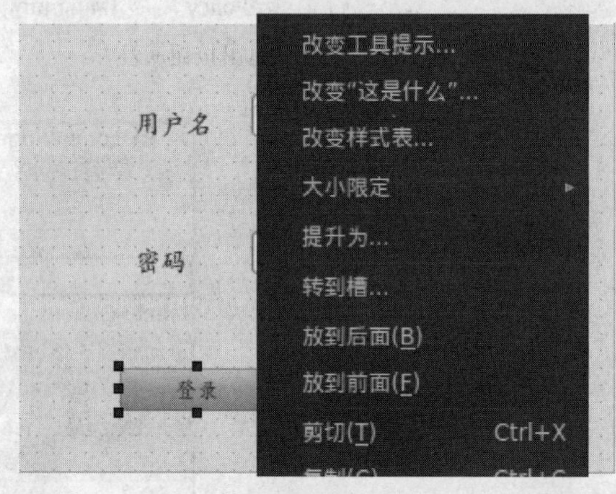

图 2-40　选择转到槽选项

（2）在“转到槽”对话框中，选择 clicked()信号，单击“确定”按钮，如图 2-41 所示。

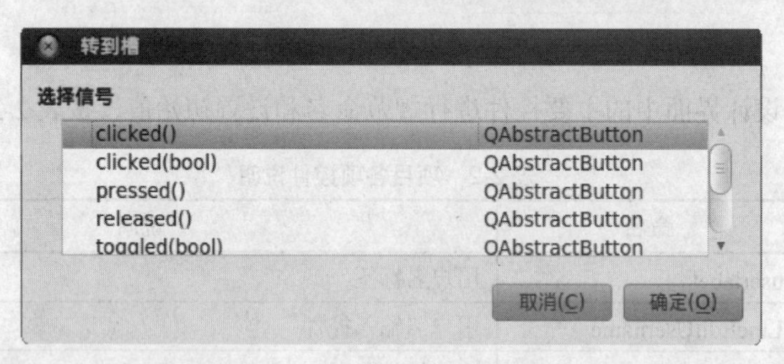

图 2-41　选择 clicked()信号选项

（3）当 clicked()信号选择完成之后，系统会自动将:on_Loginbtn_clicked()槽与 clicked()信号产生关联，自动产生的关联代码如图 2-42 所示。

（4）继续同样的操作完成“退出”按钮信号和槽之间关联，完成之后，系统会自动将:on_Pwdbtn_clicked 槽与 clicked()信号产生关联，自动产生的关联代码如图 2-43 所示。

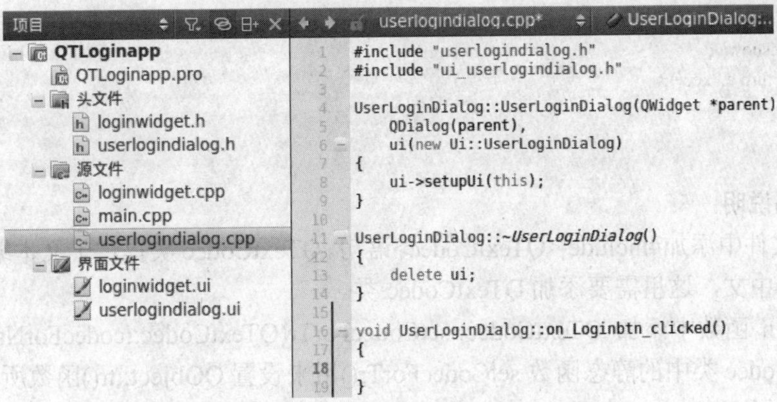

图 2-42　构建完成“登录”按钮槽

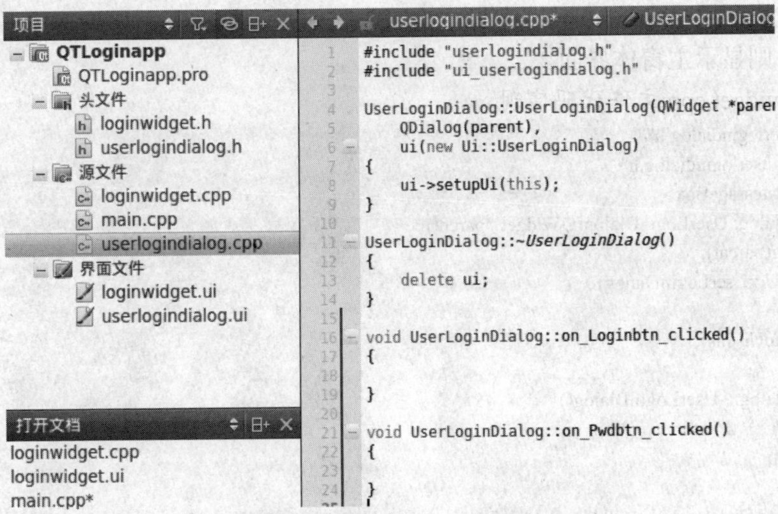

图 2-43　构建完成“退出”按钮槽

2.3.5　用户登录程序功能代码实现

1. main.cpp 文件功能代码实现

```
#include <QApplication>
#include "loginwidget.h"
#include <QTextCodec>
int main(int argc, char *argv[])
{
    QApplication a(argc, argv);
    QTextCodec::setCodecForTr(QTextCodec::codecForName("UTF-8"));
    LoginWidget w;
    UserLoginDialog login;
     if(login.exec()==QDialog::Accepted)
```

```
        {
            w.show();
            return a.exec();
        }
    else return 0;
}
```

主要代码说明：

（1）头文件中添加#include <QTextCodec>语句。QTextCodec 类提供了文本编码转换功能，为了能够显示中文，这里需要添加 QTextCodec 类。

（2）main 函数中添加 QTextCodec::setCodecForTr(QTextCodec::codecForName("UTF-8"))语句。QTextCodec 类中的静态函数 setCodecForTr()用来设置 QObject::tr()函数所要使用的字符集，这里使用了 QTextCodec::codecForName("UTF-8")字符集进行编码。

（3）新建一个 UserLoginDialog 类型的对象 login，然后打开登录对话框界面，输入用户名和密码，这里利用 Accepted 信号判断“登录”按钮是否被按下，如果被按下，并且用户名和密码正确，则显示主窗体界面。

2. loginwidget.cpp 文件代码实现

```
#include "userlogindialog.h"
#include "ui_userlogindialog.h"
#include <QMessageBox>
UserLoginDialog::UserLoginDialog(QWidget *parent) :
    QDialog(parent),
    ui(new Ui::UserLoginDialog)
{
    ui->setupUi(this);
}
UserLoginDialog::~UserLoginDialog()
{
    delete ui;
}
void UserLoginDialog::on_Loginbtn_clicked()
{
    if(ui->lineEditUsername->text().trimmed() == tr("qt") && ui->lineEditpwd->text()== tr("123456"))
        accept();
    else
    {
        QMessageBox::warning(this,tr("Warning"),tr("用户名或密码输入有误!"),QMessageBox::Yes);
        ui->lineEditUsername->clear();              //清空用户名输入框
        ui->lineEditpwd->clear();                   //清空密码输入框
        ui->lineEditUsername->setFocus();           //将光标转到用户名输入框
    }
}
void UserLoginDialog::on_Pwdbtn_clicked()
{
  close();                                          //关闭对话框
}
```

主要代码说明：

（1）在 on_Loginbtn_clicked 方法中，要求用户输入用户名为“qt”，密码为“123456”。如果输入正确，执行 accept()函数，它是 QDialog 类中的一个槽，并返回 QDialog::Accepted 值；如果输入不正确，出现提示对话框，清空用户名和密码，将光标转到用户名输入框，让用户重新输入用户名和密码值。

（2）on_Pwdbtn_clicked()方法中 close()是关闭本窗体。

2.4　Linux 平台下 Qt 程序编译运行

2.4.1　PC 版程序编译运行

具体操作如下：

（1）单击左侧一栏的“项目”选项，在目标界面上选择桌面中的“运行”选项，如图 2-44 所示。

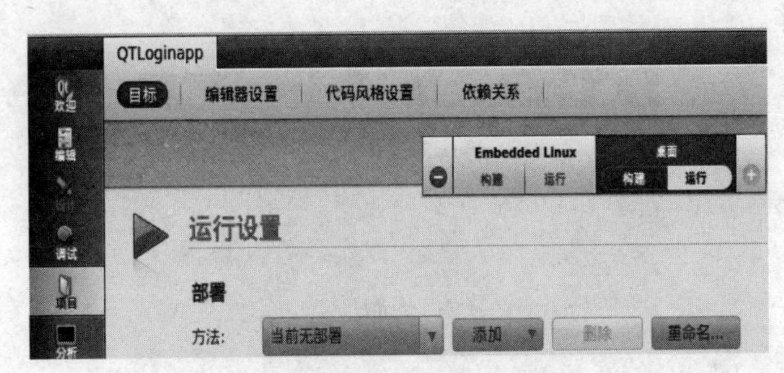

图 2-44　选择桌面 Qt 版本编译

（2）单击左侧一栏下面红色三角形的“运行”图标，如图 2-45 所示。

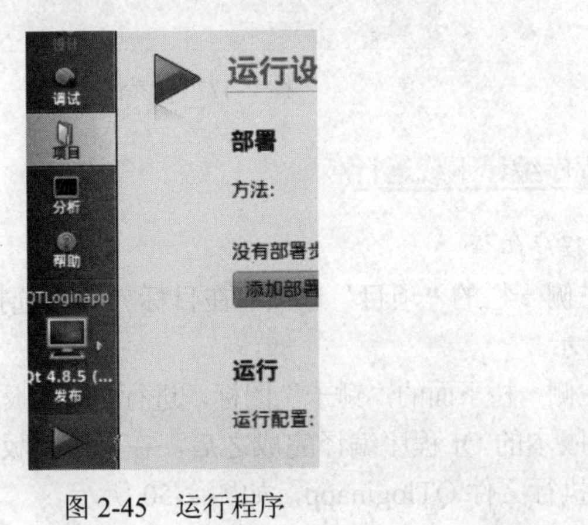

图 2-45　运行程序

（3）如果代码编写正确，则编译通过，显示如图 2-46 所示的程序登录界面。

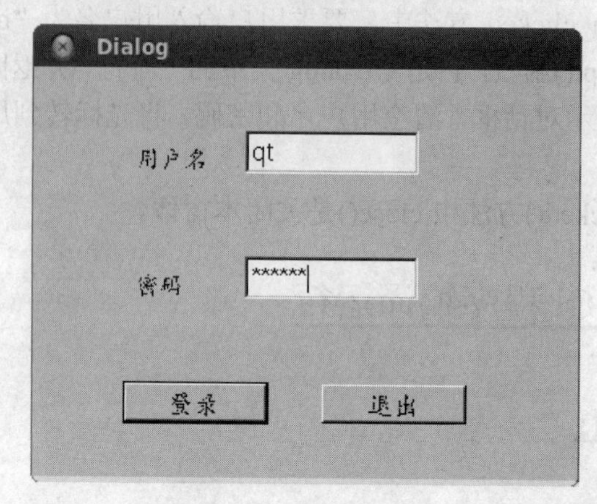

图 2-46　登录界面

（4）当用户输入用户名为“qt”，密码值为“123456”，单击“登录”按钮，显示如图 2-47 所示的主界面窗体。

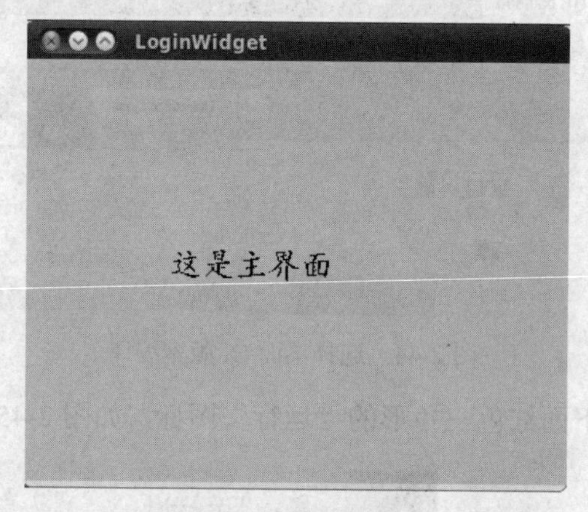

图 2-47　主界面窗体

2.4.2　ARM 版程序编译下载运行

1. ARM 版程序编译

（1）单击左侧一栏的“项目”选项，在目标界面上选择 Embedded Linux 中的“构建”选项，如图 2-48 所示。

（2）单击左侧一栏下面的“锤子”图标，进行 ARM 版本的 Qt 程序编译，如图 2-49 所示。

（3）ARM 版本的 Qt 程序编译完成之后，在 ARM 版本的项目目录下生成在 ARM 硬件平台下运行的可执行文件 QTloginapp，如图 2-50 所示。

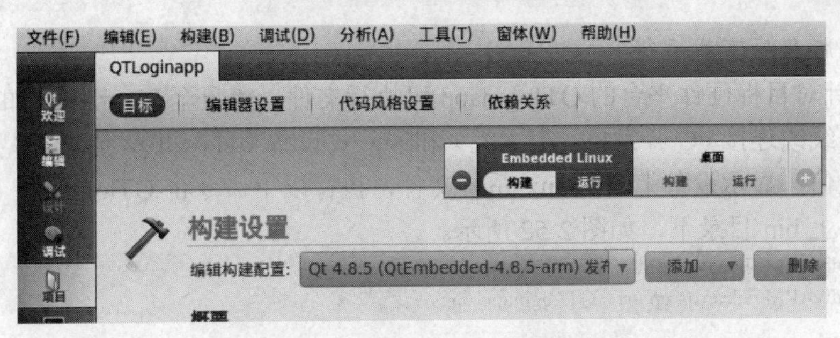

图 2-48　选择 Embedded Qt 版本编译

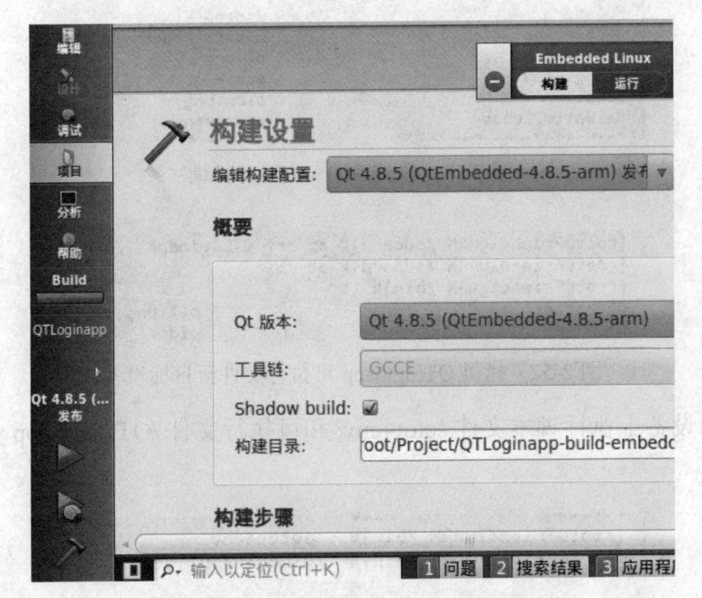

图 2-49　执行 ARM 版本的 Qt 程序编译

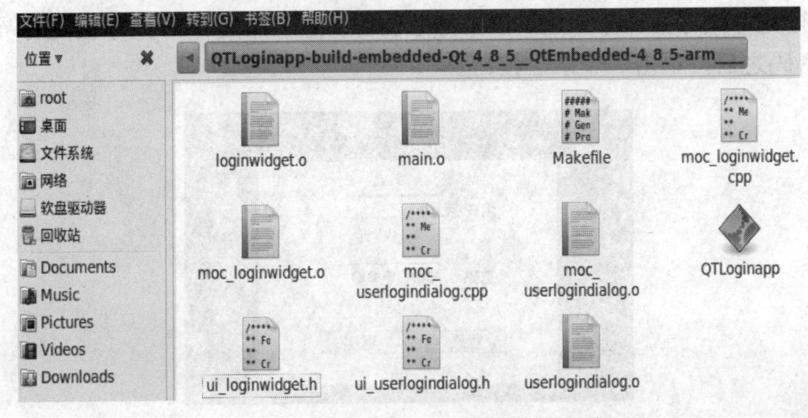

图 2-50　生成 QTLoginapp 可执行文件

2. ARM 版程序下载运行

（1）将针对目标硬件平台的 QTloginapp 可执行文件，拷贝至 SD 卡中，如图 2-51 所示。然后通过串口线缆连接 PC 开发机（宿主机）和嵌入式设备（目标机），通过 PC 开发机超级终端进行串口通信，显示设备上的 Linux 系统文件，执行以下命令将 QTloginapp 可执行文件拷贝至目标设备上/bin/目录下，如图 2-52 所示。

```
[root@FriendlyARM /]# cd /sdcard/
[root@FriendlyARM /sdcard]# cp –rf   QTLoginapp /bin/
```

图 2-51　设置 SD 卡为当前目录

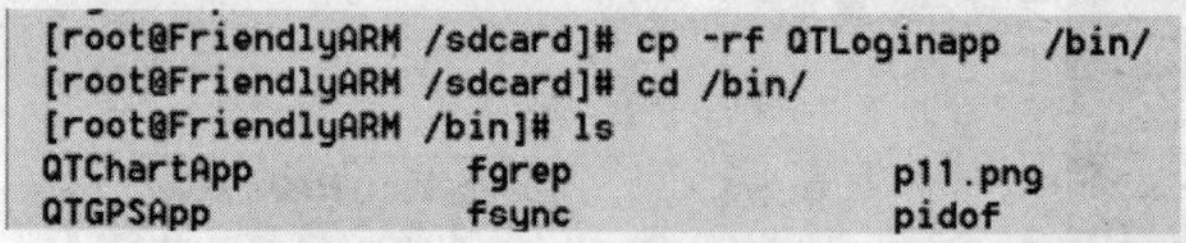

```
[root@FriendlyARM /sdcard]# cp -rf QTLoginapp  /bin/
[root@FriendlyARM /sdcard]# cd /bin/
[root@FriendlyARM /bin]# ls
QTChartApp          fgrep              p11.png
QTGPSApp            fsync              pidof
```

图 2-52　拷贝 QTloginapp 可执行文件至目标设备

（2）在目标设备上执行脚本文件.setqt4env 和可执行文件./QTLoginapp -qws，如图 2-53 所示。

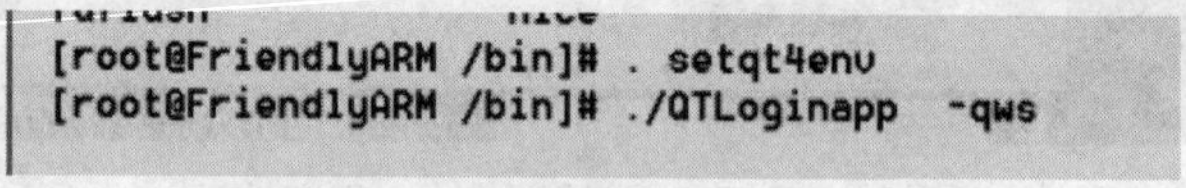

```
[root@FriendlyARM /bin]# . setqt4env
[root@FriendlyARM /bin]# ./QTLoginapp  -qws
```

图 2-53　执行脚本和可执行文件

（3）执行完可执行文件命令之后，在目标设备上显示如图 2-54 所示的运行界面，然后输入用户名和密码之后，单击“登录”按钮。

图 2-54　输入用户名和密码

（4）当输入的用户名和密码正确之后，进入程序主界面，则表示用户登录程序功能实现成功，如图 2-55 所示。

图 2-55 进入主界面

第 3 章　电子相册设计与开发

3.1　电子相册功能简介

3.1.1　项目开发背景

随着数字化技术的不断发展，一系列数码设备（如数码相机及数码摄像机）进入家庭，电子相册随即诞生。它以欣赏方便、交互性强、易于保存为特点迅速得到现代人的青睐。利用原有的终端 PC 机来管理数字照片已不能满足当前需求，有时可能需要带有照相功能或者摄像头功能的便携式设备在任何地方，捕捉一些场景，然后在任何时间利用电子相册来管理这些数字照片。同时电子相册具有传统相册无法比拟的优越性：图、文、声、像并茂的表现手法，随意修改编辑的功能，快速的检索方式，永不褪色的恒久保存特性，以及廉价复制分发的优越手段。

3.1.2　功能结构分析

1. 功能描述

电子相册支持 jpg、xpm、png、bmp 和 gif 格式图片的浏览，并可以对图片进行放大、缩小或旋转角度显示。电子相册还支持幻灯片模式浏览图片操作。

（1）显示图片列表功能：在图片文件所在目录读取所有扩展名为 jpg、xpm、png、bmp、gif 格式的图片文件，并将读取的文件按顺序用相同大小的缩略图的形式显示在图片列表界面上。如果图片数量超过当前屏幕显示范围时，可向下滚动显示。其他格式文件忽略不读。

（2）浏览图片功能：对选中的图片可以执行浏览的功能，若图片原本大小超过图片浏览区域（即相框）的大小，则会自动调整变成适应图片浏览区域的最大尺寸。若图片原本大小没有超过图片浏览区域大小，则以原始尺寸在图片浏览区域显示。可对打开的图片进行放大、缩小、向左旋转、向右旋转、全屏模式与返回原始尺寸等一系列的浏览模式操作。

（3）图片放大功能：在当前图片尺寸大小的基础上，图片可逐级放大，以尺寸的 0.5 倍递增，最大可放大到打开图片时显示的初始尺寸的 3 倍。

（4）图片缩小功能：在当前图片尺寸大小的基础上，图片可逐级缩小。最小可缩小到打开图片时显示的初始尺寸的 0.5 倍。

（5）图片旋转功能：打开图片后，可在图片的任意状态下对图片进行旋转操作。可在当前状态下，将图片向左或向右旋转，每次旋转角度差值为 90°。图片旋转后会自动适应窗口大小，完整显示图片。

2. 功能结构图

电子相册功能结构如图 3-1 所示。

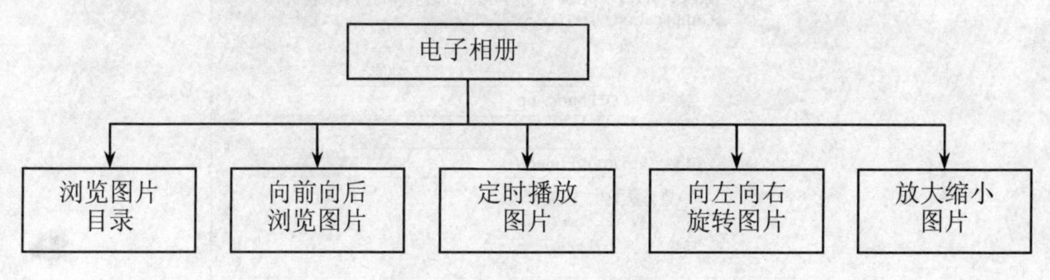

图 3-1 电子相册功能结构

3.2 电子相册程序设计

3.2.1 构建电子相册程序

具体操作步骤如下：

（1）打开 Qt Creator 开发平台，选择“新建文件与工程”选项，在左侧项目类型列表中选择“Qt Gui 应用”选项，单击“选择”按钮，如图 3-2 所示。

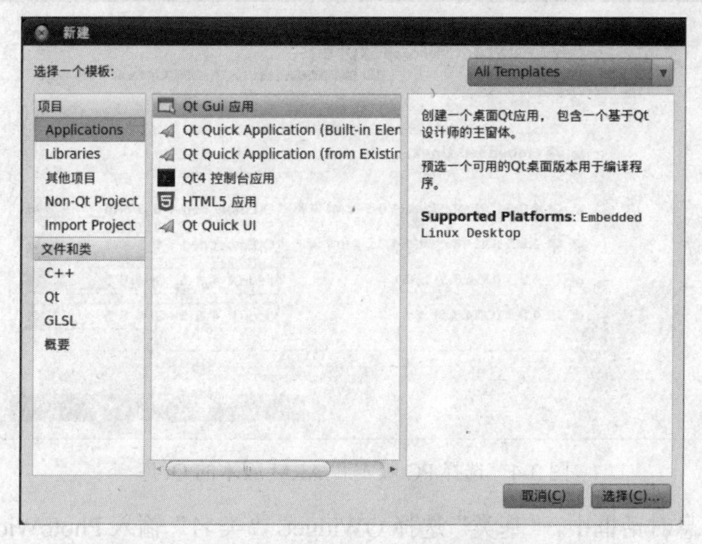

图 3-2 新建 Qt Gui 应用模板

（2）在下方的名称输入栏中输入将要开发的应用程序名“QTPhonoApp”，在创建路径栏选择应用程序所保存的路径位置，这里保存在 linux 的/root/project 文件夹下，最后单击“确定”按钮，如图 3-3 所示。

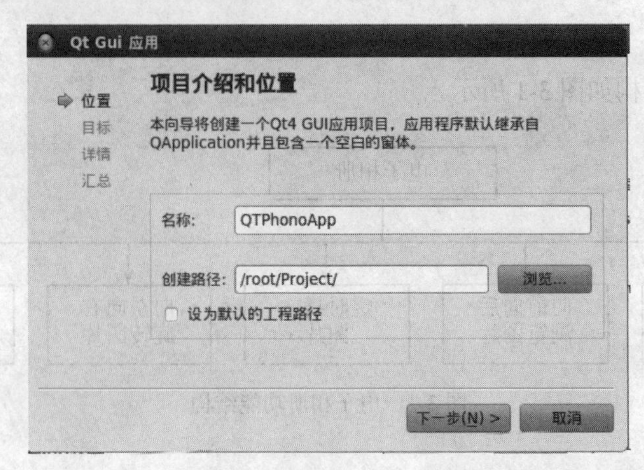

图 3-3　设置项目名称与路径

（3）在目标设置对话框中，勾选 Embedded Linux 复选框，这里有四项选择，其中 Qt 4.8.5（Qt-4.8.5）release 和 Qt 4.8.5（Qt-4.8.5）debug 版本能够使程序利用桌面版面的 Qt 库在 PC 机上先进行编译调试程序代码功能，当程序各项功能测试通过之后，选择 Qt 4.8.5（Embedded-4.8.5-arm）release 和 Qt 4.8.5（Embedded-4.8.5-arm）debug 版本，将程序交叉编译为目标平台可执行代码，设置完成之后，单击“下一步”按钮，如图 3-4 所示。

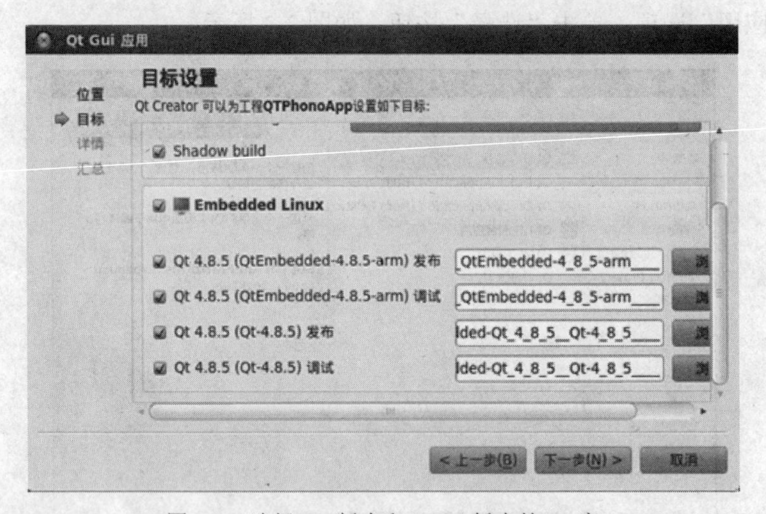

图 3-4　选择 PC 版本和 ARM 版本的 Qt 库

（4）在类信息对话框中，“基类”选择 QWidget，“类名”输入 PhotoWidget，单击“下一步”按钮，如图 3-5 所示。

（5）当项目参数设置完成之后，QTPhonoApp 工程项目创建完成，如图 3-6 所示。

（6）当 QTPhonoApp 程序工程项目创建完成之后，在项目栏中显示如图 3-7 所示的项目工程文件。

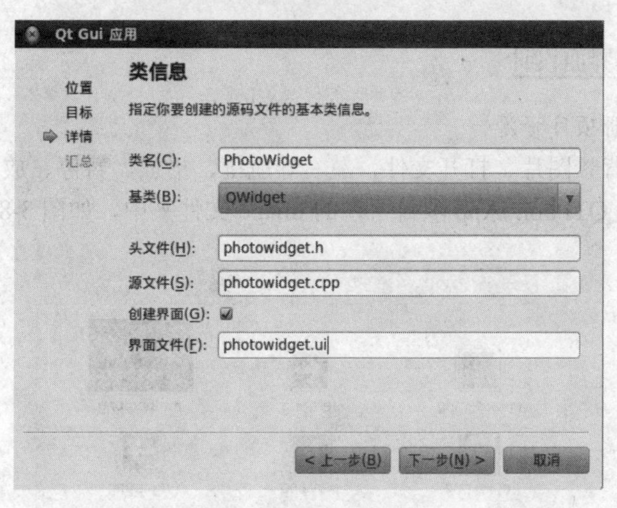

图 3-5　设置类名及基类

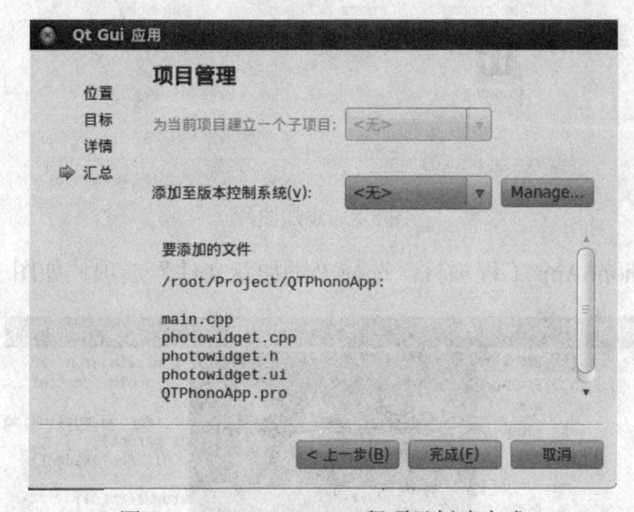

图 3-6　QTPhonoApp 工程项目创建完成

图 3-7　QTPhonoApp 程序工程项目文件

3.2.2 电子相册程序界面设计

1. 添加电子相册项目资源

（1）将包含有背景图片、打开文件、左右导航键、播放、暂停、放大、缩小、左旋及右旋的十张图片添加进 QTPhonoApp 项目所在的 image 文件夹中，如图 3-8 所示。

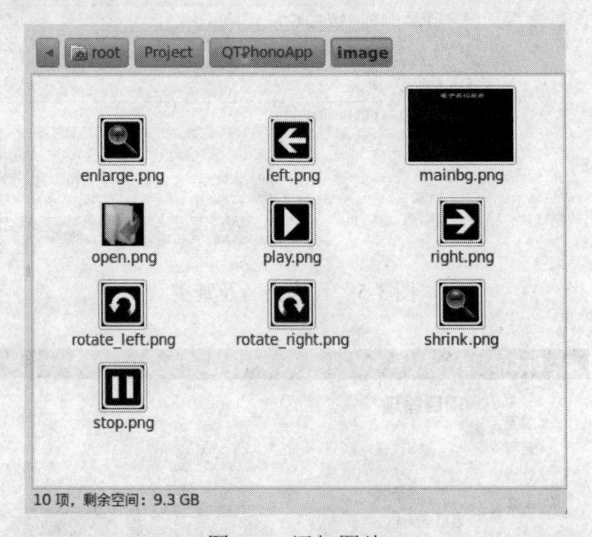

图 3-8　添加图片

（2）右击 QTPhonoApp 工程项目，选择“添加新文件”选项，如图 3-9 所示。

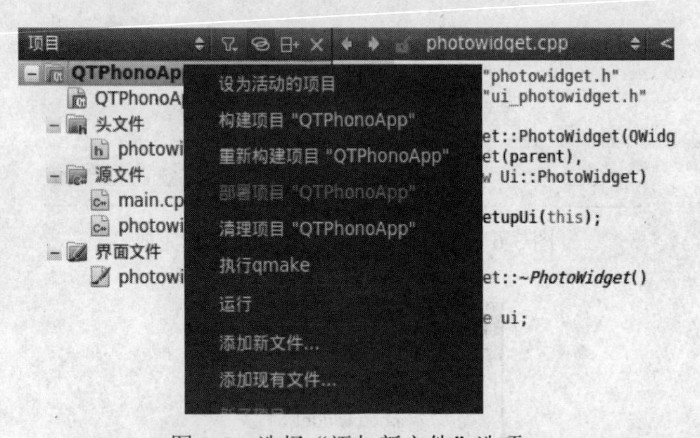

图 3-9　选择“添加新文件”选项

（3）在弹出的“新建文件”对话框的左侧栏中选择 Qt，中间一栏选择“Qt 资源文件”选项，如图 3-10 所示，单击“选择”按钮。

（4）在如图 3-11 所示的“新建 Qt 资源”对话框中，“名称”一栏输入：image，路径设置为：/root/Project/QTPhonoApp，单击“下一步”按钮。

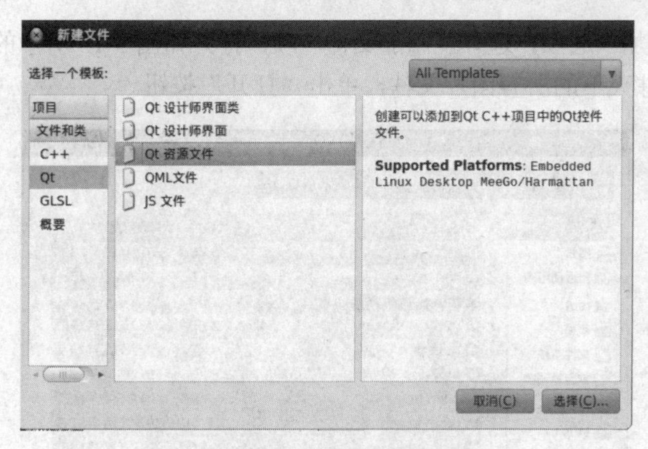

图 3-10　添加资源文件

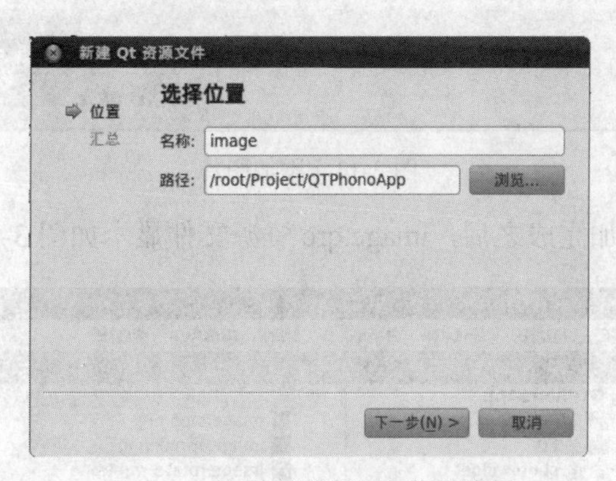

图 3-11　设置新增资源名称及路径

（5）打开 image.qrc 文件，右侧的前缀（Prefix）项目设置为“/”，如图 3-12 所示。

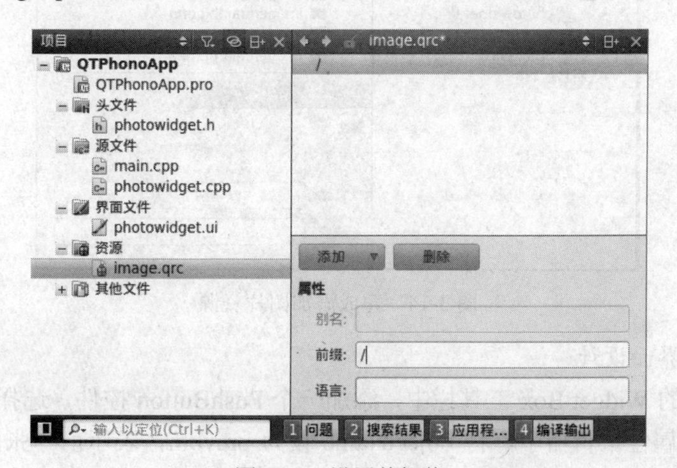

图 3-12　设置前缀值

（6）单击“添加”选项，选择“添加文件”项，打开如图 3-13 所示的“打开文件”对话框，选择 image 文件夹下的所有图片文件，单击“打开”按钮。

图 3-13　添加图片

（7）当所有图片添加完成之后，image.qrc 资源文件显示如图 3-14 所示的所有图片资源。

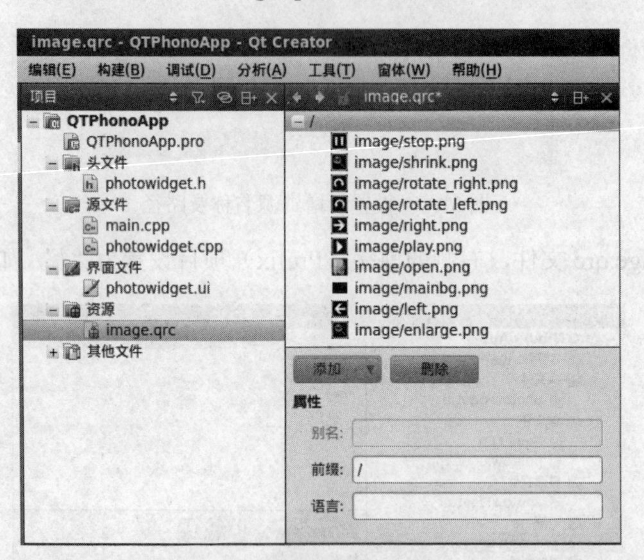

图 3-14　完成添加图片资源

2. 图片按钮界面设计

（1）在左侧的 Widget Box 工具栏中，添加一个 PushButton 控件，选择 PushButton 控件，在 Qt 设计界面的属性编辑器中，将 objectName 设为 prevbtn，表示前一张图片按钮的变量命名为 prevbtn，如图 3-15 所示。

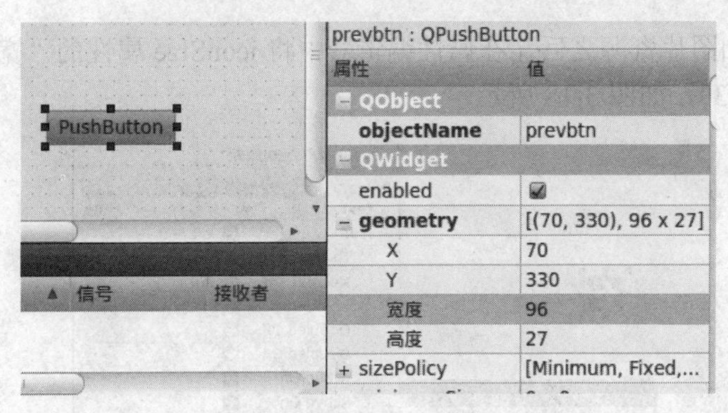

图 3-15　设置 objectName 值

（2）在 Qt 设计界面的属性编辑器中，将 text 的属性值设置为空，右击 icon 选项，选择“选择资源”项，如图 3-16 所示。

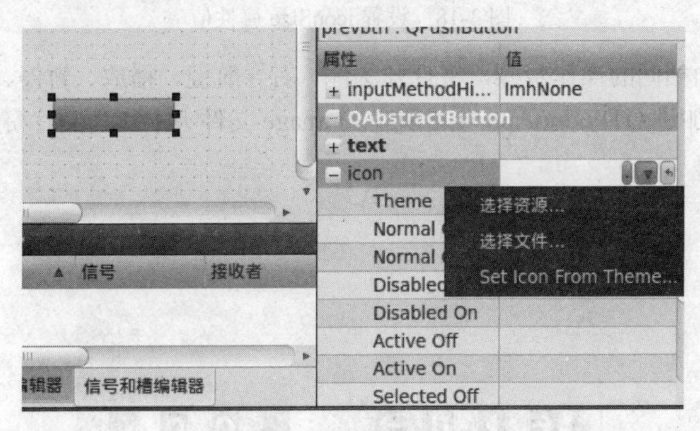

图 3-16　“选择资源”项

（3）在“选择资源”对话框中，选择 image.qrc 中的 left.png 图片资源，单击“确定”按钮，完成添加前一张按钮图片资源，如图 3-17 所示。

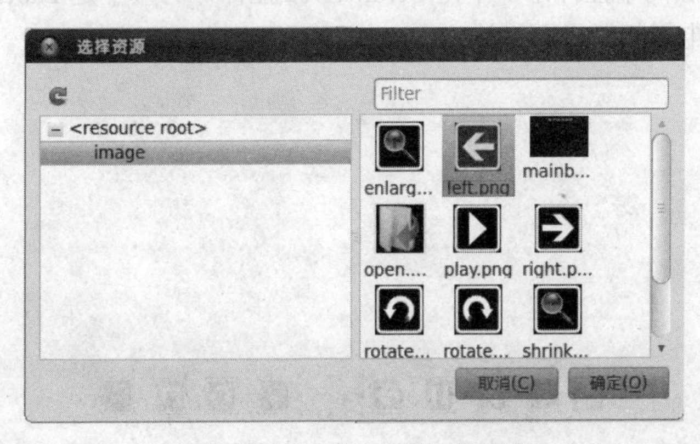

图 3-17　选择前一张图片资源

（4）完成添加图片资源之后，在属性编辑器中将 iconSize 属性的“宽度”值设置为 40，“高度”值设置为 39，如图 3-18 所示。

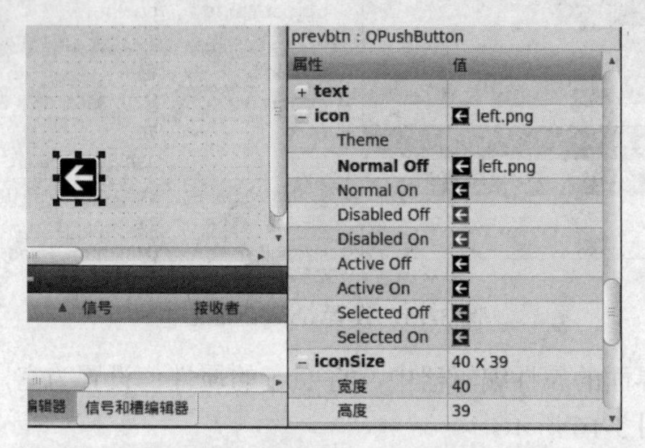

图 3-18　设置 iconSize 属性值

（5）继续前面相同的操作步骤，将打开文件、右导航键、播放、暂停、放大、缩小、左旋及右旋 8 张图片添加进 QTPhonoApp 项目所在的 image 文件夹中作为图片资源，如图 3-19 所示。

图 3-19　添加完成按钮图片资源

（6）另外再添加两个控件：一个是 Scroll Area 控件，另一个是 Label 控件，完成之后显示如图 3-20 所示的电子相册界面设计。

图 3-20　电子相册界面

3. 规范命名并设置初始值

将图 3-20 中主要控件进行规范命名和设置初始值，按表 3-1 所示进行说明。

表 3-1 项目各项控件说明

控件名称	命名	说明
PushButton	Openbtn	打开图片所在的目录
PushButton	Prevbtn	显示前一张图片
PushButton	Playbtn	定时播放图片
PushButton	Stopbtn	暂停播放图形
PushButton	Nextbtn	显示后一张图片
PushButton	Enlargebtn	放大图片
PushButton	Rotateleftbtn	向左旋转图片
PushButton	Rotaterightbtn	向右旋转图片
PushButton	Smallbtn	缩小图片
Label	labelFan	显示图片总数和当前图片位置
Scroll Area	scrollArea	提供图片视图显示

4. 构建按钮信号与槽之间关联

（1）右击“打开文件”按钮，选择如图 3-21 所示的“转到槽”选项。

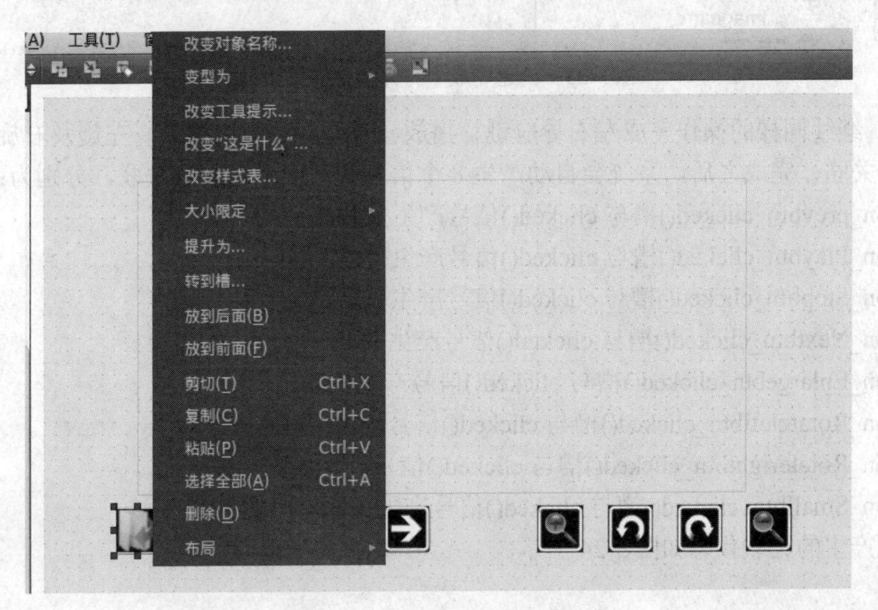

图 3-21 选择“转到槽”选项

（2）在“转到槽”对话框中，选择 clicked()信号，单击“确定”按钮，如图 3-22 所示。

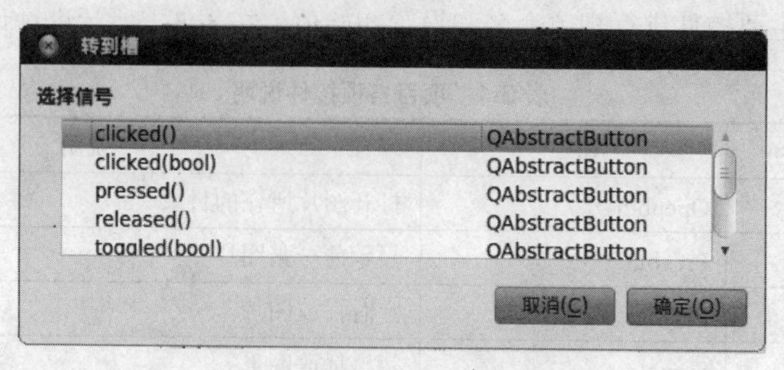

图 3-22 选择 clicked()信号选项

（3）当 clicked()信号选择完成之后，系统会自动将 on_Openbtn_clicked()槽与 clicked()信号产生关联，自动产生的关联代码如图 3-23 所示。

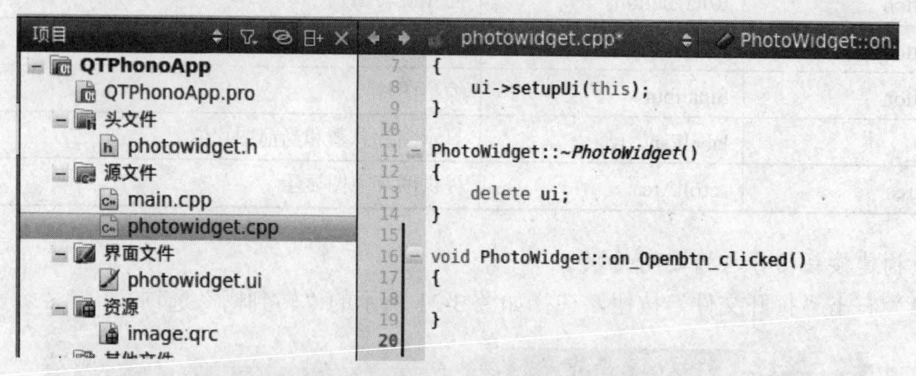

图 3-23 构建完成“打开文件”按钮槽

（4）继续同样的操作完成左右导航键、播放、暂停、放大、缩小、左旋及右旋按钮信号和槽之间关联，完成之后，系统会自动产生 8 个信号和对应槽之间的关联，分别为：

1）on_prevbtn_clicked()槽与 clicked()信号产生关联。

2）on_Playbtn_clicked()槽与 clicked()信号产生关联。

3）on_Stopbtn_clicked()槽与 clicked()信号产生关联。

4）on_Nextbtn_clicked()槽与 clicked()信号产生关联。

5）on_Enlargebtn_clicked()槽与 clicked()信号产生关联。

6）on_Rotateleftbtn_clicked()槽与 clicked()信号产生关联。

7）on_Rotaterightbtn_clicked()槽与 clicked()信号产生关联。

8）on_Smallbtn_clicked()槽与 clicked()信号产生关联。

自动产生的关联代码如图 3-24 所示。

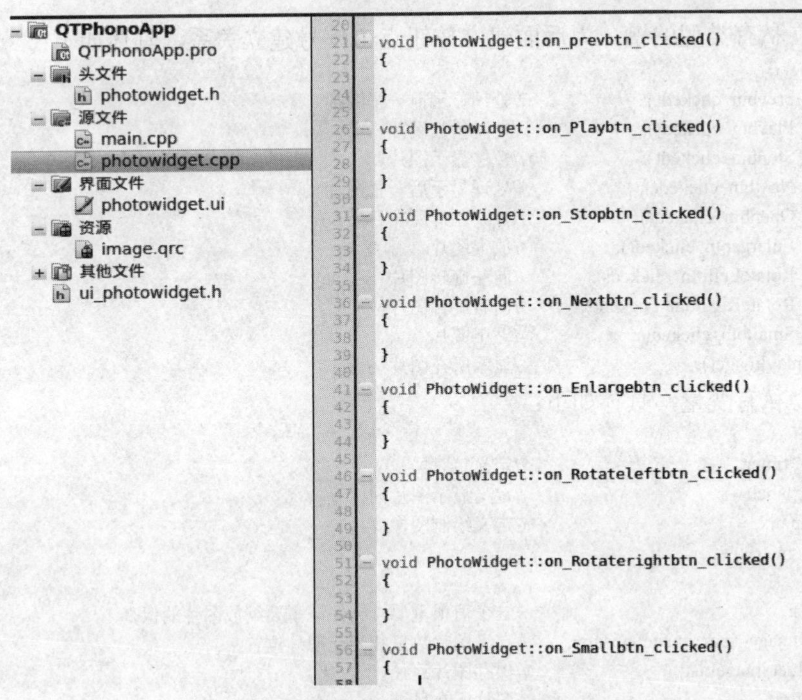

图 3-24　构建完成 9 个按钮槽

3.3　电子相册程序代码功能实现

前面所介绍的是针对项目的界面进行整体设计的，现在从代码功能角度详细讲解如何编写代码实现电子相册的各项功能。

3.3.1　程序头文件功能实现

1．程序中 photowidget.h 文件功能实现

（1）打开 photowidget.h 文件，在头部加上相关的 include 文件，具体如下；

```
#include <QStringList>
#include <QString>
#include <QTimer>
#include <QLabel>
#include <QPixmap>
#include <QPalette>
#include <QMatrix>
#include <QString>
#include <QImage>
#include <QBrush>
#include <QFileDialog>
#include <QMessageBox>
```

（2）建立私有类型的槽，为后面建立按钮点击信号建立关系，具体如下：

```
private slots:
    void on_prevbtn_clicked();              //处理显示前一张图片
    void on_Playbtn_clicked();              //定时播放图片
    void on_Stopbtn_clicked();              //暂停显示图片
    void on_Nextbtn_clicked();              //处理显示后一张图片
    void on_Openbtn_clicked();              //打开图片所在目录
    void on_Enlargebtn_clicked();           //放大图片
    void on_RotateLeftbtn_clicked();        //向左旋转图片
    void on_RotateRightbtn_clicked();       //向右旋转图片
    void on_Smallbtn_clicked();             //缩小图片
    void displayImage();                    //显示所在图片
```

（3）建立私有变量，具体如下：

```
private:
    QTimer *timer;                          //定义定时器
    QLabel *label;                          //定义显示图片的标签
    QPixmap pix;                            //定义绘制图像变量
    QMatrix matrix;
    int i,j;
    qreal w,h;                              //这个值很重要，它保证了要缩放图片的保真
    QString image_sum ,image_positon;       //定义图片数量和当前图片位置
    QStringList imageList;                  //保存图片路径
QDir imageDir;                              //图片所在目录
```

2. 完整代码

将上述代码添加完成之后，photowidget.h 文件的整体代码结构如下：

```
#ifndef PHOTOWIDGET_H
#define PHOTOWIDGET_H
#include <QWidget>
#include <QStringList>
#include <QString>
#include <QTimer>
#include <QLabel>
#include <QPixmap>
#include <QPalette>
#include <QMatrix>
#include <QString>
#include <QImage>
#include <QBrush>
#include <QFileDialog>
#include <QMessageBox>

namespace Ui {
class PhotoWidget;
}
class PhotoWidget : public QWidget
{
    Q_OBJECT
public:
```

```
        explicit PhotoWidget(QWidget *parent = 0);
        ~PhotoWidget();
private slots:
        void on_Openbtn_clicked();
        void on_prevbtn_clicked();
        void on_Playbtn_clicked();
        void on_Stopbtn_clicked();
        void on_Nextbtn_clicked();
        void on_Enlargebtn_clicked();
        void on_Rotateleftbtn_clicked();
        void on_Rotaterightbtn_clicked();
        void on_Smallbtn_clicked();
          void displayImage();
private:
        Ui::PhotoWidget *ui;
          QTimer *timer;
        QLabel *label;
        QPixmap pix;
        QMatrix matrix;
        int i,j;
        qreal w,h;                              //这个值很重要，它保证了要缩放图片的保真
        QString image_sum ,image_positon;
        QStringList imageList;                  //保存图片路径
        QDir imageDir;
};
```

3.3.2 程序主文件功能实现

1. 文件框架

项目中 photowidget.cpp 文件框架结构如下：

```
#include "photowidget.h"
#include "ui_photowidget.h"

PhotoWidget::PhotoWidget(QWidget *parent) :         //构造方法
        QWidget(parent),
        ui(new Ui::PhotoWidget)
{
        ui->setupUi(this);
}
void PhotoWidget::on_Openbtn_clicked()              //打开图片所在位置的目录，读取所有图片
{
}
void PhotoWidget::displayImage()                    //当定时器时间一到，执行图片显示
{
}
void PhotoWidget::on_prevbtn_clicked()              //处理显示前一张图片
{
}
void PhotoWidget::on_Playbtn_clicked()              //实现定时播放图片功能
```

```
{
}
void PhotoWidget::on_Stopbtn_clicked()              //停止定时器
{
}
void PhotoWidget::on_Nextbtn_clicked()              //处理显示后一张图片
{
}
void PhotoWidget::on_Enlargebtn_clicked()           //将图片放大处理，并显示图片
{
}
void PhotoWidget::on_Rotateleftbtn_clicked()        //将图片向左旋转处理，并显示图片
{
}
void PhotoWidget::on_Rotaterightbtn_clicked()       //将图片向右旋转处理，并显示图片
{
}
void PhotoWidget::on_Smallbtn_clicked()             //将图片缩小处理，并显示图片
{
}
PhotoWidget::~PhotoWidget()                         //析构方法
{
    delete ui;
}
```

2. *方法说明*

（1）PhotoWidget 构造方法。当实例化 PhotoWidget 类对象时，执行 PhotoWidget 构造方法，在构造方法中，首先执行主界面背景图片的加载和绘制，然后创建 Label 控件对象并放置在 scrollArea 控件中进行图片显示，最后产生定时器对象，并建立定时器的 timeout()信号和 displayImage()槽之间对应关系。具体代码如下：

```
PhotoWidget::PhotoWidget(QWidget *parent) :
    QWidget(parent),
    ui(new Ui::PhotoWidget)
{
    ui->setupUi(this);
    QImage image;
    image.load(":/image/mainbg.png");
    QPalette palette;
    palette.setBrush(this->backgroundRole(),QBrush(image));
    this->setPalette(palette);
    i=0;
    j=0;
    label = new QLabel(this);
    ui->scrollArea->setWidget(label);
    ui->scrollArea->setAlignment(Qt::AlignCenter);
    ui->image_number->setText(tr("0 / 0"));
    timer = new QTimer(this);
    connect(timer,SIGNAL(timeout()),this,SLOT(displayImage()));
}
```

（2）on_Openbtn_clicked 方法。单击“打开”按钮，首先执行目录对话框打开操作，用户可以选择图片所在的目录，接着根据图片的扩展名进行图片过滤，然后返回所在目录下的所有图片文件，最后获取所有图片的总数和设置当前图片索引为 0。具体代码如下：

```
void PhotoWidget::on_Openbtn_clicked()
{
    QString dir = QFileDialog::getExistingDirectory(this,
                        tr("Open Directory"),QDir::currentPath(),
                        QFileDialog::ShowDirsOnly | QFileDialog::DontResolveSymlinks);
      if(dir.isEmpty())
          return;
      imageDir.setPath(dir);
      QStringList filter;
      filter<<"*.jpg"<<"*.bmp"<<"*.jpeg"<<"*.png"<<"*.xpm";
      imageList = imageDir.entryList(filter,QDir::Files);        //返回 imageDir 里面的文件
      j=imageList.size();
     image_sum = QString::number(j);
     image_positon = QString::number(0);
     ui->image_number->setText(tr("%1 / %2").arg(image_sum).arg(image_positon));
}
```

（3）on_Playbtn_clicked 方法。单击“播放”按钮，执行定时器开始运行。具体代码如下：

```
void PhotoWidget::on_Playbtn_clicked()
{
    timer->start(1000);
}
```

（4）displayImage 方法。当定时器每到 1 秒钟，执行此方法，首先将 QPixmap 对象加载图片路径，接着使图片的宽与高和给定的标签大小相匹配，然后将图片绘制显示在界面上，最后修改图片位置索引，并判断显示的图片是否指向最后一张。具体代码如下：

```
void PhotoWidget::displayImage()                          //当定时器时间一到，执行图片显示
{
    pix.load(imageDir.absolutePath() + QDir::separator() + imageList.at(i));
       w = label->width();
       h = label->height();
       pix = pix.scaled(w,h,Qt::IgnoreAspectRatio);          //设置图片的大小和 label 的大小相同
      label->setPixmap(pix);
        image_positon = QString::number(i+1);
            i++;
       ui->image_number->setText(tr("%1 / %2").arg(image_sum).arg(image_positon));
       if(i==j)
           i=0;
}
```

（5）on_Stopbtn_clicked 方法。单击“暂停”按钮，执行定时器停止操作，实现图片暂停显示。具体代码如下：

```
void PhotoWidget::on_Stopbtn_clicked()
{
     timer->stop();
}
```

（6）on_prevbtn_clicked 方法。单击“前一张”按钮，执行此方法，首先执行定时器停止操作，接着判断图片的索引是否小于 0，如果成立，将重新为 i 赋值，大小为：图片总数-1，然后将 QPixmap 对象加载图片路径，并使图片的宽与高和给定的标签大小相匹配，最后将图片绘制显示在界面上，并修改图片位置索引，具体代码如下：

```
void PhotoWidget::on_prevbtn_clicked()
{
    timer->stop();
        i--;
        if(i<0)
        i=j-1;
        pix.load(imageDir.absolutePath() + QDir::separator() + imageList.at(i));
        w = label->width();
        h = label->height();
        pix = pix.scaled(w,h,Qt::IgnoreAspectRatio);                    //设置图片的大小和 label 的大小相同
        label->setPixmap(pix);
        image_positon = QString::number(i+1);
        ui->image_number->setText(tr("%1 / %2").arg(image_sum).arg(image_positon));
}
```

（7）on_Nextbtn_clicked 方法。单击“后一张”按钮，执行此方法，首先执行定时器停止操作，接着判断图片的索引是否等于 0，如果成立，将重新为 i 赋值为 0，然后将 QPixmap 对象加载图片路径，并使图片的宽与高和给定的标签大小相匹配，最后将图片绘制显示在界面上，并修改图片位置索引。具体代码如下：

```
void PhotoWidget::on_Nextbtn_clicked()
{
    timer->stop();
        i++;
        if(i==j)                                               //当播放图片大于总图片数时，跳回第一张
        i=0;
        pix.load(imageDir.absolutePath() + QDir::separator() + imageList.at(i));
        w = label->width();
        h = label->height();
        pix = pix.scaled(w,h,Qt::IgnoreAspectRatio);         //设置图片的大小和 label 的大小相同
        label->setPixmap(pix);
        image_positon = QString::number(i+1);
        ui->image_number->setText(tr("%1 / %2").arg(image_sum).arg(image_positon));
}
```

（8）on_Enlargebtn_clicked 方法。单击“放大图片”按钮，执行此方法，首先执行定时器停止操作，将 QPixmap 对象加载图片路径，然后将显示的宽和高在水平方向和垂直方向按照 1.2 的倍数进行放大，最后将图片绘制显示在界面上。具体代码如下：

```
void PhotoWidget::on_Enlargebtn_clicked()
{
    timer->stop();
        pix.load(imageDir.absolutePath() + QDir::separator() + imageList.at(i));
        w *= 1.2;
        h *= 1.2;
```

```
        pix = pix.scaled(w,h);              //设置图片的大小和 label 的大小相同
        label->setPixmap(pix);
}
```

（9）on_Smallbtn_clicked 方法。单击“缩小图片”按钮，执行此方法，首先执行定时器停止操作，将 QPixmap 对象加载图片路径，然后将显示的宽和高在水平方向和垂直方向按照 0.8 的倍数进行缩小，最后将图片绘制显示在界面上。具体代码如下：

```
void PhotoWidget::on_Smallbtn_clicked()
{
    timer->stop();
        pix.load(imageDir.absolutePath() + QDir::separator() + imageList.at(i));
        w *= 0.8;
        h *= 0.8;
        pix = pix.scaled(w,h);              //设置图片的大小和 label 的大小相同
        label->setPixmap(pix);
}
```

（10）on_RotateLeftbtn_clicked 方法。单击“向左旋转图片”按钮，执行此方法，首先执行定时器停止操作，然后将图片顺时针旋转 90 度，最后将图片绘制显示在界面上。具体代码如下：

```
void PhotoWidget::on_Rotateleftbtn_clicked()
{
    timer->stop();
      matrix.rotate(90);            //旋转 90°
      pix = pix.transformed(matrix,Qt::FastTransformation);
      pix = pix.scaled(label->width(),label->height(),Qt::IgnoreAspectRatio);
      //设置图片大小为 label 的大小，否则就会出现滑动条
      label->setPixmap(pix);
}
```

（11）on_RotateRightbtn _clicked 方法。单击“向右旋转图片”按钮，执行此方法，首先执行定时器停止操作，然后将图片逆时针旋转 90 度，最后将图片绘制显示在界面上。具体代码如下：

```
void PhotoWidget::on_Rotaterightbtn_clicked()
{
        timer->stop();
        matrix.rotate(-90);             //旋转 90°
        pix = pix.transformed(matrix,Qt::FastTransformation);
        pix = pix.scaled(label->width(),label->height(),Qt::IgnoreAspectRatio);
        //设置图片大小为 label 的大小，否则就会出现滑动条
        label->setPixmap(pix);
}
```

3.4 电子相册程序运行

（1）电子相册程序经过编译之后，运行主界面如图 3-25 所示。

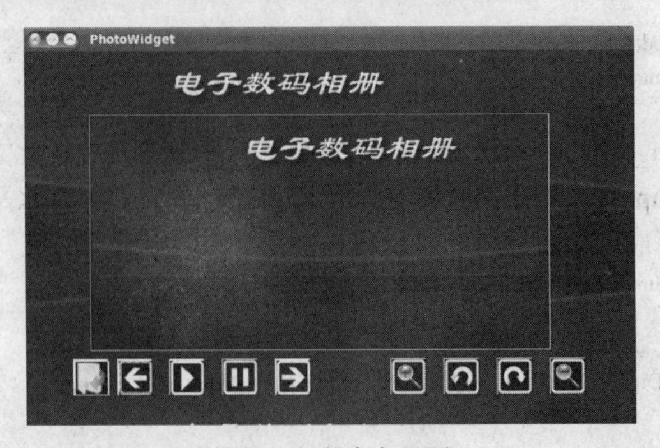

图 3-25　程序主界面

（2）单击“打开文件”按钮，定位到图片存放目录，这里为/mnt/hgfs/Sharewhtc/image，单击 Choose 按钮，如图 3-26 所示。

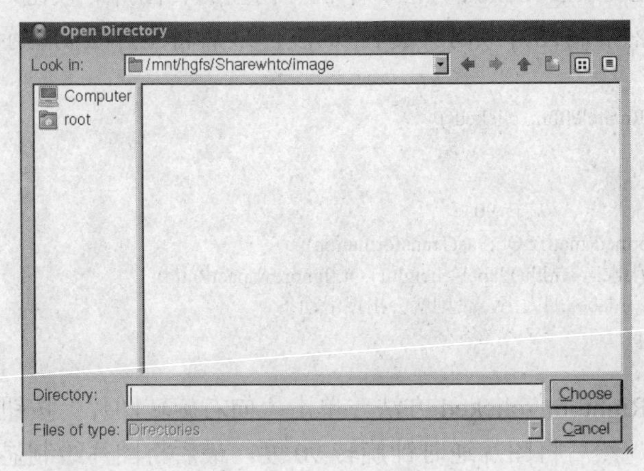

图 3-26　选择图片目录

（3）单击“播放”按钮，可以定时循环播放图片目录中的所有图片文件，如图 3-27 所示。

图 3-27　定时播放图片

（4）单击“向右旋转”按钮，将图片向右旋转之后再进行显示，如图3-28所示。

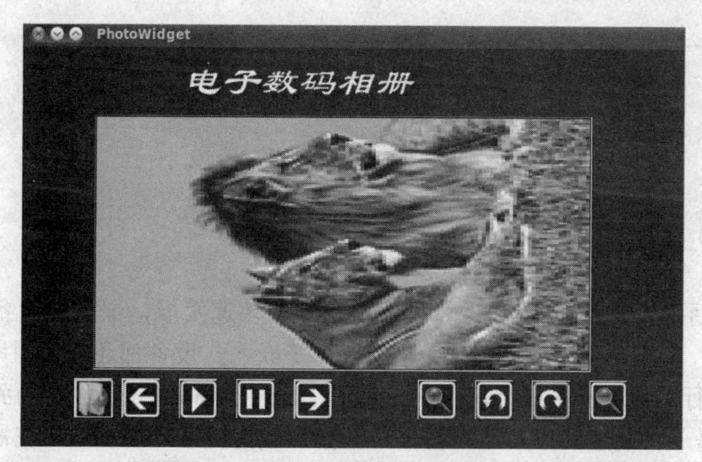

图3-28　图片向右旋转

（5）单击“放大”按钮，将图片放大之后再进行显示，如图3-29所示。

图3-29　图片放大显示

第 4 章　GPS 定位程序设计与开发

4.1　串口通信简介

随着嵌入式系统的广泛应用和计算机通信技术的快速发展，嵌入式设备之间的通信愈显重要，放眼望去，汽车电子、数控机床、电子仪器等嵌入式设备都还在使用串口通信。虽然目前看到的通用串行总线 Universal Serial Bus 或者 USB 的串口通讯已经应用到日常生活的很多方面，但 USB 是一种高速的串口通讯协议，其接口较为复杂，通常被用在需要传输大量数据的地方，如 U 盘、数码相机、打印机等。而在工控和信息通信等应用领域中，大量的嵌入式设备利用串口通信还在发挥主力军的作用，主要是串口通信在数据传输方面具有高稳定性和抗干扰性，同时硬件成本较低，这样就使得串口通信在某些应用场合是一个最佳选择。

由于串行通信方式具有使用线路少、成本低的特点，特别是在远距离传输时，因其可避免多条线路特性的不一致而被广泛采用，在串口通信时，要求双方都采用一个标准接口，这可以使不同的设备连接起来进行通信。RS-232-C 是目前最常用的一种串行通信接口，它可以同时进行数据接收和发送工作。

串行通信是将数据字节分成一位一位的形式在一条传输线上逐个传送。串口按位（bit）发送和接收字节。尽管比按字节（byte）的并行通信慢，但是串口可以在使用一根线发送数据的同时用另一根线接收数据。它很简单并且能够实现远距离通信，如图 4-1 所示。

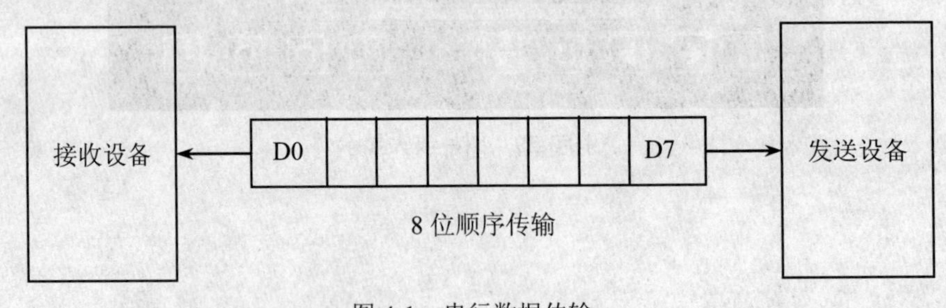

图 4-1　串行数据传输

4.1.1　RS-232-C 串口标准

RS-232-C 串口标准是 EIA（美国电子工业协会）1969 年修订的标准，RS 代表推荐标准，232 代表标识号，C 代表 RS-232 的最新一次修订。RS-232-C 定义了数据终端设备（DTE）与数据通信设备（DCE）之间串行二进制数据交换接口技术标准。该标准规定采用一个 25 针的

DB25 连接器，对连接电缆和机械、电气特性、信号功能及传输过程加以规定。实际上 RS-232-C 的 25 针中有许多引线很少使用，在计算机与终端通信或移动设备与终端通信中一般多采用 9 针的连接器，如图 4-2 所示。RS-232-C 最常用的 9 针接口中每个插针的排列位置都有明确的功能特性，如表 4-1 所示。

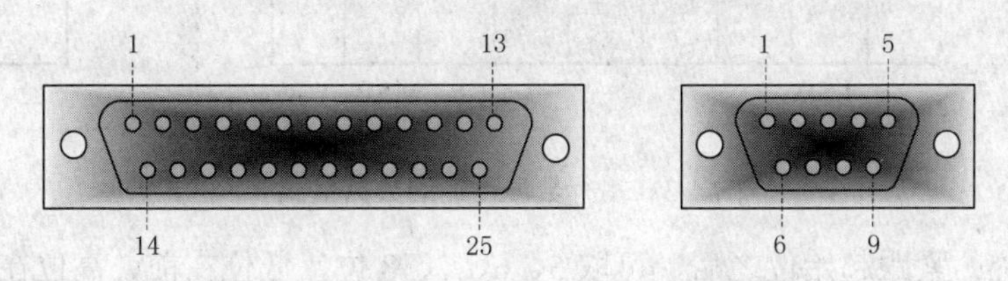

图 4-2　RS-232-C 中的 25 针及 9 针接口

表 4-1　RS-232-C 中的 9 针引脚功能特性

插针序号	信号名称	流向	功能说明
1	DCD	DCE→DTE	表示 DCE 接收到远程载波
2	RXD	DCE→DTE	表示 DTE 接收串行数据
3	TXD	DTE→DCE	表示 DTE 发送串行数据
4	DTR	DTE→DCE	数据终端就绪
5	GND		信号公共地
6	DSR	DCE→DTE	数据发送就绪
7	RTS	DTE→DCE	发送数据请求
8	CTS	DCE→DTE	允许发送
9	RI	DCE→DTE	铃声指示

4.1.2　串行数据传输

串行数据传输是以字符（构成的帧）为单位进行传输，字符与字符之间的间隙（时间间隔）是任意的，但每个字符中的各位是以固定的时间传送的，即字符之间不一定有“位间隔”的整数倍的关系，但同一字符内各位之间的距离均为“位间隔”的整数倍。字符帧由四部分组成，分别是：起始位、数据位、奇偶校验位、停止位，如图 4-3 所示。

典型地，串口用于 ASCII 码字符的传输，通信使用 3 根线完成：地线、发送线、接收线。由于串口通信是异步的，端口能够在一根线上发送数据同时在另一根线上接收数据。其他线用于握手，但不是必须的。

具体说明如下：

（1）起始位：位于字符帧的开头，只占一位，始终为逻辑低电平，表示发送端开始发送一帧数据。

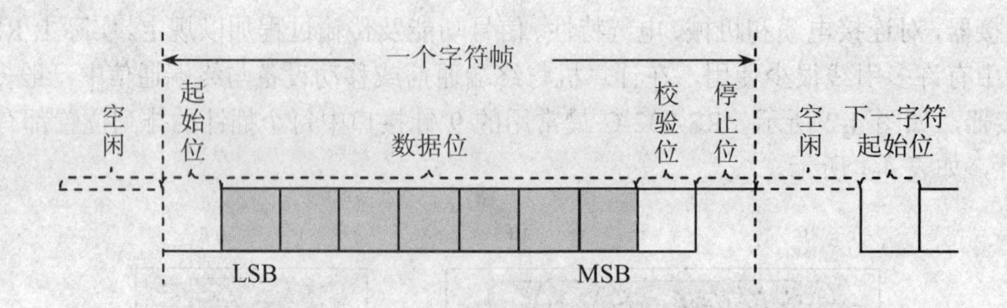

图 4-3　串行数据传输的数据格式

（2）数据位：紧跟起始位之后，可取 5、6、7、8 位，低位在前，高位在后。

（3）奇偶校验位：占一位，用于对字符传送作正确性检查，因此奇偶校验位是可选择的，共有三种可能，即奇校验、偶校验和无校验，由用户根据需要选定。例如，如果数据是 011，那么对于偶校验，校验位为 0。如果是奇校验，校验位为 1。

（4）停止位：末尾，为逻辑“1”高电平，可取 1、1.5、2 位，表示一帧字符传送完毕。

（5）波特率：所谓波特率就是指一秒钟传送数据位的个数。每秒钟传送一个数据位就是 1 波特。即：1 波特＝1bps（位/秒），如每秒钟传送 240 个字符，而每个字符格式包含 10 位（1 个起始位、1 个停止位、8 个数据位），这时的波特率为：10 位×240 个/秒 ＝2400 bps。

4.2　GPS 简介

全球定位系统（GPS）是 20 世纪 70 年代由美国陆海空三军联合研制的新一代空间卫星导航定位系统。简单地说，这是一个由覆盖全球的 24 颗卫星组成的卫星系统。这个系统可以保证在任意时刻，地球上任意一点都可以同时观测到 4 颗卫星，以保证卫星可以采集到该观测点的经纬度和高度，以便实现导航、定位等功能。这项技术可以用来引导飞机、船舶、车辆以及个人，安全、准确地沿着选定的路线，准时到达目的地。

4.2.1　GPS 全球卫星定位系统组成

GPS 全球卫星定位系统由三部分组成：GPS 卫星（空间部分）；地面控制部分（地面监控系统）；GPS 信号接收机（用户设备部分），如图 4-4 所示。

1. 空间部分

GPS 的空间部分是由沿接近环形的地球轨道运行的 24 颗卫星组成，它位于距地表 20200 千米的高空，均匀分布在 6 个轨道面上（每个轨道面 4 颗），轨道倾角为 55°。此外，还有 4 颗有源备份卫星在轨运行。卫星的分布使得在全球任何地方、任何时间都可观测到 4 颗以上的卫星，并能保持良好的定位几何图像，这就提供了在时间上连续的全球导航能力。

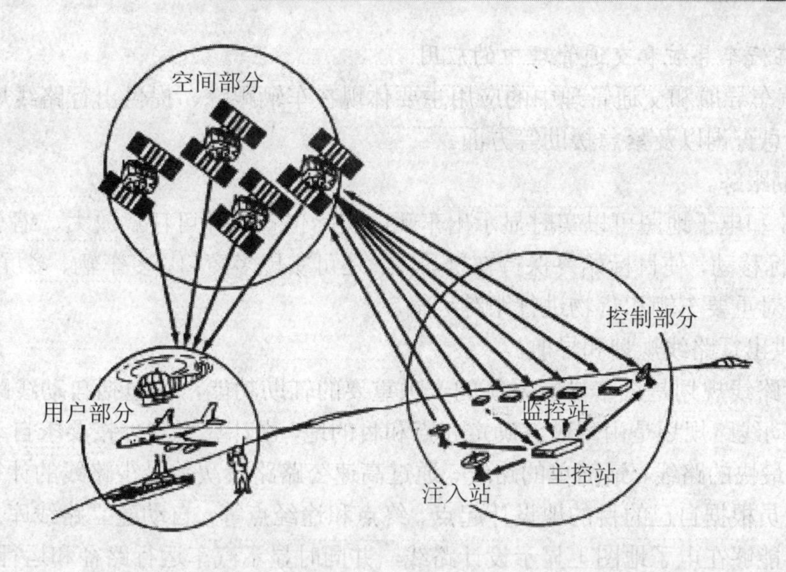

图 4-4 GPS 全球卫星定位系统组成

2. 地面控制部分

地面控制部分由一个主控站，5 个全球监测站和 3 个地面控制站组成。五个监控站分布在世界各地，不间断地追踪监控卫星，通过地面和卫星链接将原始数据和导航信号传到主控制站。主控站从各监测站收集跟踪数据，计算出卫星的轨道和时钟参数，然后将结果送到 3 个地面控制站。地面控制站在每颗卫星运行至上空时，把这些导航数据及主控站指令注入到卫星。

3. GPS 信号接收机

GPS 信号接收机主要功能是根据星历表，估计卫星的位置，并根据射频信号的行驶时间测量卫星的距离，然后根据一个简单的数学原理（三维空间的三边测量）推断自身的位置。当接收机捕获到跟踪的卫星信号后，即可测量出接收天线至卫星的伪距离和距离的变化率，解调出卫星轨道参数等数据。根据这些数据，接收机中的微处理计算机就可按定位解算方法进行定位计算，计算出用户所在地理位置的经纬度、高度、速度、时间等信息。

4.2.2 GPS 应用

1. GPS 在道路工程中的应用

GPS 在道路工程中的应用，目前主要是用于建立各种道路工程控制网及测定航测外控点等。随着高等级公路的迅速发展，对勘测技术提出了更高的要求，由于线路长，已知点少，因此，用常规测量手段不仅布网困难，而且难以满足高精度的要求。目前，国内已逐步采用 GPS 技术建立线路首级高精度控制网，然后用常规方法布设导线加密。实践证明，在几十公里范围内的点位误差只有 2 厘米左右，达到了常规方法难以实现的精度，同时也能大大提前工期。

2. GPS 在汽车导航和交通管理中的应用

GPS 在汽车导航和交通管理中的应用主要体现在车辆跟踪、提供出行路线规划和导航、话务指挥、信息查询以及紧急援助等方面。

（1）车辆跟踪。

利用 GPS 和电子地图可以实时显示出车辆的实际位置，并可任意放大、缩小、还原、换图；可以随目标移动，使目标始终保持在屏幕上；还可实现多窗口、多车辆、多屏幕同时跟踪。利用该功能可对重要车辆和货物进行跟踪运输。

（2）提供出行路线规划和导航。

提供出行路线规划是汽车导航系统的一项重要的辅助功能，它包括自动线路规划和人工线路设计。自动线路规划是由驾驶者确定起点和目的地，由计算机软件按要求自动设计最佳行驶路线，包括最快的路线、最简单的路线、通过高速公路路段次数最少路线的计算。人工线路设计是由驾驶员根据自己的目的地设计起点、终点和途经点等，自动建立路线库。线路规划完毕后，显示器能够在电子地图上显示设计路线，并同时显示汽车运行路径和运行方法。

（3）信息查询。

为用户提供主要物标，如旅游景点、宾馆、医院等数据库，用户能够在电子地图上显示其位置。同时，监测中心可以利用监测控制台对区域内的任意目标所在位置进行查询，车辆信息将以数字形式在控制中心的电子地图上显示出来。

（4）话务指挥。

指挥中心可以监测区域内车辆运行状况，对被监控车辆进行合理调度。指挥中心也可随时与被跟踪目标通话，实行管理。

（5）紧急援助。

通过 GPS 定位和监控管理系统可以对遇有险情或发生事故的车辆进行紧急援助。监控台的电子地图显示求助信息和报警目标，规划最优援助方案，并以报警声光提醒值班人员进行应急处理。

4.3 GPS 系统的 NMEA 协议

4.3.1 NMEA 协议特性

NMEA-0183 是美国国家海洋电子协会（National Marine Electronics Association）为海用电子设备制定的标准格式。目前已成为 GPS 导航设备统一的 RTCM（Radio Technical Commission for Maritime services）标准协议。NMEA-0183 协议定义的语句有几种不同的格式，常用的或者说兼容性最广的语句有$GPGGA、$GPGSA、$GPGSV、$GPRMC、$GPVTG、$GPGLL 语句。表 4-2 给出了这些常用 NMEA-0183 协议命令说明。

表 4-2 常见的 NMEA-0183 协议命令说明

序号	命令	说明	最大帧长
1	$GPGGA	全球定位数据	72
2	$GPGSA	卫星 PRN 数据	65
3	$GPGSV	卫星状态信息	210
4	$GPRMC	运输定位数据	70
5	$GPVTG	地面速度信息	34
6	$GPGLL	大地坐标信息	
7	$GPZDA	UTC 时间和日期	

NMEA-0183 每条语句的格式都是独立相关的 ASCII 格式，逗点隔开数据流，数据流长度从 30～100 字符不等，通常以每秒间隔选择输出。

语句格式形如“$aaccc,ddd,ddd,…,ddd*hh<CR><LF>”，说明如下：

（1）$——帧命令起始位。

（2）aaccc——地址域，前两位为识别符，后三位为语句名。

（3）ddd,…,ddd——数据。

（4）*——校验和前缀。

（5）hh——校验和（check sum），$与*之间所有字符 ASCII 码的校验和（各字节做异或运算，得到校验和后，再转换 16 进制格式的 ASCII 字符）。

（6）<CR><LF>——CR（Carriage Return）+ LF（Line Feed）帧结束，回车和换行。

4.3.2 NMEA 协议使用

下面以目前最常用的格式“$GPRMC”进行说明，它包含了定位时间、纬度、经度、高度、速度以及日期等信息。

该语句 Recommended Minimum Specific GPS/TRANSIT Data（RMC）表示推荐定位信息。

例如：$GPRMC,013946.00,A,3102.1865,N,11349.0779,E,0.05,218.30,111208,4.5,W,A*20

（1）时间：01 时 39 分 46.00 秒。

（2）定位状态：A=可用，V=警告（不可用）。

（3）纬度：北纬（N）31 度 02.1865 分。

（4）经度：东经（E）113 度 49.0779 分。

（5）相对位移速度：0.05 knots。

（6）相对位移方向：218.30 度。

（7）日期：11 日 12 月 08 年（日月年）。

（8）磁偏角：4.5 度。

（9）磁偏角方向：西。

（10）模式指示（仅 NMEA0183 3.00 版本输出，A=自主定位，D=差分，E=估算，N=数据无效）。

（11）校验和：20。

4.4 GPS 定位程序功能分析

4.4.1 硬件设备的 GPS 平台构建

首先将带有串口的 GPS 模块通过串口线缆一端连接带有 Linux 操作系统的嵌入式设备，另一端连接 GPS 模块，如图 4-5 所示。然后分别给嵌入式设备和 GPS 设备加电，接着利用 Linux 的串口工具测试嵌入式设备是否能正常接收 GPS 接收器给串口发送的 NMEA 协议数据。

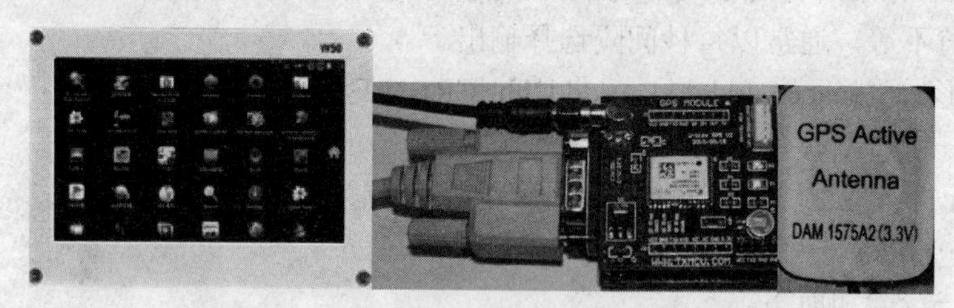

图 4-5 嵌入式设备与 GPS 接收器连接

4.4.2 串口工具测试

利用 Window 系统下的串口工具测试嵌入式设备是否能正常接收 GPS 接收器给串口发送的 NMEA 协议数据，如图 4-6 所示。

图 4-6 NMEA 协议数据

4.4.3 功能模块分析

首先嵌入式设备打开串行端口，从 GPS 接收器获取 NMEA 协议数据，然后通过协议解析获取定位时间、纬度、经度、高度、速度及日期等数据信息，最后通过窗体界面显示出来，GPS 定位显示程序功能模块设计如图 4-7 所示。

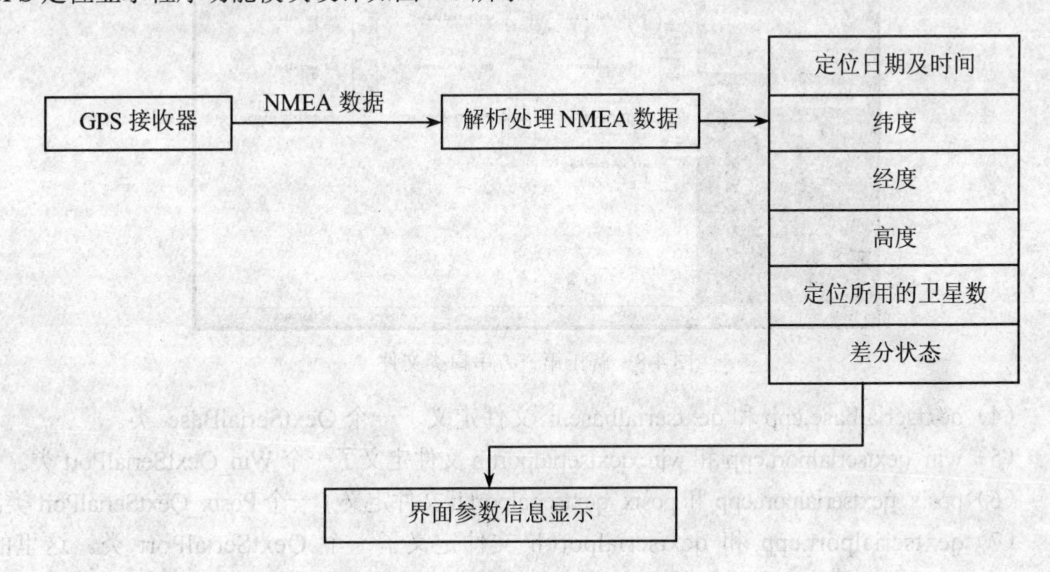

图 4-7 GPS 定位显示程序功能模块设计

4.5 串口类编程简介

在 Qt 中没有特定的串口控制类，一般来说，常用以下两种方案实现：一种是基于 Window 系统或者 Linux 系统接口编写串口类，由于串口类是自己编程实现的，功能根据设计需求可以扩充，因此可扩展性较强。但对开发者来说，要求编程水平较高。

另一种是利用第三方串口控制类 QextSerialPort 类，实现在 Window 系统或者 Linux 系统下的串口通信。

本项目使用第三方的 QextSerialPort 类，实现 GPS 串口数据传输。这里使用的版本为 qextserialport-1.2win-alpha.zip，解压之后文件夹内容如图 4-8 所示。

下面分别介绍 QextSerialPort 类中的相关文件：

（1）doc 文件夹中的文件内容是 QextSerialPort 类和 QextBaseType 类的简单说明，可以使用记事本程序将其打开。

（2）examples 文件夹中是几个例子程序，可以通过 QT Creator 查看和编译里面的源码。

（3）html 文件夹中是 QextSerialPort 类的使用文档。

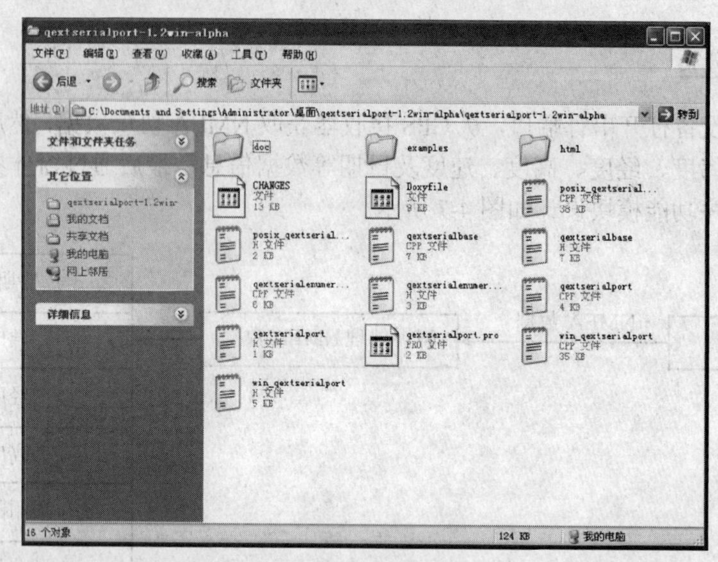

图 4-8　解压第三方串口类文件

（4）qextserialbase.cpp 和 qextserialbase.h 文件定义了一个 QextSerialBase 类。

（5）win_qextserialport.cpp 和 win_qextserialport.h 文件定义了一个 Win_QextSerialPort 类。

（6）posix_qextserialport.cpp 和 posix_qextserialport.h 文件定义了一个 Posix_QextSerialPort 类。

（7）qextserialport.cpp 和 qextserialport.h 文件定义了一个 QextSerialPort 类。这里的 QextSerialPort 类就是前文所说的第三方类，它是所有这些类的子类，是最高的抽象，它屏蔽了 Windows、Linux 等其他系统平台特征，使得在任何平台上都可以使用它。

这些类中存在着继承关系，如图 4-9 所示。

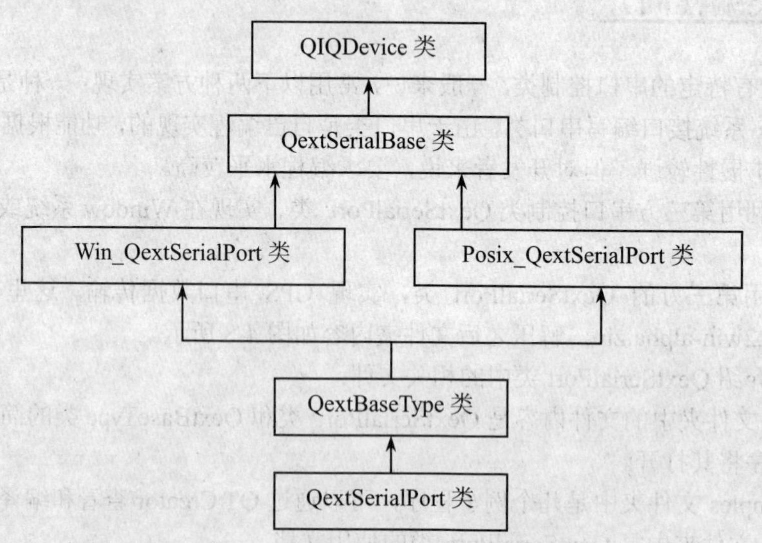

图 4-9　QextSerialPort 类继承关系

通过图 3-9 可以看到它们都继承自 QIODevice 类，所以该类的一些函数可以直接调用。图中还有一个 QextBaseType 类，其实它只是一个标识，没有具体的内容，它用来表示 Win_QextSerialPort 或 Posix_QextSerialPort 中的一个类，因为在 QextSerialPort 类中使用了条件编译，它既可以继承自 Win_QextSerialPort 类，也可以继承自 Posix_QextSerialPort 类，这一点可以在 qextserialport.h 文件中体现出来。为了方便程序的跨平台编译，使用 QextSerialPort 类，可以根据不同的条件编译继承不同的类，它提供了几个构造函数进行使用。在 qextserialport.h 文件中的条件编译内容如下：

```
/*POSIX CODE*/
#ifdef _TTY_POSIX_
#include "posix_qextserialport.h"
#define QextBaseType Posix_QextSerialPort
/*MS WINDOWS CODE*/
#else
#include "win_qextserialport.h"
#define QextBaseType Win_QextSerialPort
#endif
```

所以一定要注意在 Linux 下这里需要添加#define_TTY_POSIX_语句，然后直接使用 Posix_QextSerialPort 类就可以了。由于本项目开发是在 Linux 平台下进行串口通信的，这里直接使用 Posix_QextSerialPort 类就可以了。另外在 QextSerialBase 类中还涉及到了一个枚举变量 QueryMode。QueryMode 指的是读取串口的方式，它有两个值：Polling 和 EventDriven。Polling 称为查询方式，而 EventDriven 称为事件驱动方式。在 Windows 下支持以上两种模式，而在 Linux 下只支持 Polling 模式。对于 Polling 查询方式，其特点是读写函数是同步执行的。

4.6 GPS 定位程序设计

4.6.1 构建 GPS 定位程序

具体操作如下：

（1）打开 Qt Creator 开发平台，选择“新建文件与工程”选项，在左侧项目类型列表中选择“Qt Gui 应用”选项，单击“选择”按钮，如图 4-10 所示。

（2）在项目介绍和位置设置对话框下方的“名称”输入框中输入将要开发的应用程序名 QTGPSApp，在“创建路径”栏选择应用程序所保存的路径位置，这里保存在 Linux 的 /root/Project 文件夹下，最后单击“确定”按钮，如图 4-11 所示。

（3）在目标设置对话框中，勾选 Embedded Linux 复选框，这里有四项选择，其中 Qt 4.8.5（Qt-4.8.5）release 和 Qt 4.8.5（Qt-4.8.5）debug 版本能够使程序利用桌面版面的 Qt 库在 PC 机上先进行编译调试程序代码功能，当程序各项功能测试通过之后，选择 Qt 4.8.5（Embedded-4.8.5-arm）release 和 Qt 4.8.5（Embedded-4.8.5-arm）debug 版本，将程序交叉编译为目标平台可执行代码，设置完成之后，单击“下一步”按钮，如图 4-12 所示。

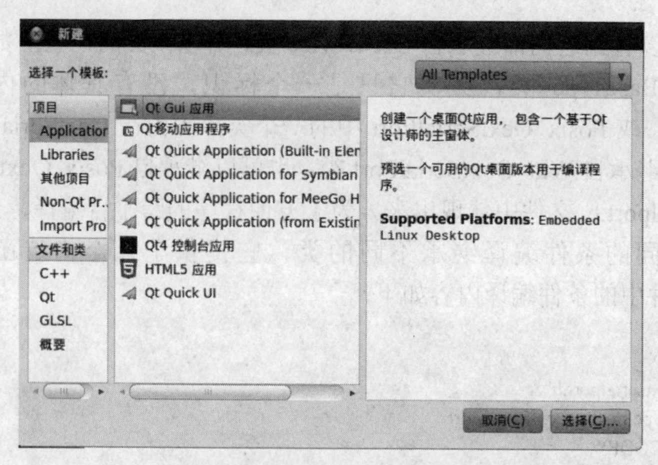

图 4-10　新建 Qt Gui 应用模板

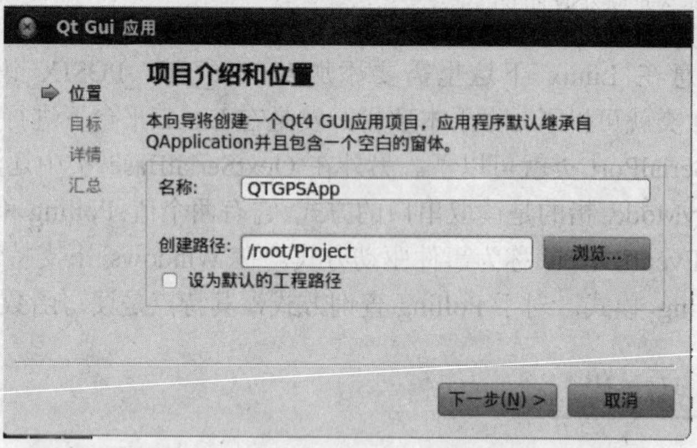

图 4-11　设置项目名称与路径

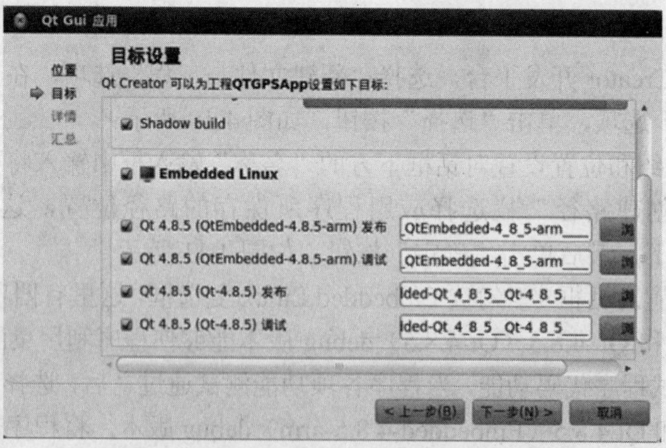

图 4-12　选择 PC 版本和 ARM 版本的 Qt 库

（4）在类信息对话框中，“基类”选择 QWidget，“类名”输入 GPSWidget，单击“下一步”按钮，如图 4-13 所示。

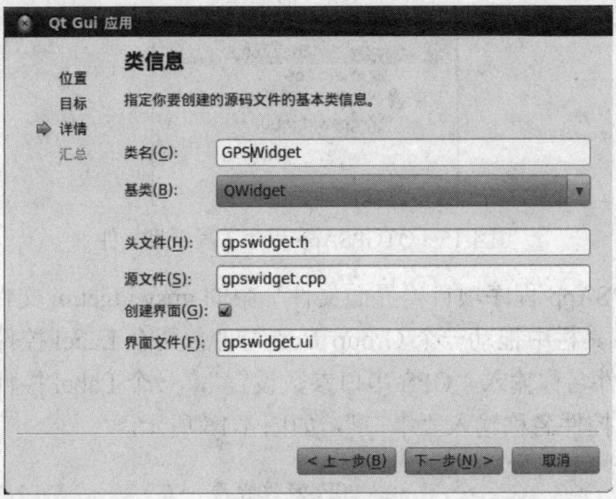

图 4-13　设置类名及基类

（5）当项目参数设置完成之后，QTGPSApp 工程项目创建完成，如图 4-14 所示。

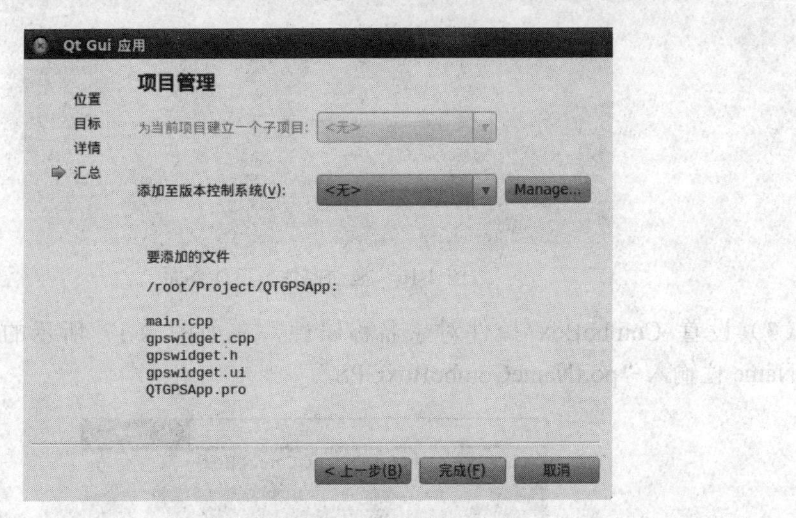

图 4-14　QTGPSApp 工程项目创建完成

4.6.2　GPS 定位程序串口界面设计

1. 串口通信部分界面设计

（1）当 QTGPSApp 程序工程项目创建完成之后，在项目栏中会显示如图 4-15 所示的项目工程文件。

图 4-15　QTGPSApp 程序工程项目文件

（2）打开 QTGPSApp 程序项目“界面文件”中的 gpswidget.ui 文件，进入 Qt 设计界面，从左侧 Widget Box 工具栏中拖动一个 Group Box 控件，两个 Label 控件和一个 ComboBox 控件，将 Group Box 控件名称输入“GPS 串口参数设置”，一个 Label 控件名称输入“GPS 定位程序”，另一个 Label 控件名称输入“串口”，如图 4-16 所示。

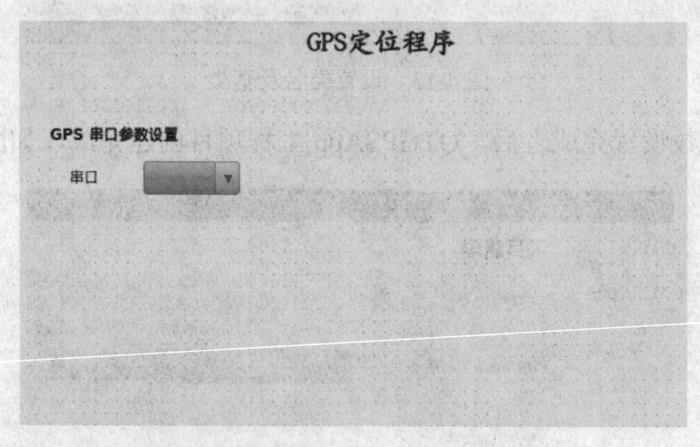

图 4-16　拖动控件至窗体界面

（3）设置 ComboBox 控件对象名称属性，在如图 4-17 所示的属性编辑器中，在 objectName 栏输入“portNameComboBoxGPS”。

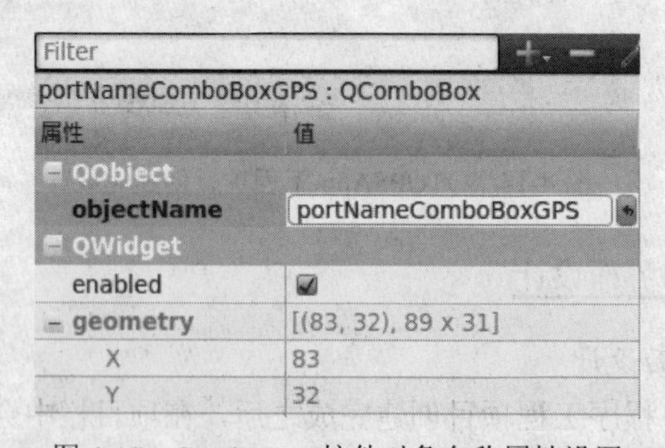

图 4-17　ComboBox 控件对象名称属性设置

（4）设置 ComboBox 控件项目内容，右击 ComboBox 控件，选择“编辑项目”选项，如图 4-18 所示。

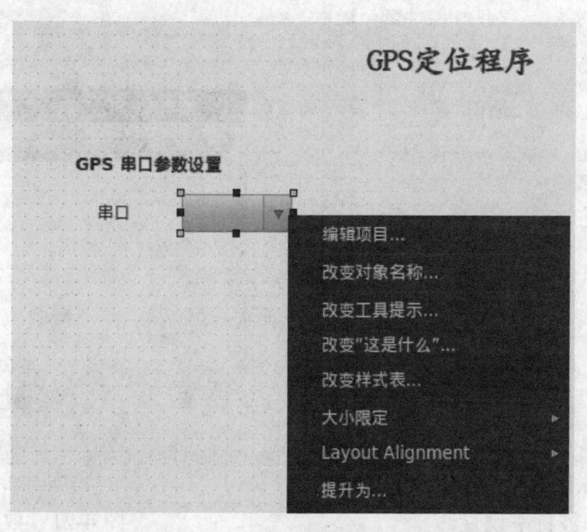

图 4-18　选择 ComboBox 控件的“编辑项目”选项

（5）在如图 4-19 所示的“编辑组合框”中，单击“+”按钮，添加串口名称，如 ttySAC0～ttySAC3，以及 ttyS0～ttyS2，这里主要为了方便在 PC 机端的 Linux 开发中，可以先将程序代码在 PC 端进行编译和调试，这时 PC 的 Linux 系统串口名称为 ttyS0～ttyS2 之间，而 ARM 设备中 Linux 的串口名称设置为 ttySAC0～ttySAC3 之间，单击“确定”按钮。

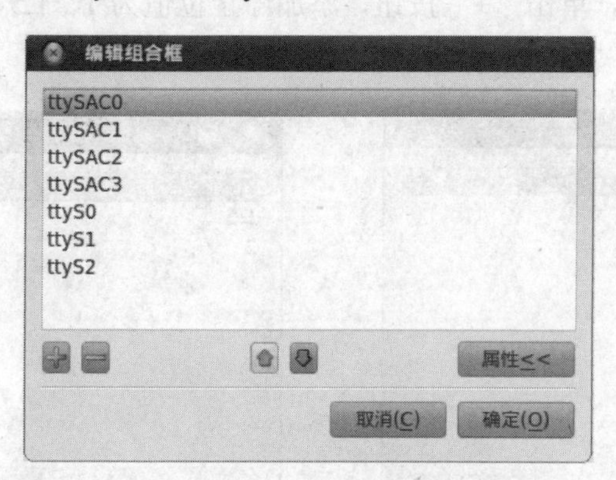

图 4-19　串口名称设置

（6）从左侧的 Widget Box 工具栏中，添加设置波特率的 ComboBox 控件，在如图 4-20 所示的“编辑组合框”中，单击“+”按钮，添加波特率值在 50～256000 之间，单击“确定”按钮。

（7）从左侧的 Widget Box 工具栏中，添加设置数据位的 ComboBox 控件，在如图 4-21 所示的“编辑组合框”中，单击“+”按钮，添加数据位值在 5～8 之间，单击“确定”按钮。

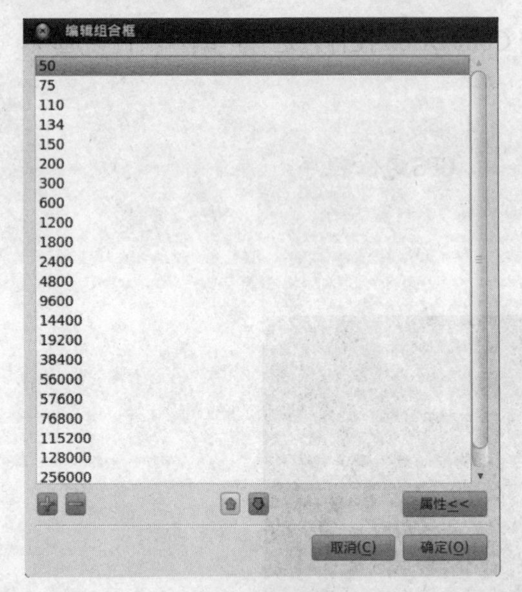

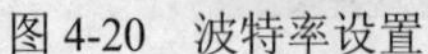
图 4-20　波特率设置

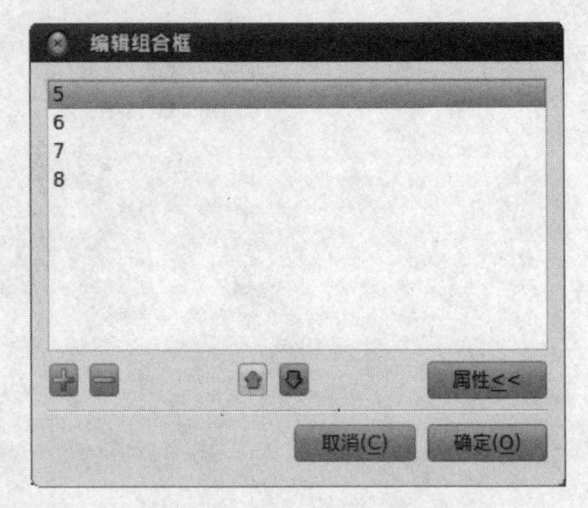

图 4-21　数据位设置

（8）从左侧的 Widget Box 工具栏中，添加设置校验位的 ComboBox 控件，在如图 4-22 所示的“编辑组合框”中，单击“+”按钮，添加校验位值为无、奇、偶三个值，单击“确定”按钮。

（9）从左侧的 Widget Box 工具栏中，添加设置停止位的 ComboBox 控件，在如图 4-23 所示的“编辑组合框”中，单击“+”按钮，添加停止位值为 1、1.5、2 三个值，单击“确定”按钮。

图 4-22　校验位设置

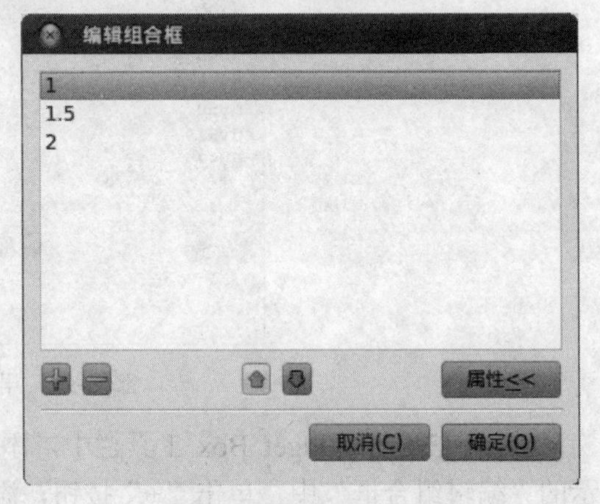

图 4-23　停止位设置

（10）从左侧的 Widget Box 工具栏中，添加两个用于打开和关闭串口的 PushButton 控件，以及设置串口工作状态的 Label 控件，如图 4-24 所示。

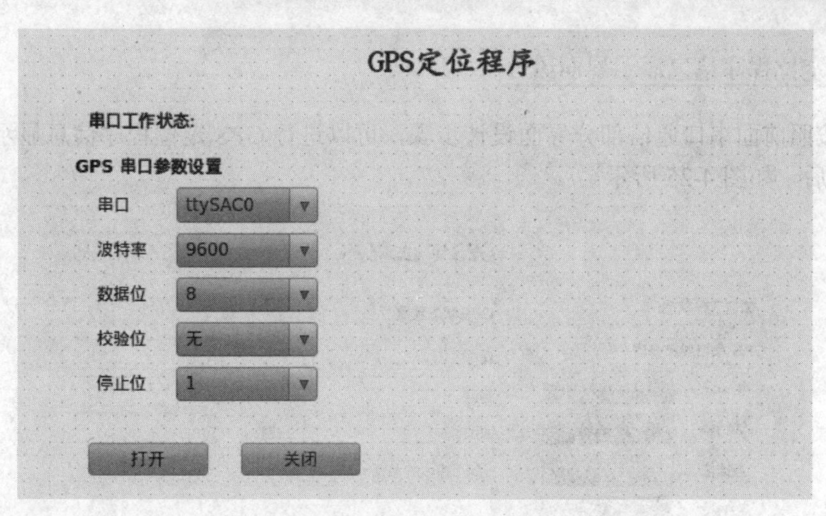

图 4-24 串口通信界面设计

2. 进行规范命名

将图 4-24 中主要控件进行规范命名，按表 4-3 进行说明。

表 4-3 项目各项控件说明

控件名称	命名	说明
PushButton	StartGPSbtn	打开串口设备
PushButton	StopGPSbtn	关闭串口设备
Label	titlelabel	程序标题 GPS 定位程序
Label	labelstatus	串口工作状态
Label	statusBar	显示串口打开或者关闭状态
GroupBox	GroupBoxCom	组名称为 GPS 串口参数设置
Label	labelCom	串口名称
Label	labelbaud	波特率名称
Label	labeldatabits	数据位名称
Label	labelparity	校验位名称
Label	labelstopBits	停止位名称
ComboBox	portNameComboBoxGPS	串口项目内容选择
ComboBox	baudRateComboBoxGPS	波特率项目内容选择
ComboBox	dataBitsComboBoxGPS	数据位项目内容选择
ComboBox	parityComboBoxGPS	校验位项目内容选择
ComboBox	stopBitsComboBoxGPS	停止位项目内容选择

4.6.3 GPS 定位程序信息显示界面设计

（1）按照前面串口通信部分界面设计步骤，可以进行 GPS 定位程序信息显示界面设计，设计完成之后，如图 4-25 所示。

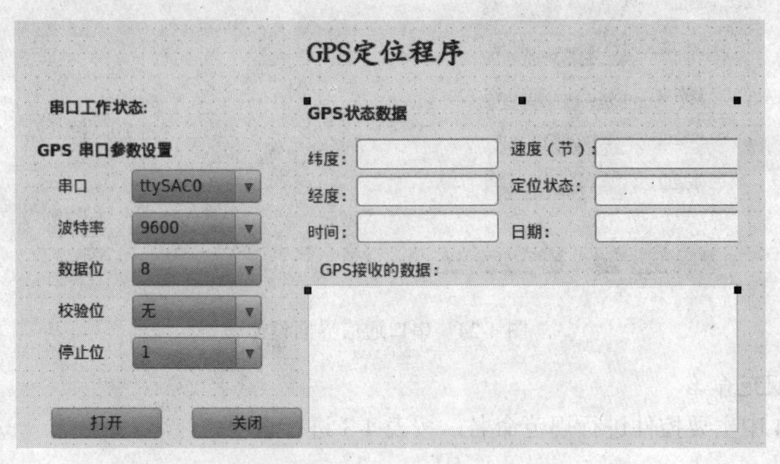

图 4-25 GPS 定位程序信息显示界面

（2）将图 4-25 中主要控件进行规范命名，按表 4-4 进行说明。

表 4-4 项目各项控件说明

控件名称	命名	说明
GroupBox	GroupBoxCom	组名称为 GPS 状态数据
Label	labelaltit	纬度名称
Label	labellong	经度名称
Label	labeldate	日期名称
Label	labeltime	时间名称
Label	labelstatus	定位状态名称
Label	labelspeed	速度名称
LineEdit	altitudedisplay	显示纬度值
LineEdit	longtitudedisplay	显示经度值
LineEdit	timedisplay	显示时间值
LineEdit	speeddisplay	显示速度
LineEdit	statusdisplay	显示 GPS 定位状态
LineEdit	datedisplay	显示日期值
TextBrowser	textEditGPSData	显示 NMEA 协议数据

4.6.4　GPS 定位程序功能设计

1. 构建打开串口和关闭串口按钮信号与槽之间的关联

（1）右击“打开”按钮，选择“转到槽”选项，如图 4-26 所示。

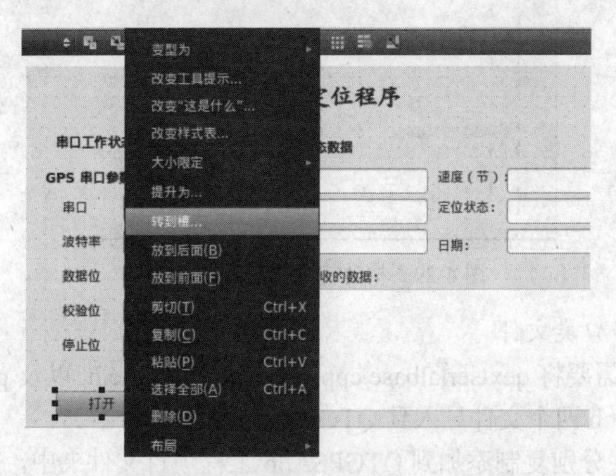

图 4-26　选择“转到槽”选项

（2）在“转到槽”对话框中，选择 clicked()信号，单击“确定”按钮，如图 4-27 所示。

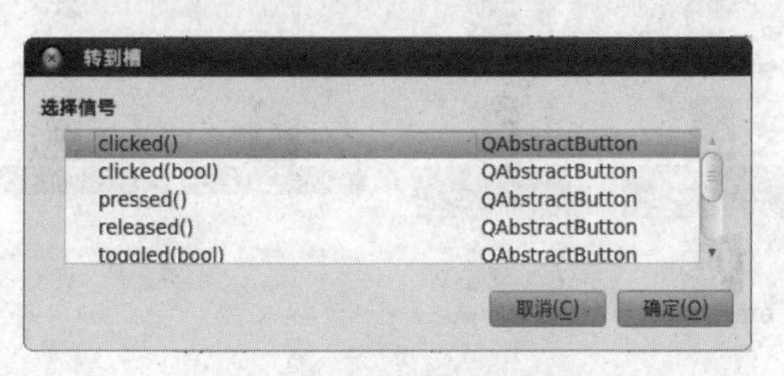

图 4-27　选择 clicked()信号选项

（3）当 clicked()信号选择完成之后，系统会自动将 on_StartGPSbtn_clicked()槽与 clicked()信号产生关联，自动产生的关联代码如图 4-28 所示。

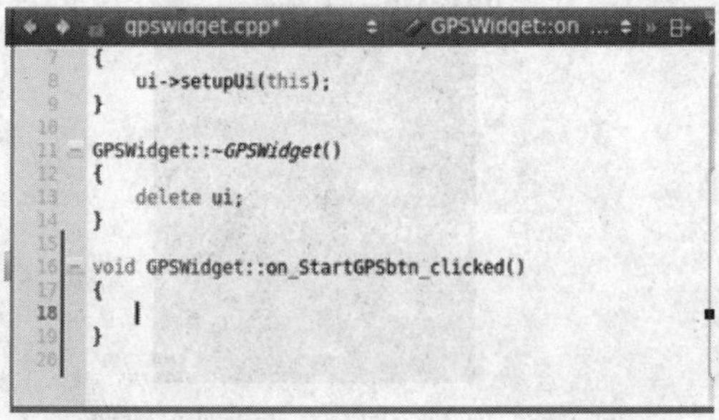

```
gpswidget.cpp*    GPSWidget::on ...
7   {
8       ui->setupUi(this);
9   }
10
11  GPSWidget::~GPSWidget()
12  {
13      delete ui;
14  }
15
16  void GPSWidget::on_StartGPSbtn_clicked()
17  {
18
19  }
20
```

图 4-28　构建完成“打开”按钮槽

（4）继续同样的操作完成“关闭”按钮信号和槽之间的关联，完成之后，系统会自动将 on_StopGPSbtn_clicked ()槽与 clicked()信号产生关联，自动产生的关联代码如图 4-29 所示。

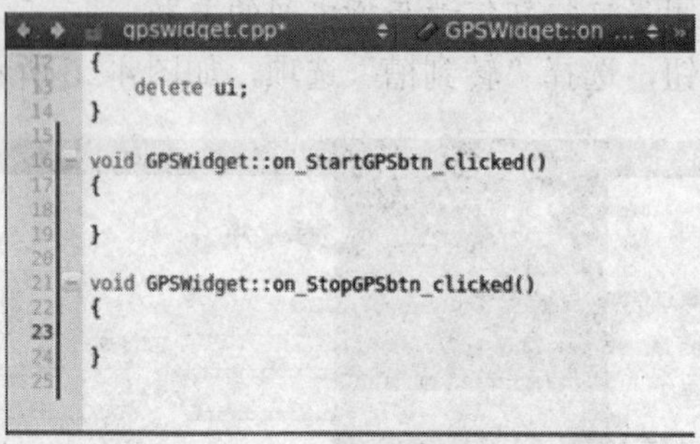

```
12 {
13     delete ui;
14 }
15
16 void GPSWidget::on_StartGPSbtn_clicked()
17 {
18
19 }
20
21 void GPSWidget::on_StopGPSbtn_clicked()
22 {
23
24 }
25
```

图 4-29　构建完成“关闭”按钮槽

2. 添加第三方串口类文件

在 Linux 系统下需要将 qextserialbase.cpp 和 qextserialbase.h 以及 posix_qextserialport.cpp 和 posix_qextserialport.h 四个文件导入到 QTGPSApp 工程项目中。

（1）将四个文件分别复制添加到 QTGPSApp 工程项目文件夹中，如图 4-30 所示。

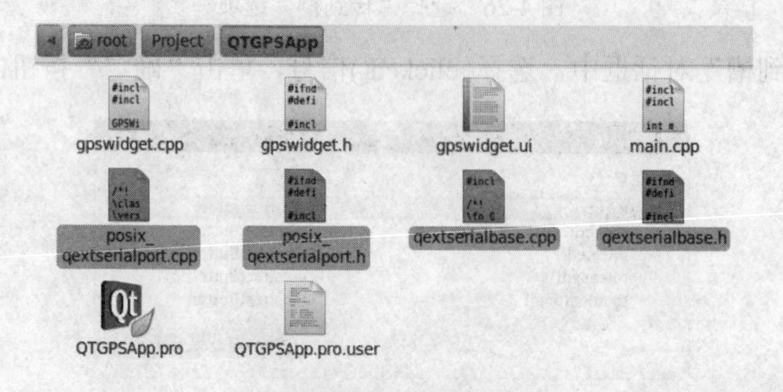

图 4-30　复制文件到 QTGPSApp 工程文件夹

（2）右击 QTGPSApp 工程项目，选择“添加现有文件”选项，如图 4-31 所示。

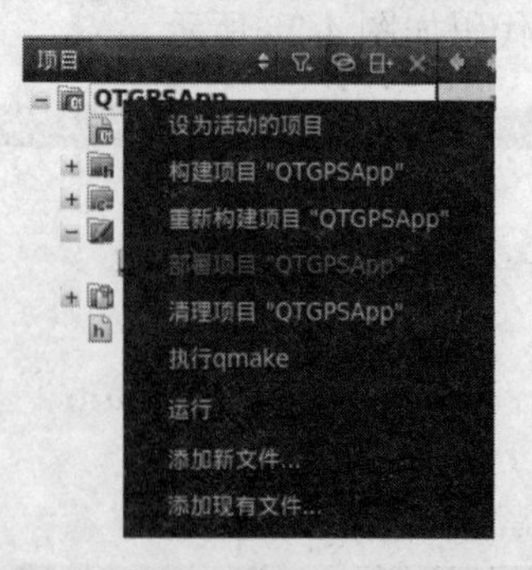

图 4-31　选择“添加现有文件”选项

（3）在如图 4-32 所示的“添加现有文件”对话框中，将其中的 qextserialbase.cpp 和 qextserialbase.h 以及 posix_qextserialport.cpp 和 posix_qextserialport.h 四个文件分别添加到 QTGPSApp 工程项目对应的文件夹中。

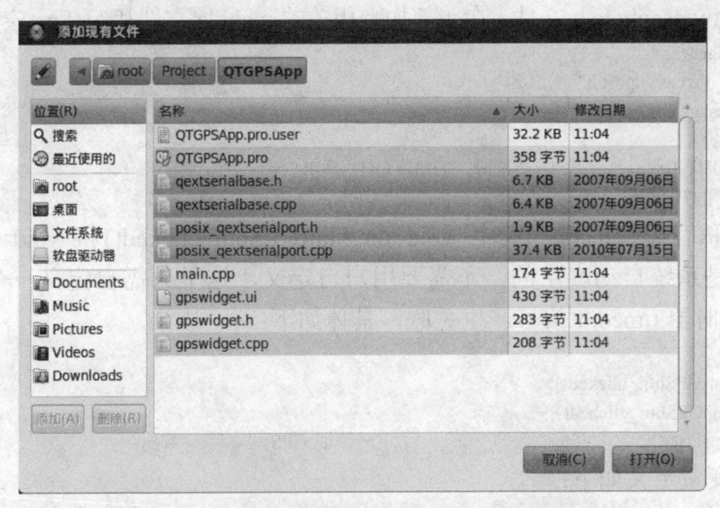

图 4-32　添加文件到 QTGPSApp 工程文件夹

（4）添加完成之后，可以看到 QTGPSApp 工程文件夹项目中已包含这四个串口文件，如图 4-33 所示。

图 4-33　工程文件夹中添加完成串口文件

4.7　GPS 定位程序代码功能实现

前面所介绍的是针对项目的界面和功能进行整体设计的，现在从代码实现角度详细讲解 GPS 定位的各项功能。

4.7.1 程序头文件功能实现

程序 gpswidget.h 文件代码功能实现

（1）打开 qtwincephoto.h 文件，在头部加上相关的 include 文件和#define 宏定义，具体如下：

```
#include <QWidget>
#include "posix_qextserialport.h"
#include <QMessageBox>
#include <QTimer>
#define TIME_OUT 10                  //延时，TIME_OUT 是串口读写的延时
#define TIMER_INTERVAL 200           //读取定时器计时间隔，200ms
```

（2）建立私有类型的槽，其中 void on_StartGPSbtn_clicked()和 void on_StopGPSbtn_clicked()槽方法是系统自动产生的，不需要用户自定义，这里只需自定义一个 readGpsData()槽方法，它与定时器 timeout 信号产生关联，具体如下：

```
private slots:
    void on_StartGPSbtn_clicked();
    void on_StopGPSbtn_clicked();
    void readGpsData();                          //定时读取 GPS 设备串口数据
```

（3）私有变量定义如下：

```
private:
    Ui::GPSWidget *ui;
    void startInit();                            //初始化
    void setComboBoxEnabled(bool status);
    void GpsDisplay();                           //显示定位信息
    QString&  UTCtime(QString& u_time);          //获取 GPS 当前时间
    QString&  UTCdate(QString& u_date);          //获取 GPS 当前日期
    QString&  alt_position(QString& alt_str);    //获取当前所在的纬度值
    QString&  lon_position(QString& lon_str);    //获取当前所在的经度值
    int timerdly;
    Posix_QextSerialPort *myGpsCom;              //定义读 GPS 端口
    QByteArray GPS_RMC;                          //获取协议中$GPRMC 语句数据
    QList<QByteArray> Gps_list;                  //GPS 信息容器
    QTimer *readTimer;                           //定义一个定时器
```

4.7.2 程序主文件功能实现

1．程序 gpswidget.cpp 文件代码功能实现

程序中 gpswidget.cpp 文件框架结构如下：

```
#include "gpswidget.h"
#include "ui_gpswidget.h"
GPSWidget::GPSWidget(QWidget *parent) :          //构造方法
    QWidget(parent),
    ui(new Ui::GPSWidget)
{
    ui->setupUi(this);
}
```

```
void GPSWidget::startInit()                         //初始化打开和关闭按钮以及实例化定时器并建立信号和槽关联
{
}
void GPSWidget::setComboBoxEnabled(bool status) //设置 ComboBox 控件的可用性
{
}
GPSWidget::~GPSWidget()                             //析构方法
{
    delete ui;
}
void GPSWidget::on_StartGPSbtn_clicked()            //打开串口方法
{
}
void GPSWidget::readGpsData()                       //定时读取 GPS 数据方法
{
}
void GPSWidget::GpsDisplay()
{
}
QString&   GPSWidget::alt_position(QString& alt_str)
{
}
QString&   GPSWidget::lon_position(QString& lon_str)
{
}
QString&   GPSWidget::UTCdate(QString& u_date)
{
}

QString&   GPSWidget::UTCtime(QString& u_time)
{
}
void GPSWidget::on_StopGPSbtn_clicked()             //关闭串口方法
{
}
```

2．*方法说明*

（1）GPSWidget 构造方法。当实例化 GPSWidget 类对象时，执行 GPSWidget 构造方法，在构造方法中，调用 startInit()方法执行初始化操作，包括“打开”和“关闭”按钮以及定时器对象构建等操作，然后将串口状态开始设置为串口关闭。具体代码如下：

```
GPSWidget::GPSWidget(QWidget *parent) :
    QWidget(parent),
    ui(new Ui::GPSWidget)
{
    ui->setupUi(this);
   startInit();
   ui->statusBar->setText(tr("串口关闭"));
}
```

（2）startInit 方法。此方法首先设置打开串口按钮可用，关闭串口按钮不可用，然后创建定时器对象，并设置读取定时器计时间隔，最后通过 connect 函数构建定时器信号和槽之间关联。具体代码如下：

```
void GPSWidget::startInit()
{
  ui->StartGPSbtn->setEnabled(true);
  ui->StopGPSbtn->setEnabled(false);
  timerdly = TIMER_INTERVAL;                              //初始化读取定时器计时间隔
  readTimer = new QTimer(this);
  connect(readTimer, SIGNAL(timeout()), this, SLOT(readGpsData()));
}
```

（3）setComboBoxEnabled 方法。此方法通过传入的 bool 类型参数设置串口名称、波特率、数据位、校验位以及停止位的 ComboBox 控件项是否可用。如果传入 true 值，ComboBox 控件项可以选择，否则不可使用。具体代码如下：

```
void GPSWidget::setComboBoxEnabled(bool status)
{
    ui->portNameComboBoxGPS->setEnabled(status);
    ui->baudRateComboBoxGPS->setEnabled(status);
    ui->dataBitsComboBoxGPS->setEnabled(status);
    ui->parityComboBoxGPS->setEnabled(status);
    ui->stopBitsComboBoxGPS->setEnabled(status);
}
```

（4）on_StartGPSbtn_clicked 方法。当单击“打开”按钮时执行此方法，首先选择串口名称，接着以查询方式创建串口对象，然后设置波特率、数据位、校验位、停止位、数据流控制以及读取的延迟时间，最后开启定时器，进行间隔读取 GPS 数据。具体代码如下：

```
void GPSWidget::on_StartGPSbtn_clicked()
{
    QString portName = "/dev/" + ui->portNameComboBoxGPS->currentText();     //获取串口名
    myGpsCom = new Posix_QextSerialPort(portName, QextSerialBase::Polling);
    //这里 QextSerialBase::QueryMode 应该使用 QextSerialBase::Polling
    if(myGpsCom->open(QIODevice::ReadOnly)){
            ui->statusBar->setText(tr("串口打开成功"));
    }else{
            ui->statusBar->setText(tr("串口打开失败"));
        return;
    }
    //设置波特率
    myGpsCom->setBaudRate((BaudRateType)ui->baudRateComboBoxGPS->currentIndex());
    //设置数据位
    myGpsCom->setDataBits((DataBitsType)ui->dataBitsComboBoxGPS->currentIndex());
    //设置校验
    myGpsCom->setParity((ParityType)ui->parityComboBoxGPS->currentIndex());
    //设置停止位
    myGpsCom->setStopBits((StopBitsType)ui->stopBitsComboBoxGPS->currentIndex());
    //设置数据流控制
    myGpsCom->setFlowControl(FLOW_OFF);
```

```
        //设置延时
        myGpsCom->setTimeout(TIME_OUT);
        setComboBoxEnabled(false);
        readTimer->start(TIMER_INTERVAL);
        ui->StartGPSbtn->setEnabled(false);
        ui->StopGPSbtn->setEnabled(true);
}
```

（5）readGpsData 方法。当定时器间隔时间一到，执行此方法读取 GPS 数据。这里通过串口将读取的数据进行解析判断，如果串口收到以$GPRMC 字符串开始的数据，通过 split 分割方法将 GPS 中主要的经度值、纬度值以及日期时间等信息包含进 QList<QByteArray>类型容器对象中，然后通过调用 GpsDisplay 方法进行界面显示，具体代码如下：

```
void GPSWidget::readGpsData()
{
    QByteArray GPS_Data = myGpsCom->readAll();
    if(!GPS_Data.isEmpty())
    {
      ui->textEditGPSData->append(GPS_Data);
      if(GPS_Data.contains("$GPRMC"))                    //读取 RMC 语句
      {
          GPS_Data.remove(0,GPS_Data.indexOf("$GPRMC"));
          if(GPS_Data.contains("*"))
          {
              GPS_RMC = GPS_Data.left(GPS_Data.indexOf("*"));
              //获得$GPRMC 句子的定位信息
              Gps_list.clear();
              Gps_list << GPS_RMC.split(',');
              //提取分隔符之间的信息，存入容器列表
              GpsDisplay();
          }
      }
    }
}
```

（6）GpsDisplay 方法。此方法主要实现调用获取经纬度值等方法，然后在界面相关控件中，显示当前位置的经度值、纬度值、时间以及日期等信息，最后通过 QList<QByteArray>类型容器对象 Gps_list[7]成员数据进行判断，如果包含“A”字符数据，则表示 GPS 定位可用，否则定位不可用，具体代码如下：

```
void GPSWidget::GpsDisplay()
{
    QString alt_str;//altitude value
    QString lon_str;//longtitude value
    QString u_date;//utc date value
    QString u_time;//utc time value
       ui->altitudedisplay->setText(alt_position(alt_str));
        ui->longtitudedisplay->setText(lon_position(lon_str));
        ui->speeddisplay->setText(Gps_list[7]);
        ui->datedisplay->setText(UTCdate(u_date));
```

```
        ui->timedisplay->setText(UTCtime(u_time));
        if(Gps_list[2].contains("A"))
            ui->statusdisplay->setText(tr("GPS 运行中"));
        else
            ui->statusdisplay->setText(tr("GPS 无信号"));
}
```

（7）alt_position 方法。此方法首先将 QList<QByteArray>类型容器对象 Gps_list[3]成员中的纬度值转换为度分秒形式，然后根据 Gps_list[4]成员所包含的是“N”或者“S”字符进行判断，如果为“N”字符值，则表示当前位置属于北纬方向，否则为南纬方向，具体代码如下：

```
QString&   GPSWidget::alt_position(QString& alt_str)
    {
        alt_str.clear();
        QByteArray altitude = Gps_list[3];
        float SecNum= altitude.mid(5,4).toInt()*60/10000;
        QString str=QString::number(SecNum);
        if(Gps_list[4]=="N")
        {
            alt_str=tr("北纬")+altitude.mid(0,2)+tr("度")
                +altitude.mid(2,2)+tr("分")
                +str.mid(0,2)+tr("秒");                    //纬度方向
        }
        else
        {
            alt_str=tr("南纬")+altitude.mid(0,2)+tr("度")
                +altitude.mid(2,2)+tr("分")
                +str.mid(0,2)+tr("秒");                    //纬度方向
        }
        return alt_str;
    }
```

（8）lon_position 方法。此方法首先将 QList<QByteArray>类型容器对象 Gps_list[5]成员中的经度值转换为度分秒形式，然后根据 Gps_list[6]成员所包含的是“W”或者“E”字符进行判断，如果为“W”字符值，则表示当前位置属于西经方向，否则为东经方向，具体代码如下：

```
QString&   GPSWidget::lon_position(QString& lon_str)
    {
        lon_str.clear();
        QByteArray longtitude = Gps_list[5];
        float SecNum = longtitude.mid(6,4).toInt()*60/10000;
        QString str = QString::number(SecNum);
        if(Gps_list[6]=="W")
        {
            lon_str=tr("西经")+longtitude.mid(0,3)+tr("度")
                    +longtitude.mid(3,2)+tr("分")
                    +str.mid(0,2)+tr("秒");                //经度方向
        }
```

```
        else
        {
            lon_str=tr("东经")+longtitude.mid(0,3)+tr("度")
                    +longtitude.mid(3,2)+tr("分")
                    +str.mid(0,2)+tr("秒");                //经度方向
        }
        return lon_str;
    }
```

（9）UTCdate 方法。此方法主要实现将 QList<QByteArray>类型容器对象 Gps_list[9]成员中的日期值转换为年月日形式，具体代码如下：

```
QString&    GPSWidget::UTCdate(QString& u_date)
    {
        u_date.clear();
        QByteArray Udate = Gps_list[9];
        u_date = "20"+Udate.mid(4,2)+tr("年")
                +Udate.mid(2,2)+tr("月")
                +Udate.mid(0,2)+tr("日");
        return u_date;
    }
```

（10）UTCtime 方法。此方法主要实现将 QList<QByteArray>类型容器对象 Gps_list[1]成员中的时间值转换为时分秒形式，具体代码如下：

```
QString&    GPSWidget::UTCtime(QString& u_time)
    {
        u_time.clear();
        QByteArray Utime = Gps_list[1];
        u_time = QString::number((Utime.mid(0,2).toInt())+8)+":"    //小时
                +Utime.mid(2,2)+":"                                 //分
                +Utime.mid(4,2);                                    //秒
        return u_time;
    }
```

（11）on_StopGPSbtn_clicked 方法。当单击“关闭”按钮时执行此方法，首先将串口对象进行关闭，接着删除串口对象，然后关闭定时器停止读取串口数据，最后将界面控件状态还原成初始状态，具体代码如下：

```
void GPSWidget::on_StopGPSbtn_clicked()
{
    myGpsCom->close();
    delete myGpsCom;
    readTimer->stop();
    ui->statusBar->setText(tr("串口关闭"));
    setComboBoxEnabled(true);
    ui->StartGPSbtn->setEnabled(true);
    ui->StopGPSbtn->setEnabled(false);
}
```

4.8 GPS 定位程序编译运行

4.8.1 桌面 PC 版程序编译运行

1. 桌面 PC 版程序编译

（1）单击左侧一栏“项目”选项，右侧出现如图 4-34 所示的桌面 Qt 版本选项，这里选择桌面 Qt 版本中的 Qt 4.8.5（Qt-4.8.5）调试选项进行编译运行。

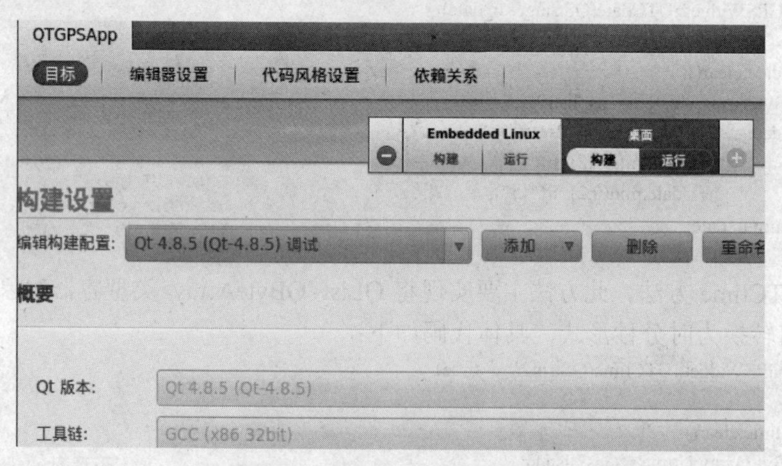

图 4-34　设置桌面 PC 版编译选项

（2）单击左侧一栏的红色三角形按钮，进行程序编译，如图 4-35 所示。

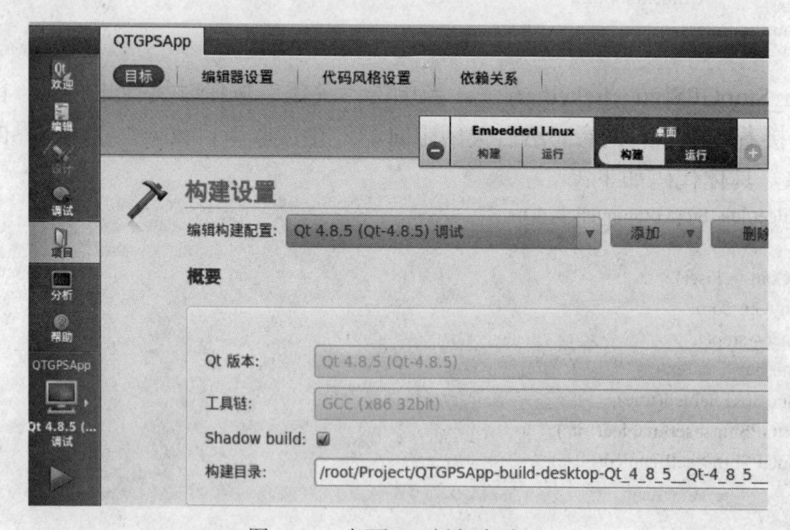

图 4-35　桌面 PC 版程序编译

2. 桌面 PC 版程序运行

如果编译成功，运行程序显示如图 4-36 所示的程序界面，这里串口名为 ttyS1。

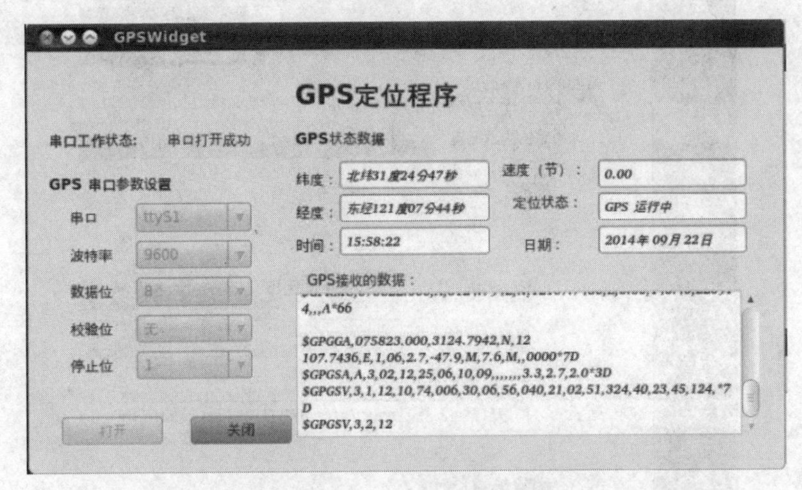

图 4-36　PC 版程序运行界面

4.8.2　嵌入式 ARM 版程序交叉编译运行

1. ARM 版程序编译

（1）单击左侧一栏的“项目”选项，在目标界面上选择 Embedded Linux 中的“构建”选项，如图 4-37 所示。

图 4-37　选择 Embedded Qt 版本编译

（2）单击左侧一栏下面的锤子图标，进行 ARM 版本的 Qt 程序编译，如图 4-38 所示。

（3）ARM 版本的 Qt 程序编译完成之后，在 ARM 版本的项目目录下生成在 ARM 硬件平台下运行的可执行文件 QTGPSApp，如图 4-39 所示。

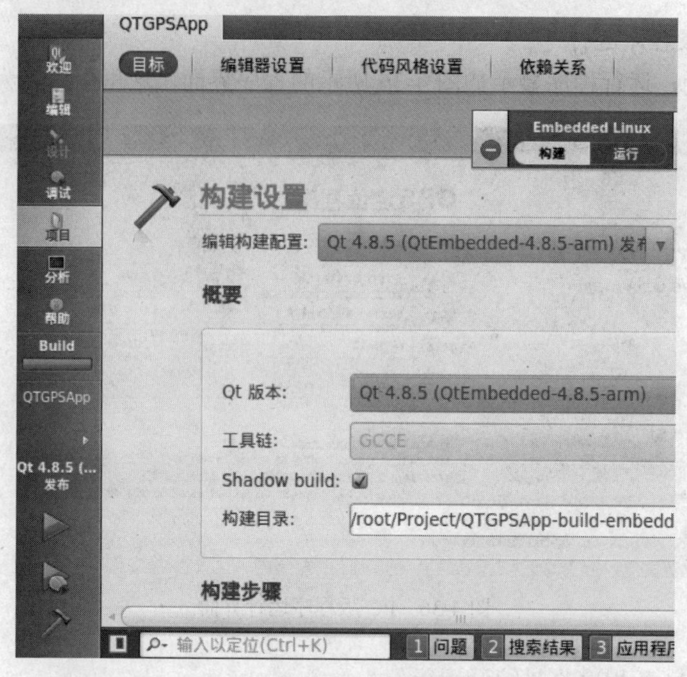

图 4-38　执行 ARM 版本的 Qt 程序编译

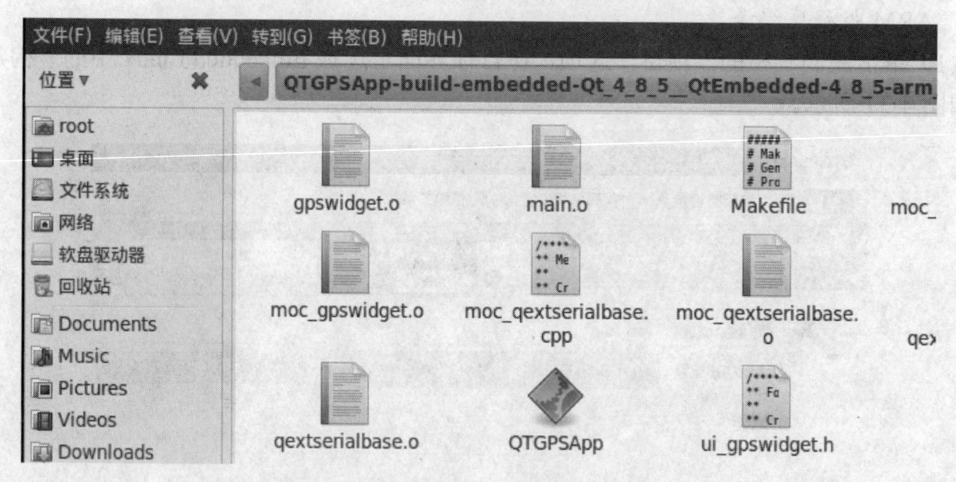

图 4-39　生成 QTGPSApp 可执行文件

2. ARM 版程序下载运行

将针对目标硬件平台的 QTGPSApp 可执行文件拷贝至 SD 卡中，然后通过串口线缆连接 PC 开发机（宿主机）和嵌入式设备（目标机），通过 PC 开发机超级终端进行串口通信，显示设备上的 Linux 系统文件，执行相应命令运行 QTGPSApp 可执行文件（可以参考 2.4 节“Linux 平台下 Qt 程序编译运行”部分内容），运行界面如图 4-40 所示。

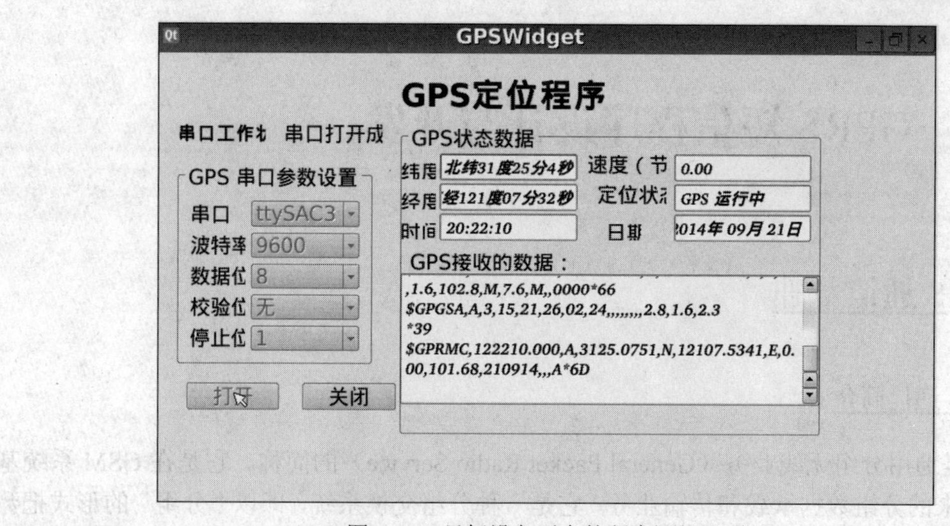

图 4-40　目标设备平台的程序运行界面

第 5 章　GPRS 短信程序设计与开发

5.1　GPRS 通信基础

5.1.1　GPRS 通信简介

GPRS 是通用分组无线业务（General Packet Radio Service）的简称。它是在 GSM 系统基础上发展起来的分组数据承载和传输业务。它是一种分组交换系统，即以“分组”的形式把数据传送到用户手上。

相对原来 GSM 拨号方式的电路交换数据传送方式，GPRS 是分组交换技术，具有“高速”和“永远在线”以及按量计费等优点，GPRS 的传输速率可提升至 56 kbps 甚至 114 kbps，GPRS 通用分组无线业务的特点如下。

（1）实时在线。

实时在线指用户随时与网络保持联系。举个例子，用户访问互联网时，手机就在无线信道上发送和接收数据，就算没有数据传送，手机还会一直与网络保持连接，不但可以由用户发起数据传输，还可以从网络随时启动 push 类业务，不像普通拨号上网那样断线后必须重新拨号才能再次接入互联网。

（2）按量计费。

对于电路交换模式的 GSM 系统，在整个连接期内，用户无论是否传送数据都将独自占有无线信道。对于分组交换模式的 GPRS，用户只有在发送或接收数据期间才占用资源。这意味着多个用户可高效率地共享同一无线信道，从而提高了资源的利用率。相应于分组交换的技术特点，GPRS 用户的计费以通信的数据流量为主要依据，体现了“得到多少、支付多少”的原则。没有数据流量传递时，用户即使挂在网上也是不收费的。

（3）快捷登录。

GPRS 手机一开机就能够附着到 GPRS 网络上，即已经与 GPRS 网络建立联系，附着的时间一般是 3～5 秒。每次使用 GPRS 数据业务时，需要一个激活的过程，一般是 1～3 秒，激活之后就已经完全接入了互联网。而固定拨号方式接入互联网需要拨号、验证用户姓名密码、登录服务器等过程，至少需要 8～10 秒甚至更长的时间。

（4）高速传输。

GPRS 采用分组交换技术，数据传输速率最高理论值能达 171.2 kbps，此时已经完全可以支持像多媒体图像传输业务这样一些对带宽要求较高的应用业务。但 171.2 kbps 的理论值是在采用 CS-4 编码方式且无线环境良好、信道充足的情况下实现的。实际数据传输速率要受网络编码方式、终端支持、无线环境等诸多因素影响。目前 GPRS 用户的接入速度还在 40 kbps 以下，在使用数据加速系统后，速率可以提高到 60～80kbps 左右。

5.1.2 GPRS 模块结构

GPRS 模块是指带有 GPRS 功能的 GSM 模块，如图 5-1 所示。本章短信程序开发选用的是西门子 MC39i GSM/GPRS 终端（短信猫），核心模块是 Siemens MC39i，有关技术参数可参考 Siemens MC39i 规格说明书。它设计小巧，功耗很低，RS232 接口；配件有天线，串口线，电源。该设备支持短信收发、语音、传真、GPRS 上网、数据传输。

图 5-1 GPRS 功能的 GSM 模块

5.2 短信编解码

5.2.1 AT 指令简介

GPRS 模块是通过 AT 指令（或命令）来控制的，AT 指令在当代手机通讯中起着重要的作用，手机内部包含的 GPRS 模块能够通过 AT 指令控制手机的许多行为，诸如实现呼叫、短信、电话本、数据业务、传真等方面的应用。AT 即 Attention，GPRS 模块与计算机之间的通信协议是一些 AT 指令集，AT 指令是从终端设备（Terminal Equipment，TE）或数据终端设备（Data Terminal Equipment，DTE）向终端适配器（Terminal Adapter，TA）或数据电路终端设备（Data Circuit Terminal Equipment，DCE）发送的。AT 指令是以 AT 字符串开始，加上后续一串字符指令的字符串，每个指令执行成功与否都有相应的返回。常用短信的 AT 指令说明如表 5-1 所示。

表 5-1 常用短信的 AT 指令说明

AT 指令	功能说明
AT	测试连接是否正确
AT+CSCS	获取、设置手机当前字符集，可设置为 GSM 或 UCS2
AT+CSCA	短信中心号码

续表

AT 指令	功能说明
AT+CMGL	列出指定状态的短信息的 PDU 代码
AT+CMGR	列出指定序号的短信息的 PDU 代码
AT+CMGS	发送短信
AT+CMGF	短信格式，分为 Text 模式和 PDU 模式

5.2.2 UCS2 短信编码

GPRS 模块通过向串口发送对应的 AT 命令来发送短信内容，但在发送之前需要对发送信息按照指定的信息格式进行编码之后才能正确发送到目标手机上，同样在查看接收到的短信内容之前，也需要按照指定的信息格式进行解码才行。

目前有三种编码方式来发送和接收 SMS 信息：Block Mode、Text Mode 和 PDU Mode。Block Mode 编码方式目前很少用了，Text Mode 是纯文本方式，可使用不同的字符集，从技术上说也可用于发送中文短消息，但国内手机基本上不支持，主要用于欧美地区。PDU Mode 被所有手机支持，可以使用任何字符集，这也是手机默认的编码方式。在 PDU 模式下可支持上述所有操作，即在 PDU 模式中，可以采用三种编码方式来对发送的内容进行编码，它们是 7-bit、8-bit 和 UCS2 编码，这里我们只介绍能被大多数手机所显示的 UCS2 编码的信息内容。

所谓 UCS2 编码就是将单个的字符按 ISO/IEC10646 的规定，转变为 Unicode 宽字符。即单个的字符转换为由四位的 0～9、A～F 数字或字母组成的字符串。这样待发送的消息以 UCS2 码的形式进行发送。当 UCS2 编码用 16-bit 编码时，最多 70 个字符，能被用来显示 Unicode（UCS2）文本信息，这样就可以被大多数的手机所显示。

例如：现在要向对方手机号 13712345678 发送“您好，Hello!”短信内容。在没有发送之前，应清楚手机 SIM 卡所在地的短信中心号，如本机所在地为福州，而福州的短信中心号码为+861380591500。从上面的叙述中我们得到了下面的信息：

接收的手机号码：13712345678

短信中心号码：+8613800591500

短信内容：您好，Hello!

在实际使用中，上面这些信息并不为手机所执行，要进行编码后，手机才会执行命令。编码后的信息如下：

0891683108501905F011000D91683117325476F80008001260A8597D002C00480065006C006C006F0021

参照规范，分段含义解释说明如下：

08：指的是短信中心号的长度，也就是指(91)+(683108501905F0)的长度。

91：指的是短信息中心号码类型，91 是 TON/NPI，遵守 International/E.164 标准，683108501905F0 指在号码前需加“+”号。

683108501905F0：表示短消息中心地址为 8613800591500，补“F”凑成偶数个。

11：表示文件头字节。

00：表示信息类型。

0D：表示目标地址数字个数共 13 个十进制数（不包括 91 和 F）。

91：表示被叫号码类型。

683117325476F8：表示目标地址（TP-DA）为 8613712345678，补“F”凑成偶数个。

00：协议标识（TP-PID），是普通 GSM 类型。

08：表示 UCS2 编码，它采用前面说的 USC2（16 bit）数据编码。

00：表示有效期 TP-VP。

12：表示长度 TP-UDL（TP-User-Data-Length），也就是 60A8597D002C00480065006C006C006F0021 的长度（36 / 2 = 18，18 的十六进制表示为 12）。

60A8597D002C00480065006C006C006F0021：是短信内容，实际内容为“您好，Hello!”

从整个编码后的 PDU 串，我们可以将它分成三部分：

(08)+(91)+(683108501905F0)实际上就构成了整个短信的第一部分，通称短消息中心地址。

(11)+(00)+(0D)+(91)+(683117325476F8) 构成了整个短信的第二部分，包含目的地址。

(00)+(08)+(00)+(12)+(60A8597D002C00480065006C006C006F0021)构成第三部分，即短信内容。

5.2.3 UCS2 短信解码

接收 PDU 串和发送 PDU 串结构是不完全相同的。通过一个实例来分析，假定收到的短消息 PDU 串为：

0891683108501905F0040D91683117325476F80008419032322543230660A8597DFF01

参照规范，分段含义解释说明如下：

08：表示地址信息的长度共 8 个八位字节（包括 91）。

91：表示国际格式号码（在前面加“+”），此外还有其他数值，如 A1 代表国内格式，但 91 最常用。

683108501905F0：表示 SMSC 地址为 8613800591500，补“F”凑成偶数个。

04：表示基本参数接收，无更多消息，有回复地址。

0D：表示回复地址数字个数共 13 个十进制数（不包括 91 和 F）。

91：表示回复地址格式，国际格式。

683117325476F8：表示回复地址为 8613712345678，补“F”凑成偶数个。

00：协议标识，表示普通 GSM 类型。

08：表示用户信息编码方式为 UCS2 编码。

41903232254323：表示服务时间戳值为 2014-09-23 23:52:34。

06：表示用户信息长度（TP-UDL），实际长度为 6 个字节。

60A8597DFF01：表示用户发送的短信内容“您好！”。

通过 PDU 串的 UCS2 解码分析，可以获取如下有用的信息：

短信服务中心号码是：+ 8613800591500

发送方号码是：13712345678

发来的消息内容是：“您好!”

发送时间是：2014-09-23 23:52:34

5.2.4　GPRS 通信串口测试

在进行短信收发系统项目开发之前，需要测试一下 GPRS 模块是否能正确发送 AT 指令和接受 AT 指令的响应数据包。我们可以先将 GPRS 模块通过串口线缆连接到 PC 机的串口上，然后将入网手机的 SIM 卡取下，装入 GPRS 模块卡槽中，最后让 GPRS 模块起电工作。

在测试 AT 指令之前，先打开超级终端程序，当出现如图 5-2 所示的对话框时，选择 PC 机实际存在的串口，这里选择 COM1，单击“确定”按钮。

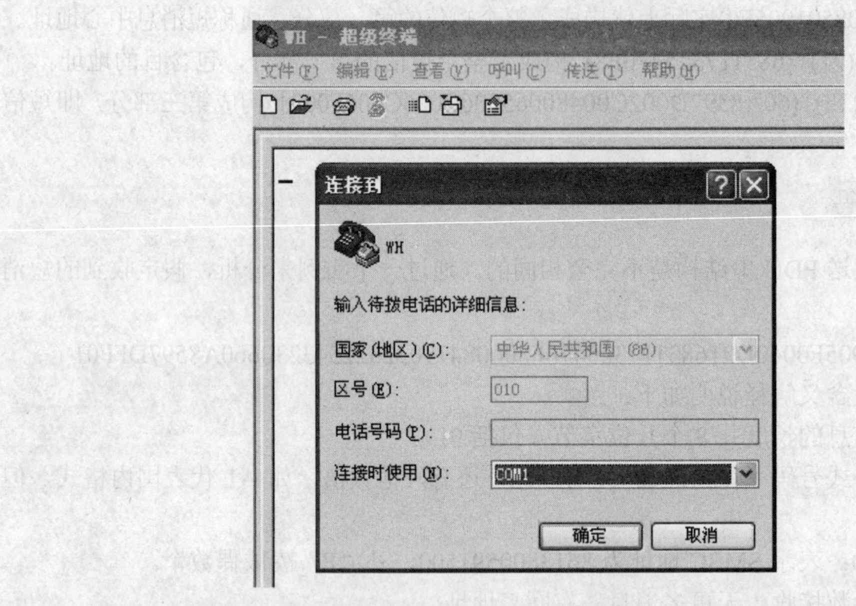

图 5-2　串口名称选择

当出现如图 5-3 所示的对话框时，选择“波特率”为 115200，“数据位”为 8，“奇偶校验”为“无”，“停止位”为 1，“数据流控制”为“硬件”，单击“确定”按钮，这时即完成了 AT 指令发送前的串口参数设置工作。

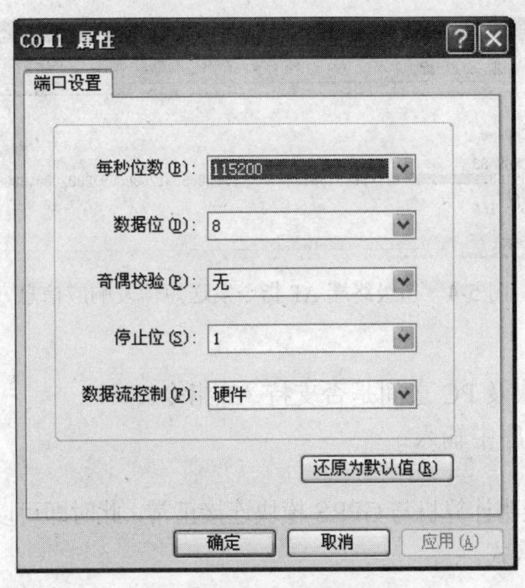

图 5-3　串口参数设置

1. 发送短信步骤

（1）测试 GPRS 模块及 PC 之间是否支持 AT 指令。

请在超级终端程序中输入：

```
AT＜回车＞
```

屏幕上返回“OK”，表明计算机与 GPRS 模块连接正常，此时即可以进行其他的 AT 指令测试。

（2）设置短信发送格式。

输入如下语句：

```
AT+CMGF=0＜回车＞
```

屏幕上返回“OK”，表明现在短信的发送方式为 PDU 方式，如果需要设置为 TEXT 方式，则输入：

```
AT+CMGF=1＜回车＞
```

（3）发送短信。

发送内容需经编码成 PDU 串后才能发送，得到要发送的数据如下：

0891683108501905F011000D91683117325476F80008001260A8597D002C00480065006C006C006F0021

以上 PDU 串编码并不一定适合读者所在地的编码，读者可以对照前面所讲的编码规则编写适合自己的 PDU 串进行发送。

然后可以用如下指令来发送：

```
AT+CMGS=33＜回车＞
```

如果返回“＞”，就把上面的编码数据输入，并以 Ctrl+Z 组合键结尾，稍等一下，就可以看到返回了“OK”，如图 5-4 所示。

图 5-4　超级终端 AT 指令发送短信及响应信息

2. 接收短信步骤

（1）测试 GPRS 模块及 PC 之间是否支持 AT 指令。

请在你的超级终端程序中输入：

```
AT<回车>
```

屏幕上返回“OK”，表明计算机与 GPRS 模块连接正常，此时即可以进行其他的 AT 指令测试。

（2）设置短信发送格式。

输入如下语句：

```
AT+CMGF=0<回车>
```

屏幕上返回“OK”，表明现在短信的发送方式为 PDU 方式，如果需要设置为 TEXT 方式，则输入：

```
AT+CMGF=1<回车>
```

（3）接收短信。

输入如下语句：

```
AT+CMGL=4 <回车>
```

4 表示接收所有消息，屏幕返回内容如下：

+CMGL: 3,1,,34

0891683108501905F0040D91683117325476F8000890903232254323O660A8597DFF01

如图 5-5 所示，其中部分数字意义说明如下：

3 表示短信的序号，即收到的第几条短信。

1 表示接收到的短信已读（如果是 0 则表示接收到的短信未读）。

26 表示收到的数据长度。

040D91683117325476F8000890903232254323O660A8597DFF01 代表短信内容。

图 5-5　超级终端 AT 指令接收短信及响应信息

5.3　短信程序功能分析

5.3.1　短信收发程序业务描述

短信收发程序功能模块分成两个部分，一个是发送短消息模块，另一个是接收短消息模块，软件功能模块设计结构图如图 5-6 所示。

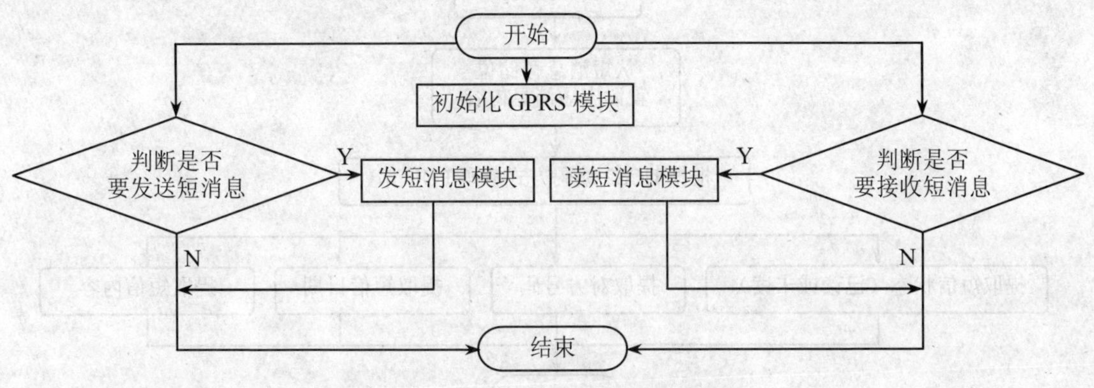

图 5-6　短信收发程序功能模块流程图

5.3.2　发送短消息模块

输入项目：目标电话号码、SMS 服务中心号码及短消息内容。

输出项目：发送短消息成功提示或失败提示，如图 5-7 所示为短消息发送流程图。

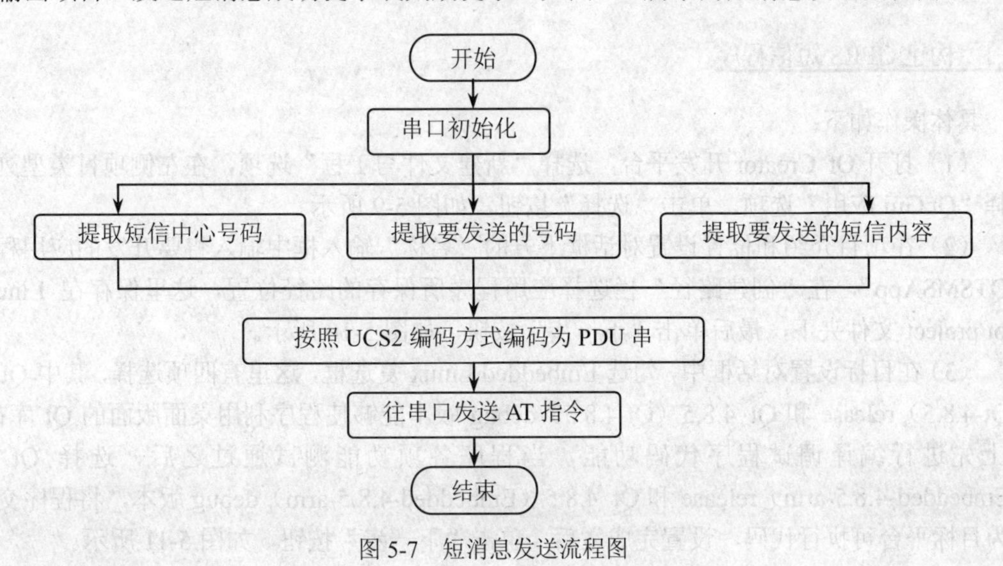

图 5-7　短消息发送流程图

5.3.3 接收短消息模块

输入项目：短消息存放位置（SIM 卡），如图 5-8 所示为短消息接收流程图。

输出项目：短消息内容（包括短信状态、对方号码、短信日期、短信内容详情等）。

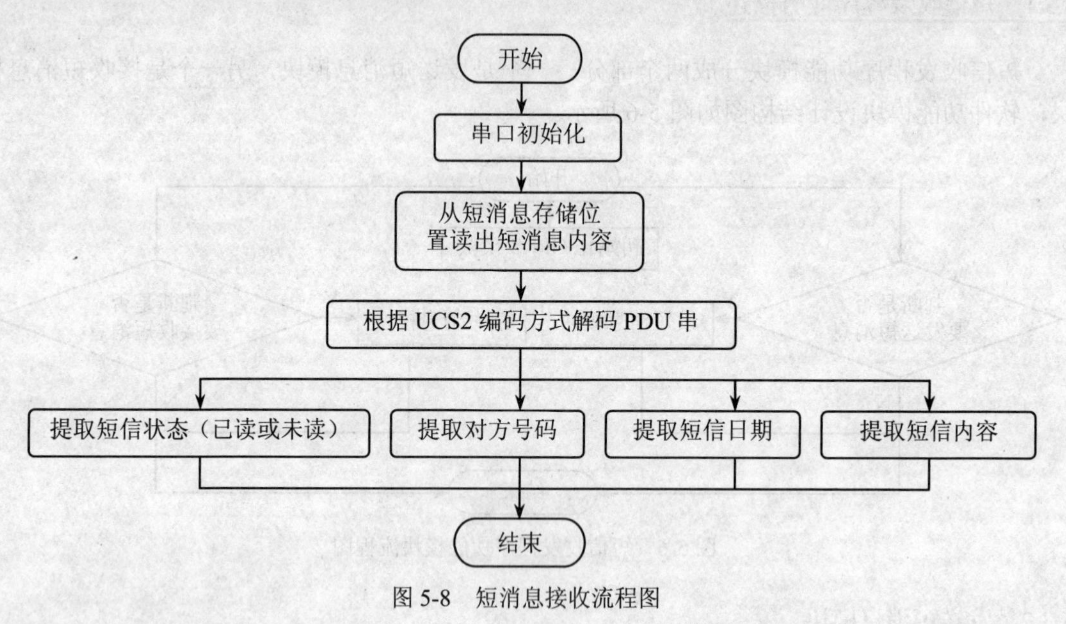

图 5-8 短消息接收流程图

5.4 GPRS 短信程序设计

5.4.1 构建 GPRS 短信程序

具体操作如下：

（1）打开 Qt Creator 开发平台，选择“新建文件与工程”选项，在左侧项目类型列表中选择“Qt Gui 应用”选项，单击“选择”按钮，如图 5-9 所示。

（2）在项目介绍和位置设置对话框下方的“名称”输入框中输入将要开发的应用程序名“QTSMSApp”，在“创建路径”栏选择应用程序所保存的路径位置，这里保存在 Linux 的 /root/project 文件夹下，最后单击“下一步”按钮，如图 5-10 所示。

（3）在目标设置对话框中，勾选 Embedded Linux 复选框，这里有四项选择，其中 Qt 4.8.5（Qt-4.8.5）release 和 Qt 4.8.5（Qt-4.8.5）debug 版本能够使程序利用桌面版面的 Qt 库在 PC 机上先进行编译调试程序代码功能，当程序各项功能测试通过之后，选择 Qt 4.8.5（Embedded-4.8.5-arm）release 和 Qt 4.8.5（Embedded-4.8.5-arm）debug 版本，将程序交叉编译为目标平台可执行代码，设置完成之后，单击“下一步”按钮，如图 5-11 所示。

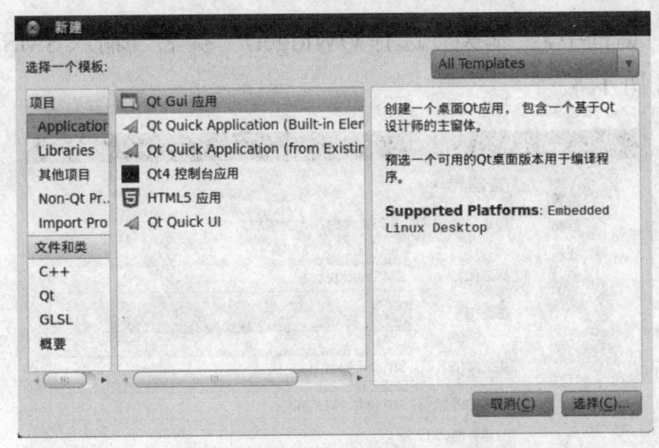

图 5-9 新建“Qt Gui 应用”模板

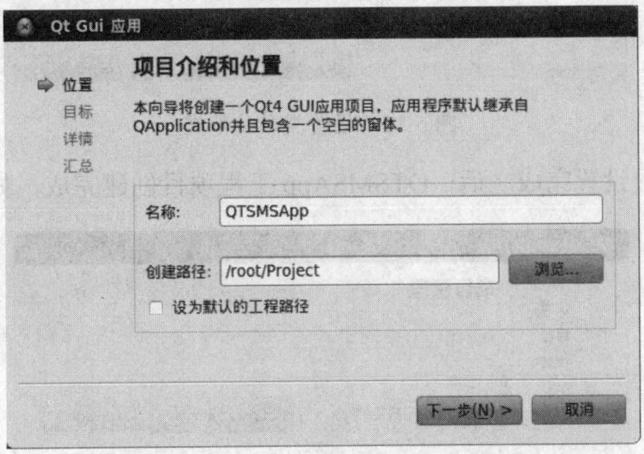

Qt Gui 应用
项目介绍和位置
位置
目标
详情
汇总
本向导将创建一个Qt4 GUI应用项目，应用程序默认继承自QApplication并且包含一个空白的窗体。
名称: QTSMSApp
创建路径: /root/Project 浏览...
设为默认的工程路径
下一步(N) > 取消

图 5-10 设置项目名称与路径

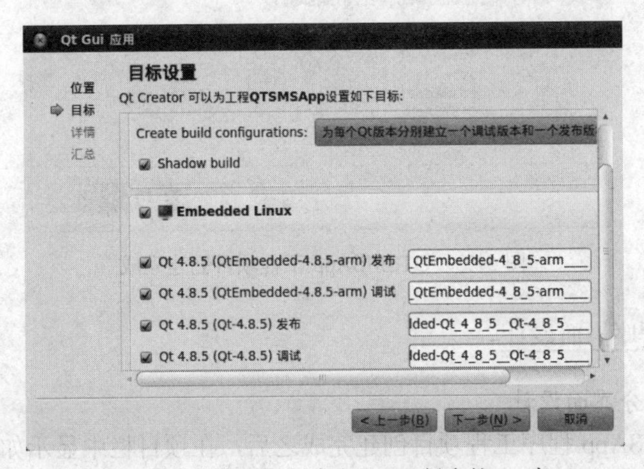

图 5-11 选择 PC 版本和 ARM 版本的 Qt 库

（4）在类信息对话框中，“基类”选择 QWidget，“类名”输入 SMSWidget，单击“下一步”按钮，如图 5-12 所示。

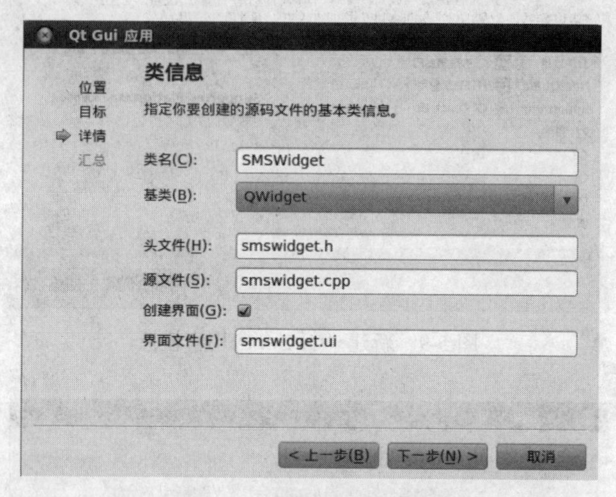

图 5-12　设置类名及基类

（5）当项目参数设置完成之后，QTSMSApp 工程项目创建完成，如图 5-13 所示。

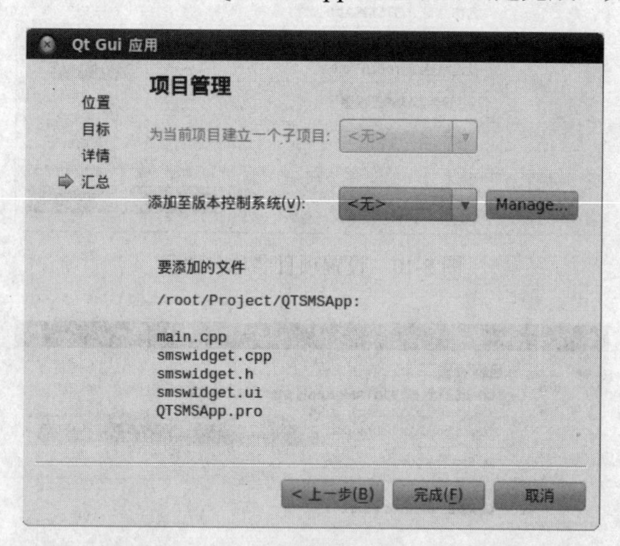

图 5-13　QTSMSApp 工程项目创建完成

5.4.2　GPRS 短信程序界面设计

1．串口通信部分界面设计

（1）当 QTSMSApp 程序工程项目创建完成之后，在项目栏中显示如图 5-14 所示的项目工程文件。

图 5-14 QTSMSApp 程序工程项目文件

（2）在前一个 GPS 定位程序项目中，已详细讲解了串口通信界面设计步骤，此处不再赘述，设计完成之后如图 5-15 所示。

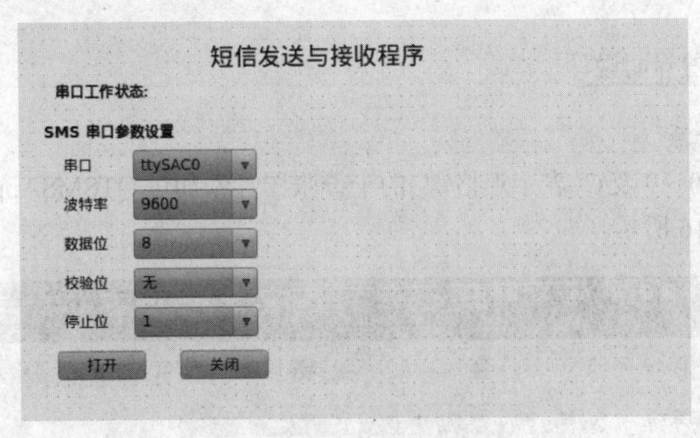

图 5-15 串口通信界面设计

2. 进行规范命名

将图 5-15 中主要控件进行规范命名，按表 5-2 进行说明。

表 5-2 项目各项控件说明

控件名称	命名	说明
PushButton	Startsmsbtn	打开串口设备
PushButton	Stopsmsbtn	关闭串口设备
Label	titlelabel	程序标题“短信发送与接收程序”
Label	labelstatus	串口工作状态
Label	statusBar	显示串口打开或者关闭状态
GroupBox	GroupBoxCom	组名称为 SMS 串口参数设置
Label	labelCom	串口名称
Label	labelbaud	波特率名称
Label	labeldatabits	数据位名称

续表

控件名称	命名	说明
Label	labelparity	校验位名称
Label	labelstopBits	停止位名称
ComboBox	portNameComboBoxSMS	串口项目内容选择
ComboBox	baudRateComboBoxSMS	波特率项目内容选择
ComboBox	dataBitsComboBoxSMS	数据位项目内容选择
ComboBox	parityComboBoxSMS	校验位项目内容选择
ComboBox	stopBitsComboBoxSMS	停止位项目内容选择

5.4.3 短信号码设置界面设计

1. 添加图片资源

（1）将包含有 0～9 及 C（表示退格键）的十一张图片添加进 QTSMSApp 项目所在的 image 文件夹中，如图 5-16 所示。

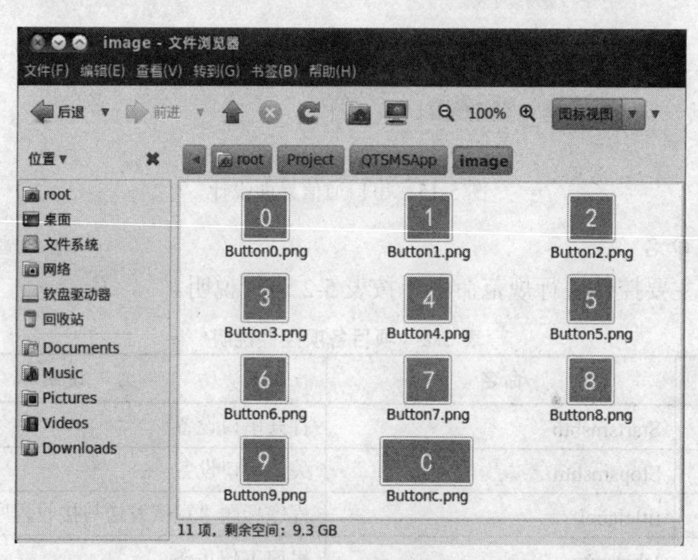

图 5-16 添加图片

（2）右击 QTSMSApp 工程项目，选择“添加新文件”选项，弹出“新建文件”对话框，如图 5-17 所示，在左侧栏中选择 Qt，中间一栏选择“Qt 资源文件”项，单击“选择”按钮。

（3）在如图 5-18 所示的“新建 Qt 资源文件”对话框中，“名称”一栏输入 image，“路径”设置为/root/Project/QTSMSApp，单击“下一步”按钮。

（4）打开 image.qrc 文件，右侧的“前缀”一栏设置为“/”，如图 5-19 所示。

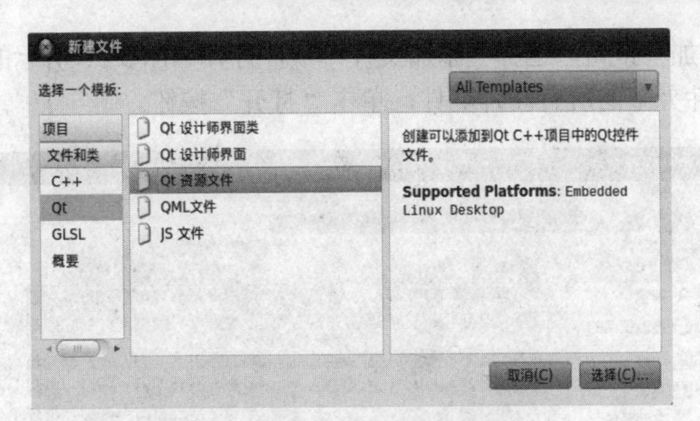

图 5-17　添加资源文件

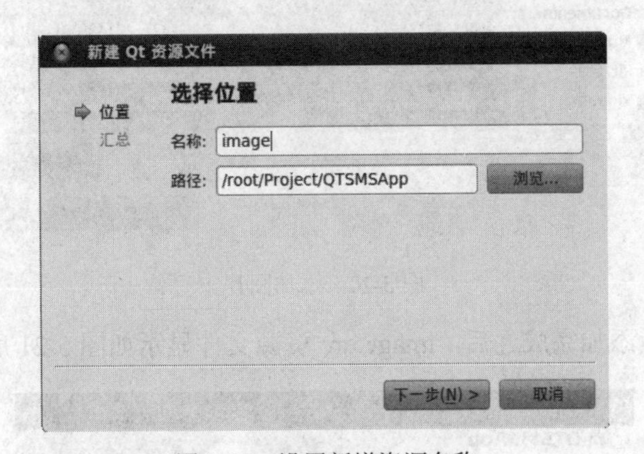

图 5-18　设置新增资源名称

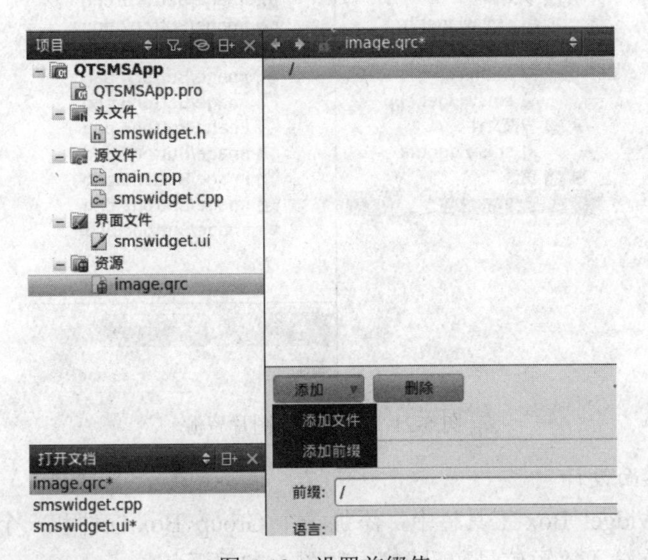

图 5-19　设置前缀值

（5）单击“添加”按钮，选择“添加文件”项，打开如图 5-20 所示的“打开文件”对话框，选择 image 文件夹下的所有图片文件，单击“打开”按钮。

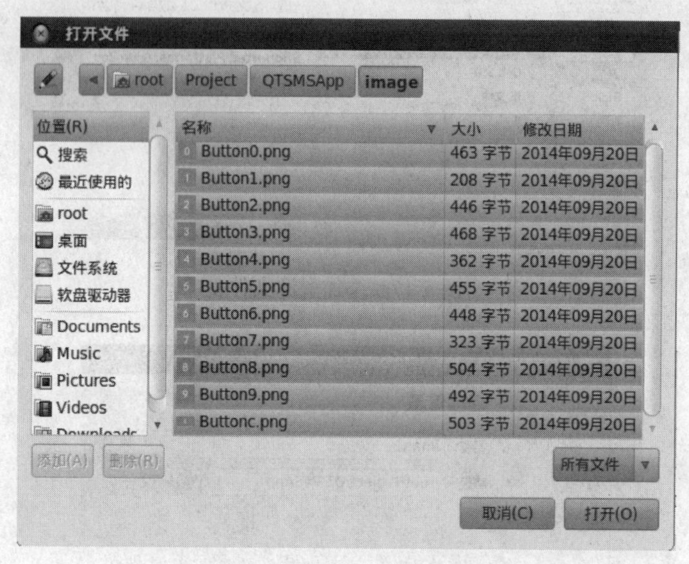

图 5-20　添加图片

（6）当所有图片添加完成之后，image.qrc 资源文件显示如图 5-21 所示的所有图片资源。

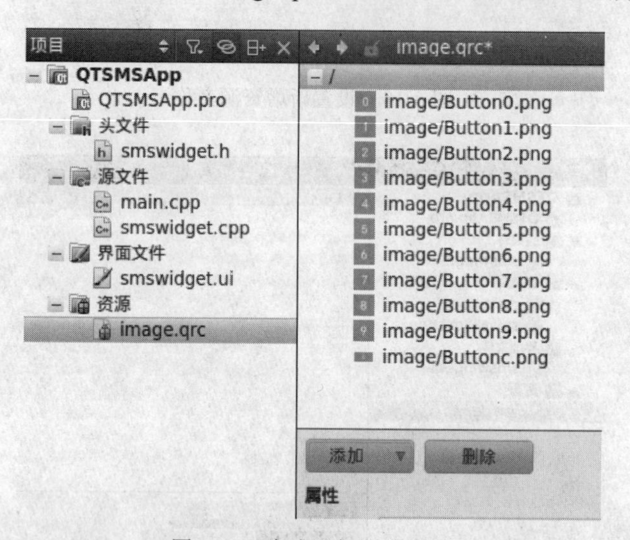

图 5-21　完成添加图片资源

2. 图片按钮界面设计

（1）从左侧 Widget Box 工具栏中，添加一个 Group Box 控件和一个 PushButton 控件，Group Box 控件名称输入“短信号码设置”，如图 5-22 所示。

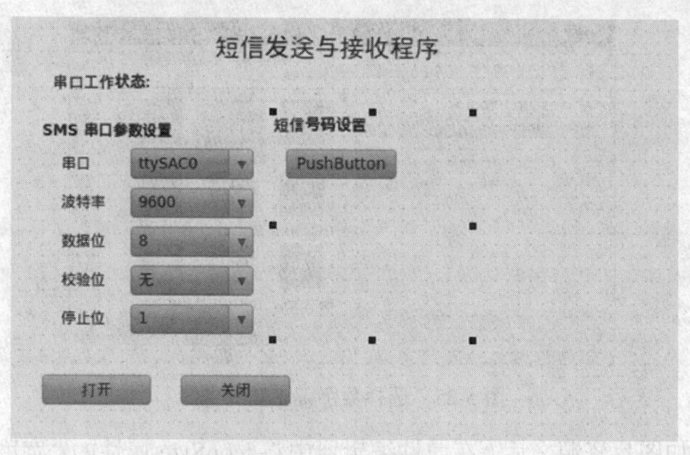

图 5-22　“短信号码设置”布局

（2）选择 PushButton 控件，在 Qt 设计界面的属性编辑器中，将 objectName 值设为 btn1，表示数字键 1 的变量命名为 btn1，如图 5-23 所示。

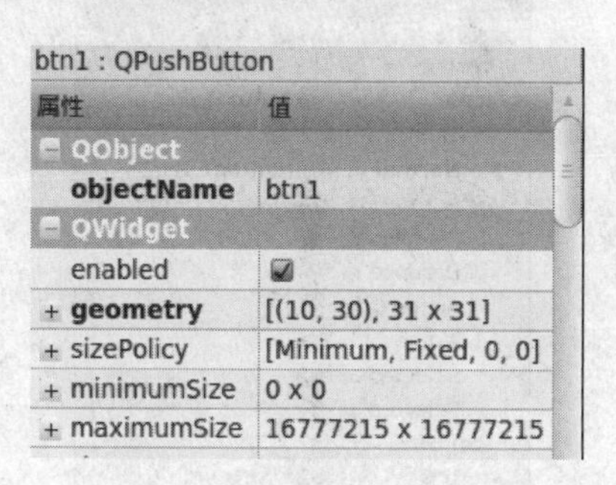

图 5-23　设置 objectName 值

（3）在 Qt 设计界面的属性编辑器中，右击 icon 选项，选择“选择资源”选项，如图 5-24 所示。

图 5-24　选择“选择资源”选项

（4）在“选择资源”对话框中，选择 image.qrc 中的 Button1.png 图片资源，单击“确定”按钮，完成添加数字键 1 按钮图片资源，如图 5-25 所示。

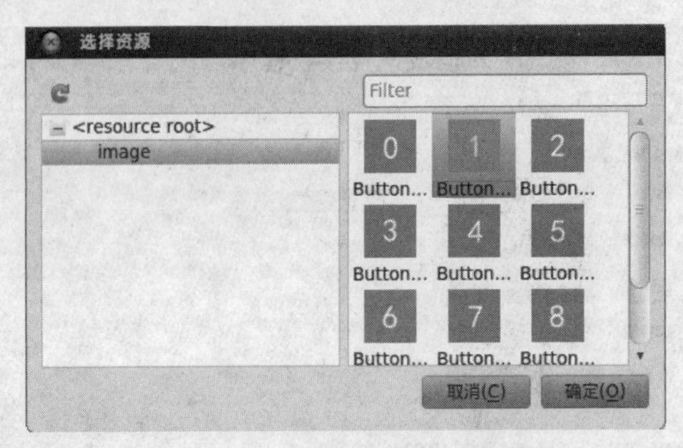

图 5-25　选择数字键 1 图片资源

（5）完成添加图片资源之后，在属性编辑器中将 iconSize 属性的“宽度”设置为 32，“高度”设置为 32，另外 text 属性值设置为空，如图 5-26 所示。

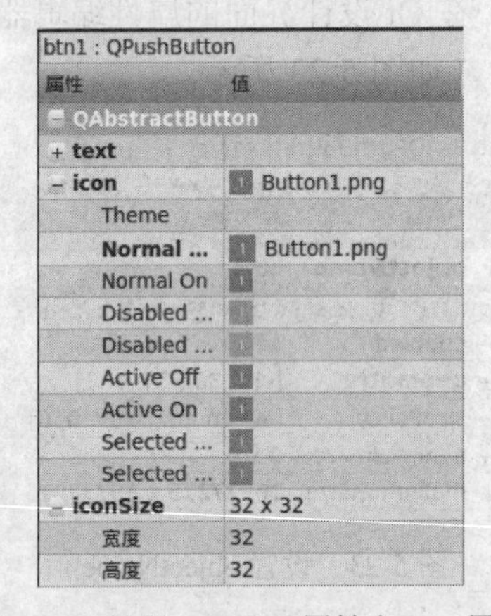

图 5-26　设置 iconSize 属性和 text 属性

（6）当上述步骤完成之后，数字键 1 的按钮即显示为对应的图片，如图 5-27 所示。

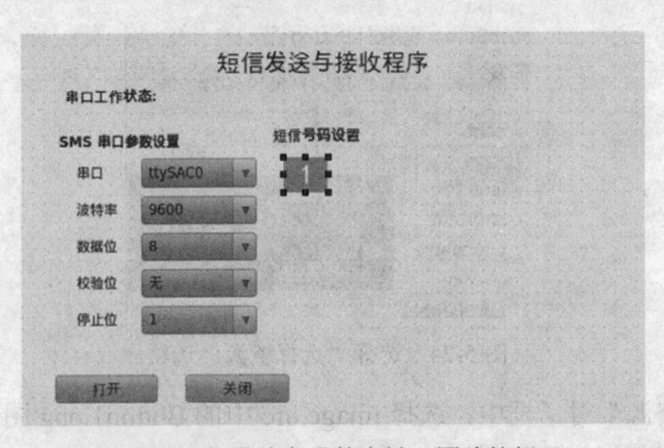

图 5-27　设计完成数字键 1 图片按钮

（7）继续前面相同的操作步骤，添加数字键 0～9 之间的图片资源，以及退格键 C 的图片资源，完成之后显示如图 5-28 所示的设计界面。

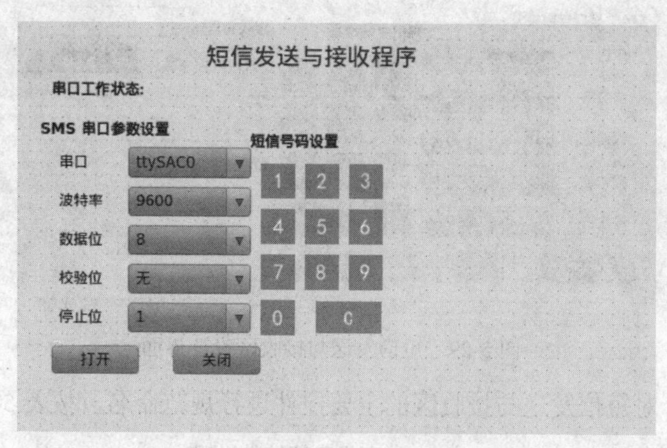

图 5-28　短信号码图片按钮设计界面

3. 进行规范命名

将图 5-28 中图片按钮主要控件进行规范命名，按表 5-3 进行说明。

表 5-3　项目各项控件说明

控件名称	命名	说明
PushButton	btn0	数字键 0
PushButton	btn1	数字键 1
PushButton	btn2	数字键 2
PushButton	btn3	数字键 3
PushButton	btn4	数字键 4
PushButton	btn5	数字键 5
PushButton	btn6	数字键 6
PushButton	btn7	数字键 7
PushButton	btn8	数字键 8
PushButton	btn9	数字键 9
PushButton	btnback	退格键

5.4.4　短信发送与接收区界面设计

前面已详细讲解相关控件的界面设计步骤，这里不再赘述，设计完成之后显示如图 5-29 所示的设计效果。

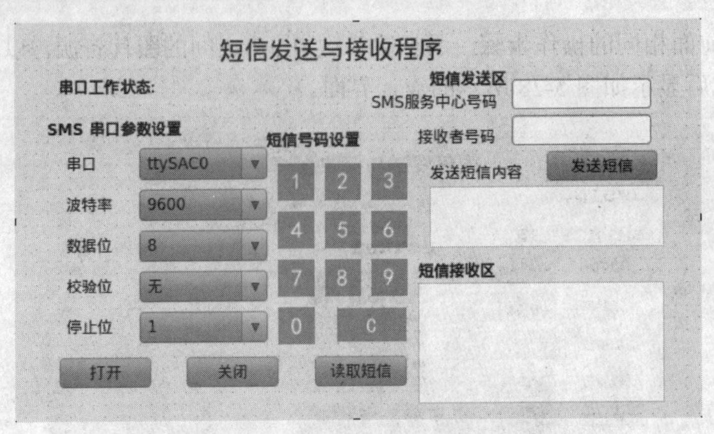

图 5-29　短信发送与接收区设计界面

将图 5-29 中针对短信发送与接收区的主要控件进行规范命名，按表 5-4 进行说明。

表 5-4　项目各项控件说明

控件名称	命名	说明
GroupBox	groupsend	短信发送区
Label	labelcenter	SMS 服务中心号码
Label	labelrece	接收者号码
Label	labelcontent	发送短信内容
PushButton	btnSendSMS	发送短信按钮
TextEdit	textEditsmsContent	输入短信内容
GroupBox	grouprece	短信接收区
TextBrowser	textBrowsersms	显示接收的未读短信
PushButton	btnReceivesms	读取短信按钮

5.4.5　GPRS 短信程序功能设计

1. 添加第三方串口类文件

在 Linux 系统下需要将 qextserialbase.cpp 和 qextserialbase.h 以及 posix_qextserialport.cpp 和 posix_qextserialport.h 这四个文件导入到 QTSMSApp 工程项目中。

（1）将四个文件分别复制添加到 QTSMSApp 工程项目文件夹中，如图 5-30 所示。

（2）右击 QTSMSApp 工程项目，选择“添加现有文件”选项，如图 5-31 所示。

（3）在如图 5-32 所示的“添加现有文件”对话框中，将上述 qextserialbase.cpp 和 qextserialbase.h 以及 posix_qextserialport.cpp 和 posix_qextserialport.h 四个文件分别添加到 QTSMSApp 工程项目对应的文件夹中，单击“打开”按钮。

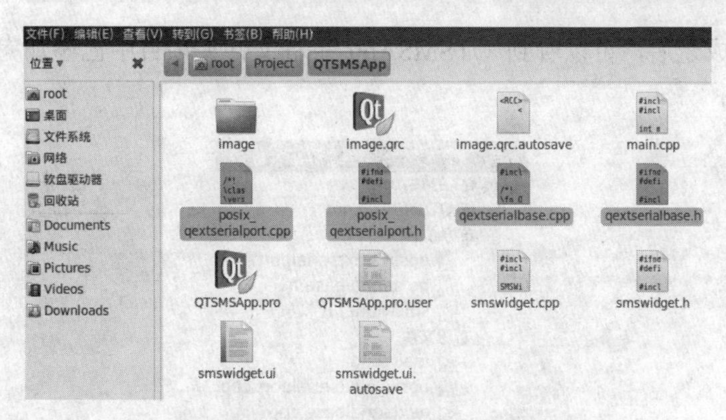

图 5-30　复制文件到 QTSMSApp 工程文件夹

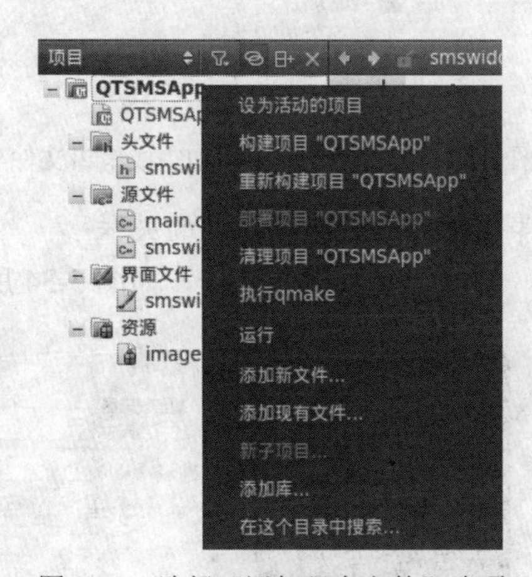

图 5-31　选择“添加现有文件”选项

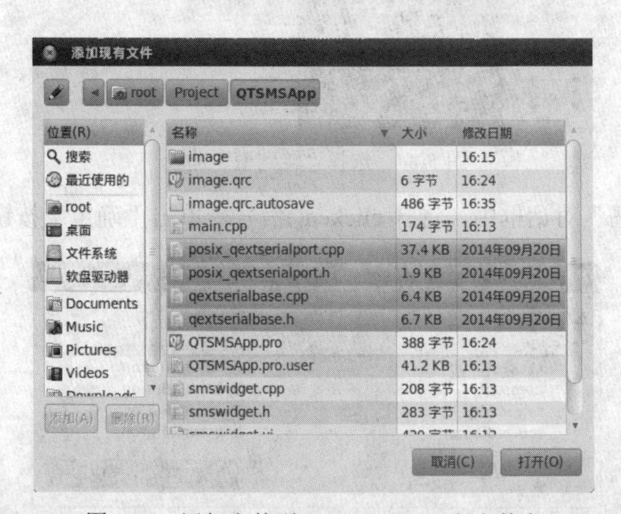

图 5-32　添加文件到 QTSMSApp 工程文件夹

（4）添加完成之后，可以看到 QTSMSApp 工程文件夹项目中已添加完成的四个串口文件，如图 5-33 所示。

图 5-33　工程文件夹中添加完成串口文件

2. 构建打开串口和关闭串口按钮信号与槽之间的关联

（1）右击"打开"按钮，选择"转到槽"选项，如图 5-34 所示。

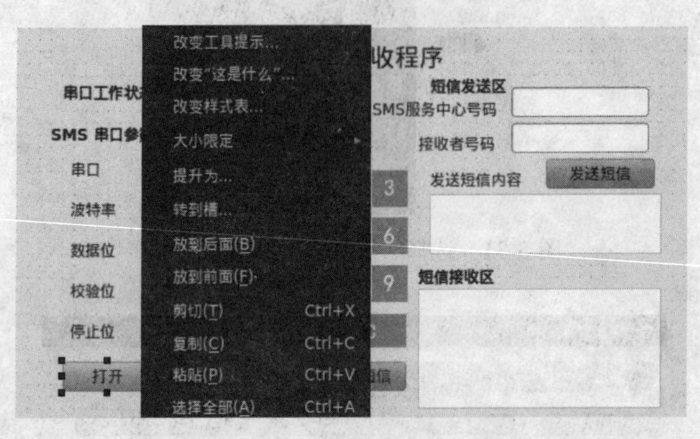

图 5-34　选择"转到槽"选项

（2）在"转到槽"对话框中，选择 clicked()信号，单击"确定"按钮，如图 5-35 所示。

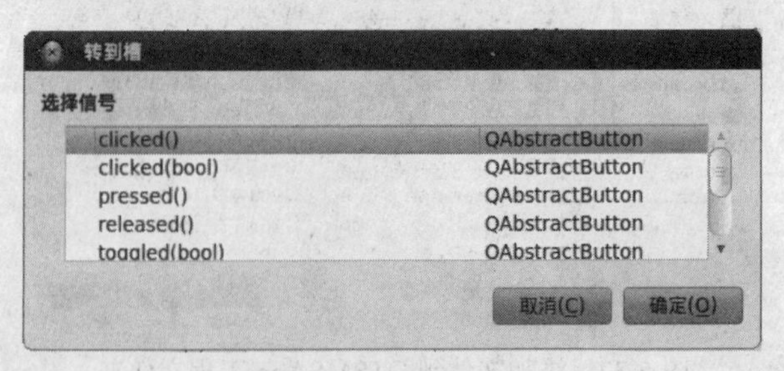

图 5-35　选择 clicked()信号

（3）当 clicked()信号选择完成之后，系统会自动将 on_Startsmsbtn_clicked()槽与 clicked()信号产生关联，自动产生的关联代码如图 5-36 所示。

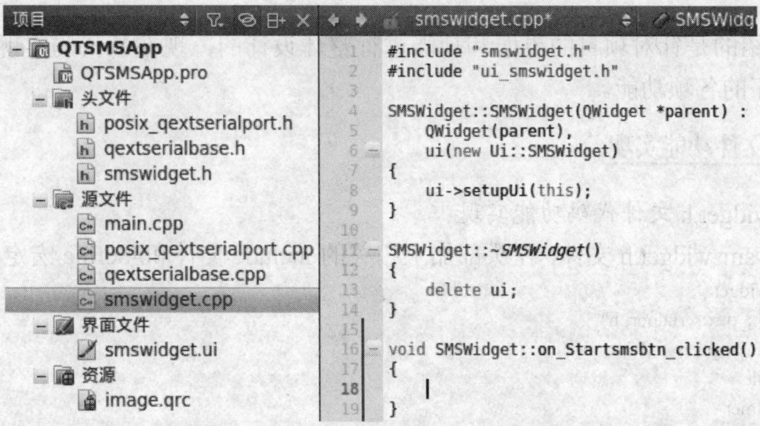

```
#include "smswidget.h"
#include "ui_smswidget.h"

SMSWidget::SMSWidget(QWidget *parent) :
    QWidget(parent),
    ui(new Ui::SMSWidget)
{
    ui->setupUi(this);
}

SMSWidget::~SMSWidget()
{
    delete ui;
}

void SMSWidget::on_Startsmsbtn_clicked()
{

}
```

图 5-36　构建完成“打开”按钮槽

（4）继续同样的操作完成“关闭”按钮信号和槽之间的关联、短信发送按钮信号和槽之间关联、短信接收按钮信号和槽之间关联，完成之后，系统会自动产生三个信号和对应槽之间的关联，分别为 on_Stopsmsbtn_clicked()槽与 clicked()信号产生关联、on_btnSendSMS_clicked()槽与 clicked()信号产生关联以及 on_btnReceivesms_clicked()槽与 clicked()信号产生关联，自动产生的关联代码如图 5-37 所示。

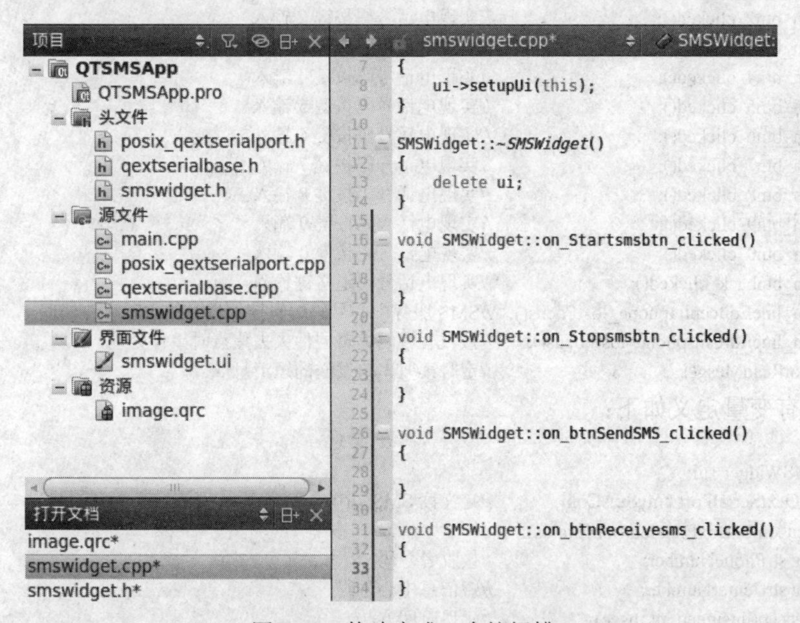

图 5-37　构建完成三个按钮槽

5.5 GPRS 短信程序代码功能实现

前面所介绍的是针对项目的界面和功能进行整体设计的，现在从代码实现角度详细讲解 GPRS 短信程序的各项功能。

5.5.1 程序头文件功能实现

程序 smswidget.h 文件代码功能实现

（1）打开 smswidget.h 文件，在头部加上相关的 include 文件和#define 宏定义，具体如下：

```
#include <QWidget>
#include "posix_qextserialport.h"
#include <QMessageBox>
#include <QFile>
#include <QTimer>
#define TIME_OUT 10                          //延时，TIME_OUT 是串口读写的延时
#define TIMER_INTERVAL 1000                  //读取定时器计时间隔 1000ms，读取定时器是读取串口缓存的延时
```

（2）建立私有类型的槽，代码如下：

```
private slots:
    void on_Startsmsbtn_clicked();               //打开串口
    void on_Stopsmsbtn_clicked();                //关闭串口
    void on_btnSendSMS_clicked();                //发送短消息
    void on_btnReceivesms_clicked();             //读取短消息
    void on_btn1_clicked();                      //实现电话号码按键 1 输入
    void on_btn2_clicked();                      //实现电话号码按键 2 输入
    void on_btn3_clicked();                      //实现电话号码按键 3 输入
    void on_btn4_clicked();                      //实现电话号码按键 4 输入
    void on_btn5_clicked();                      //实现电话号码按键 5 输入
    void on_btn6_clicked();                      //实现电话号码按键 6 输入
    void on_btn7_clicked();                      //实现电话号码按键 7 输入
    void on_btn8_clicked();                      //实现电话号码按键 8 输入
    void on_btn9_clicked();                      //实现电话号码按键 9 输入
    void on_btn0_clicked();                      //实现电话号码按键 0 输入
    void on_btnback_clicked();                   //实现电话号码退格键输入
    void on_lineEditcenterphone_lostFocus();     //SMS 服务中心号码编辑控件失去焦点时事件处理
    void on_lineEditsmsphone_lostFocus();        //接收者号码编辑控件失去焦点时事件处理
    void slotReadMesg();                         //定时读取串口发送的短消息
```

（3）私有变量定义如下：

```
private:
    Ui::SMSWidget *ui;
    Posix_QextSerialPort *mySmsCom;              //定义读 SMS 端口
    void setComboBoxEnabled(bool status);
    QString strPhoneNumber;                      //接收者号码
    QString strCenterNumber;                     //短信息中心号码
    void    sleep(unsigned int msec);            //延迟时间方法
    QString m_qStrInfo;                          //串口接收的信息
```

```
    QString m_SendCont;                         //整理好的短信发送内容
    QString sHex;
    QString str;
    bool focusflag;
    QTimer      *readTimer;                     //定义一个定时器
    int timerdly;
    QString strMsgContent;                      //整理好的短信接收内容
```

（4）公有方法定义如下：

```
public:
    explicit SMSWidget(QWidget *parent = 0);
    ~SMSWidget();
    void sendAT(Posix_QextSerialPort* NewCom,int iOrder);     //发送 AT 指令
    QString convertMesg(QString);                              //转换字符串信息变成 PDU 格式
    QString convertPhone(QString);                             //电话号码两两颠倒
    int ConnectPduData(QString,QString,QString);               //将发送的短信编码进行整合
    void SendSms(QString qStrSend,QString qStrNum);            //发送短信
    QString stringToUnicode(QString str);                      //发送短信息字符串转为 unicode
    QString DecToUnicode(QString strSrc);                      //接收的短消息解码
    QString Bit7Decode(QString &strSrc);                       //按照 7 位解码
    int GSMDecode7bit( const unsigned char *pSrc, char *pDst, int nSrcLength );
    //按照源字符串指针 pSrc、目标编码串指针 pDst 以及源字符串长度 nSrcLength 进行解码，返回目标字符串长度
    QString ReadMsg(QString str);
    //将从串口获取的短消息内容进行解码返回解码的短消息，包括时间、短信息内容等
```

5.5.2 程序主文件功能实现

1．程序 smswidget.cpp 文件代码功能实现

程序中 smswidget.cpp 文件框架结构如下：

```
#include "smswidget.h"
#include "ui_smswidget.h"
#include <QDebug>
#include <QTextCodec>
#include <QTime>

SMSWidget::SMSWidget(QWidget *parent) :
    QWidget(parent),
    ui(new Ui::SMSWidget)
{
    ui->setupUi(this);
}
void SMSWidget::setComboBoxEnabled(bool status)
{
}
SMSWidget::~SMSWidget()
{
    delete ui;
}
void SMSWidget::on_Startsmsbtn_clicked()
{
```

```
}
void SMSWidget::on_Stopsmsbtn_clicked()
{
}
void SMSWidget::on_btnSendSMS_clicked()
{
}
void SMSWidget::on_btn1_clicked()
{
}
void SMSWidget::on_btn2_clicked()
{
}
void SMSWidget::on_btn3_clicked()
{
}
void SMSWidget::on_btn4_clicked()
{
}
void SMSWidget::on_btn5_clicked()
{
}
void SMSWidget::on_btn6_clicked()
{
}
void SMSWidget::on_btn7_clicked()
{
}
void SMSWidget::on_btn8_clicked()
{
}
void SMSWidget::on_btn9_clicked()
{
}
void SMSWidget::on_btn0_clicked()
{
}
void SMSWidget::on_btnback_clicked()
{
}
void SMSWidget::sendAT(Posix_QextSerialPort *myCom1 ,int iOrder)
{
}
QString SMSWidget::stringToUnicode(QString str)
{
}
QString SMSWidget::convertMesg(QString qStrMesg)
{
}
QString SMSWidget::convertPhone(QString qStrPhone)
```

```
{
}
int SMSWidget::ConnectPduData(QString Msg,QString centerphone,QString smsphone)
{
}
void SMSWidget::slotReadMesg()
{
}
QString SMSWidget::ReadMsg(QString strMsg)
{
}
QString SMSWidget::DecToUnicode(QString strSrc)
{
}
QString SMSWidget::Bit7Decode(QString &strSrc)
{
}
int SMSWidget::GSMDecode7bit( const unsigned char *pSrc, char *pDst, int nSrcLength )
{
}
void SMSWidget::on_btnReceivesms_clicked()
{
}
void SMSWidget::sleep(unsigned int msec)
{
}
void SMSWidget::on_lineEditcenterphone_lostFocus()
{
}
void SMSWidget::on_lineEditsmsphone_lostFocus()
{
}
```

2. *方法说明*

（1）SMSWidget 构造方法。当实例化 SMSWidget 类对象时，执行 SMSWidget 构造方法，在构造方法中，设置打开和关闭串口的初始状态，以及用于短消息读取的定时器对象构建和信号与槽之间的关联操作。具体代码如下：

```
SMSWidget::SMSWidget(QWidget *parent) :
    QWidget(parent),
    ui(new Ui::SMSWidget)
{
    ui->setupUi(this);
    ui->Startsmsbtn->setEnabled(true);
    ui->Stopsmsbtn->setEnabled(false);
    ui->statusBar->setText(tr("串口关闭"));
    ui->textEditsmsContent->setText(tr("主人您好!"));
    //初始化读取定时器计时间隔
    timerdly = TIMER_INTERVAL;
```

```
        //设置读取计时器
        readTimer = new QTimer(this);
        connect(readTimer, SIGNAL(timeout()), this, SLOT(slotReadMesg()));
    }
```

（2）setComboBoxEnabled 方法。此方法通过传入的 bool 类型参数设置串口名称、波特率、数据位、校验位以及停止位的 ComboBox 控件项是否可用。如果传入 true 值，ComboBox 控件项可以选择，否则不可使用。具体代码如下：

```
void SMSWidget::setComboBoxEnabled(bool status)
{
        ui->portNameComboBoxGPS->setEnabled(status);
        ui->baudRateComboBoxGPS->setEnabled(status);
        ui->dataBitsComboBoxGPS->setEnabled(status);
        ui->parityComboBoxGPS->setEnabled(status);
        ui->stopBitsComboBoxGPS->setEnabled(status);
}
```

（3）on_ Startsmsbtn _clicked 方法。当单击“打开”按钮时执行此方法，首先选择串口名称，接着以查询方式创建串口对象，然后设置波特率、数据位、校验位、停止位、数据流控制以及读取的延迟时间，最后开启定时器，进行间隔读取短信息数据。具体代码如下：

```
void SMSWidget::on_Startsmsbtn_clicked()
{
        QString portName = "/dev/" + ui->portNameComboBoxGPS->currentText();            //获取串口名
            mySmsCom = new Posix_QextSerialPort(portName, QextSerialBase::Polling);
            //这里 QextSerialBase::QueryMode 应该使用 QextSerialBase::Polling
            if(mySmsCom->open(QIODevice::ReadWrite)){
                    ui->statusBar->setText(tr("串口打开成功"));
            }else{
                    ui->statusBar->setText(tr("串口打开失败"));
                return;
            }
            //设置波特率
            mySmsCom->setBaudRate((BaudRateType)ui->baudRateComboBoxGPS->currentIndex());
            //设置数据位
            mySmsCom->setDataBits((DataBitsType)ui->dataBitsComboBoxGPS->currentIndex());
            //设置校验
            mySmsCom->setParity((ParityType)ui->parityComboBoxGPS->currentIndex());
            //设置停止位
            mySmsCom->setStopBits((StopBitsType)ui->stopBitsComboBoxGPS->currentIndex());
            //设置数据流控制
            mySmsCom->setFlowControl(FLOW_OFF);
            //设置延时
            mySmsCom->setTimeout(TIME_OUT);
            setComboBoxEnabled(false);
            readTimer->start(TIMER_INTERVAL);
            ui->Startsmsbtn->setEnabled(false);
            ui->Stopsmsbtn->setEnabled(true);
}
```

（4）on_Stopsmsbtn _clicked 方法。当单击“关闭”按钮时执行此方法，首先将串口对象进行关闭，接着删除串口对象，然后关闭定时器停止读取串口数据，最后将界面控件状态还原成初始状态，具体代码如下：

```
void SMSWidget::on_Stopsmsbtn_clicked()
{
    mySmsCom->close();
    delete mySmsCom;
    readTimer->stop();
    ui->statusBar->setText(tr("串口关闭"));
    setComboBoxEnabled(true);
    ui->Startsmsbtn->setEnabled(true);
    ui->Stopsmsbtn->setEnabled(false);
}
```

（5）on_btnSendSMS_clicked 方法。单击“发送短信”按钮之后，执行此方法首先调用 sendAT 方法，执行 AT+CMGF=0 格式的编码方式，然后调用 ConnectPduData 方法将短信息三部分内容的编码进行整合，即短消息中心号码+目标号码+短信息内容进行连接，然后再调用 sendAT 方法，根据参数不同进行短信发送操作。具体代码如下：

```
void SMSWidget::on_btnSendSMS_clicked()
{
    sendAT(mySmsCom,1);
    sleep(5000);
    ConnectPduData(ui->textEditsmsContent->toPlainText(),ui->lineEditcenterphone->text(),
    ui->lineEditsmsphone->text());
    sendAT(mySmsCom,2);
    sleep(5000);
    sendAT(mySmsCom,3);
}
```

（6）on_btn0_clicked~on_btn9_clicked 方法。当单击 0～9 之间的图片按钮时，执行将电话号码的相应数字键输入到短消息中心号码编辑控件或者接收者目标号码编辑控件中。具体代码如下：

```
void SMSWidget::on_btn0_clicked()                //实现电话号码按键 0 输入操作
{
    if(focusflag)
    {
        str= ui->lineEditsmsphone->text();
        str += '0';
      ui->lineEditsmsphone->setText(str);
    }
    else
    {
        str= ui->lineEditcenterphone->text();
        str += '0';
    ui->lineEditcenterphone->setText(str);
    }
}
void SMSWidget::on_btn1_clicked()                //实现电话号码按键 1 输入操作
{
```

```
        if(focusflag)
        {
            str= ui->lineEditsmsphone->text();
            str += '1';
          ui->lineEditsmsphone->setText(str);
        }
        else
        {
            str= ui->lineEditcenterphone->text();
            str += '1';
        ui->lineEditcenterphone->setText(str);
        }
    }
    void SMSWidget::on_btn2_clicked()                //实现电话号码按键 2 输入操作
    {
        if(focusflag)
        {
            str= ui->lineEditsmsphone->text();
            str += '2';
          ui->lineEditsmsphone->setText(str);
        }
        else
        {
            str= ui->lineEditcenterphone->text();
            str += '2';
        ui->lineEditcenterphone->setText(str);
        }
    }
    void SMSWidget::on_btn3_clicked()                //实现电话号码按键 3 输入操作
    {
        if(focusflag)
        {
            str= ui->lineEditsmsphone->text();
            str += '3';
          ui->lineEditsmsphone->setText(str);
        }
        else
        {
            str= ui->lineEditcenterphone->text();
            str += '3';
        ui->lineEditcenterphone->setText(str);
        }
    }
    void SMSWidget::on_btn4_clicked()                //实现电话号码按键 4 输入操作
    {
        if(focusflag)
        {
            str= ui->lineEditsmsphone->text();
```

```
            str += '4';
        ui->lineEditsmsphone->setText(str);
    }
    else
    {
            str= ui->lineEditcenterphone->text();
            str += '4';
    ui->lineEditcenterphone->setText(str);
    }
}
void SMSWidget::on_btn5_clicked()                    //实现电话号码按键 5 输入操作
{
    if(focusflag)
    {
            str= ui->lineEditsmsphone->text();
            str += '5';
        ui->lineEditsmsphone->setText(str);
    }
    else
    {
            str= ui->lineEditcenterphone->text();
            str += '5';
    ui->lineEditcenterphone->setText(str);
    }
}
void SMSWidget::on_btn6_clicked()                    //实现电话号码按键 6 输入操作
{
    if(focusflag)
    {
            str= ui->lineEditsmsphone->text();
            str += '6';
        ui->lineEditsmsphone->setText(str);
    }
    else
    {
            str= ui->lineEditcenterphone->text();
            str += '6';
    ui->lineEditcenterphone->setText(str);
    }
}
void SMSWidget::on_btn7_clicked()                    //实现电话号码按键 7 输入操作
{
    if(focusflag)
    {
            str= ui->lineEditsmsphone->text();
            str += '7';
        ui->lineEditsmsphone->setText(str);
    }
```

```
        else
        {
            str= ui->lineEditcenterphone->text();
            str += '7';
        ui->lineEditcenterphone->setText(str);
        }
}
void SMSWidget::on_btn8_clicked()                    //实现电话号码按键 8 输入操作
{
        if(focusflag)
        {
            str= ui->lineEditsmsphone->text();
            str += '8';
          ui->lineEditsmsphone->setText(str);
        }
        else
        {
            str= ui->lineEditcenterphone->text();
            str += '8';
        ui->lineEditcenterphone->setText(str);
        }
}
void SMSWidget::on_btn9_clicked()                    //实现电话号码按键 9 输入操作
{
        if(focusflag)
        {
            str= ui->lineEditsmsphone->text();
            str += '9';
          ui->lineEditsmsphone->setText(str);
        }
        else
        {
            str= ui->lineEditcenterphone->text();
            str += '9';
        ui->lineEditcenterphone->setText(str);
        }
}
```

（7）on_btnback_clicked 方法。单击“退格键 C”按钮时，执行此方法，由于界面上存在两个 LineEdit 编辑控件，一个是短消息中心号码输入区，还有一个是接收者号码输入区，所以需要一个 bool 型变量进行判断，以实现相应编辑控件的退格操作。具体代码如下：

```
void SMSWidget::on_btnback_clicked()
{
        if(focusflag)
        {
        str = ui->lineEditsmsphone->text();
        str = str.left(str.length()-1);
        ui->lineEditsmsphone->setText(str);
```

```
        }
        else
        {
            str = ui->lineEditcenterphone->text();
            str = str.left(str.length()-1);
            ui->lineEditcenterphone->setText(str);
        }
    }
```

（8）sendAT 方法。此方法根据输入的参数不同，执行相应的操作。如果参数 iOrder 为 1，执行短信的发送方式为 PDU 方式，如果参数 iOrder 为 2，执行发送短信长度指令，如果参数 iOrder 为 3，执行短信发送指令，如果参数 iOrder 为 4，执行未读短信接收指令。具体代码如下：

```
void SMSWidget::sendAT(Posix_QextSerialPort *myCom1 ,int iOrder)
{
    QString qStrCmd;
    switch(iOrder)
    {
    case 1:
    {
        //设置短信格式
        qStrCmd= "AT+CMGF=0\r";
        myCom1->write(qStrCmd.toAscii());
        break;
    }
    case 2:
    {
        //发送短信长度指令
        int iLength=strlen(m_SendCont.toStdString().c_str())/2;
        qDebug()<<"sms======len:"<<iLength;
        qStrCmd=QString("%1%2\r").arg("AT+CMGS=").arg(iLength-9);
        myCom1->write(qStrCmd.toAscii());
        break;
    }
    case 3:
    {
        //发送短信内容指令
myCom->write("0011000D91683166051461F7000801160068006500 6C006C006F00204F60597D0021000D000A\x01a");
        qDebug()<<"sms======cont:"<<m_SendCont;
        myCom1->write((m_SendCont+"\x01a").toStdString().c_str());
        break;
    }
    case 4:
        //读取未读短信
          qStrCmd= "AT+CMGL=0\r";
          qDebug()<<qStrCmd;
          myCom1->write(qStrCmd.toAscii());
                break;
    default:
```

```
            break;
        }
}
```

（9）sleep 方法。根据给定的毫秒数进行时间延迟，以便在执行 AT 指令时，能够根据设定的延时时间，从串口返回相应的响应信息。具体代码如下：

```
void SMSWidget::sleep(unsigned int msec)
{
    QTime dieTime = QTime::currentTime().addMSecs(msec);
    while( QTime::currentTime() < dieTime )
        QCoreApplication::processEvents(QEventLoop::AllEvents, 100);
}
```

（10）on_lineEditcenterphone_lostFocus 和 on_lineEditsmsphone_lostFocus 方法。当单击“短消息中心号码编辑控件”和“接收者号码编辑控件”时，能够判断在哪个编辑控件中输入相应的电话号码数值。具体代码如下：

```
void SMSWidget::on_lineEditcenterphone_lostFocus()      //SMS 服务中心号码编辑控件失去焦点时事件处理
{
    focusflag=false;
}
void SMSWidget::on_lineEditsmsphone_lostFocus()         //接收者号码编辑控件失去焦点时事件处理
{
    focusflag=true;
}
```

（11）stringToUnicode 方法。由于短信数据需要编码成 16 进制才能发送出去，所以本方法根据传进来的字符串（包括中文字符参数），实现十六进制 Unicode 编码字符串的转换处理。具体代码如下：

```
QString SMSWidget::stringToUnicode(QString str)
{
    //这里传来的字符串一定要加 tr，main 函数里可以加 QTextCodec::setCodecForTr(QTextCodec::codecForLocale());
    const QChar *q;
    QChar qtmp;
    QString str0, strout;
    int num;
    q=str.unicode();
    int len=str.count();
    for(int i=0;i<len;i++)
    {
        qtmp =(QChar)*q++;
        num= qtmp.unicode();
        if(num<255)
            strout+="00";                   //英文或数字前加“00”
        str0=str0.setNum(num,16);           //变成十六进制数
        strout+=str0;
    }
    return strout;
}
```

（12）convertMesg 方法。本方法是根据传入的短信内容字符串参数，调用 stringToUnicode 方法进行十六进制 Unicode 编码字符串的转换处理。具体代码如下：

```
QString SMSWidget::convertMesg(QString qStrMesg)
{
    QTextCodec::setCodecForTr(QTextCodec::codecForLocale());
    qStrMesg = tr(qStrMesg.toStdString().c_str());
    qStrMesg=stringToUnicode(qStrMesg);
    int i=qStrMesg.length()/2;  //内容长度
    QString sHex1;
    sHex1.setNum(i,16);
    if(sHex1.length()==1)
    {
        sHex1="0"+sHex1;
    }
    QString qStrMesgs;
    qStrMesgs = QString("%1%2").arg(sHex1).arg(qStrMesg);
    qDebug()<<qStrMesgs<<endl;
    return qStrMesgs;
}
```

（13）convertPhone 方法。本方法是根据传入的短信号码（包括短信息中心号码或者接收者号码）字符串参数进行处理，实现相邻两个数值进行前后颠倒，最后不够的补 F。具体代码如下：

```
QString SMSWidget::convertPhone(QString qStrPhone)
{
    int i=qStrPhone.length()+2;         //长度包括 86
    sHex.setNum(i,16);                  //转成十六进制
    if(sHex.length()==1)
    {
        sHex="0"+sHex;
    }
    if(qStrPhone.length()%2 !=0)        //为奇数位后面加 F
    {
        qStrPhone+="F";
    }
    //奇数位偶数位交换
    QString qStrTemp2;
    for(int i=0; i<qStrPhone.length(); i+=2)
    {
        qStrTemp2 +=qStrPhone.mid(i+1,1)+qStrPhone.mid(i,1);
    }
    return qStrTemp2;
}
```

（14）ConnectPduData 方法。本方法将短信息三部分内容的编码进行整合，即短消息中心号码+目标号码+短信息内容进行连接，最后返回编码的长度。具体代码如下：

```
int SMSWidget::ConnectPduData(QString Msg,QString centerphone,QString smsphone)
{
```

```
    QString     centerStr=convertPhone(centerphone);
    QString     smsStr=convertPhone(smsphone);
    QString    smsMsg=convertMesg(Msg);
    //1100：固定；sHex：手机号码的长度，不算＋号，十六进制表示；91：发送到手机为 91，发送到小灵通为 81
    QString qStrTemp2="089168"+centerStr+"1100"+sHex+"9168" +smsStr+"000801"+smsMsg;
    m_SendCont=qStrTemp2;
      return m_SendCont.length();
}
```

（15）slotReadMesg 方法。当定时器间隔时间一到，执行此方法，在执行过程中，读取串口数据，如果串口数据包含“CMGL”和“OK”值，则表示成功读取到对方发送过来的短消息数据信息，然后调用 ReadMsg 方法进行数据解码，显示到 textBrowser 控件中进行短消息显示。具体代码如下：

```
void SMSWidget::slotReadMesg()
{
     QByteArray temp = mySmsCom->readAll();
     m_qStrInfo.append(temp.data());
     QString strsms=QString(temp);
   if(m_qStrInfo.contains("CMGL")&&m_qStrInfo.contains("OK"))
    {
     strMsgContent= ReadMsg(strsms);
     ui->textBrowsersms->append(strMsgContent);
     }
}
```

（16）ReadMsg 方法。此方法根据传入的短信息内容，进行解码处理分别获取接收到的短消息时间、内容等。具体代码如下：

```
QString SMSWidget::ReadMsg(QString strMsg)
{
     QString strNum;
     char *strdd="Time: ";
     char *strcontent="Content: ";
     QString ctrlouttmp;
     QString strupper;
     int n, nPDULength, i, len ;
     QString strData,strSrc,strDes,nType,strPDULength;
     QString strnumber , strdate, strnumtmp, strdatetmp;
     const char *charPDULength;
     QString messagecontent;
     n = strMsg.findRev(',');
     strPDULength = strMsg.mid(n+1,2);
     charPDULength=strPDULength.latin1();
     nPDULength=(*charPDULength-48)*10;
     nPDULength+=*(charPDULength+1)-48;
     // get the TPDU content
     strData = strMsg.mid(n+23,nPDULength*2);
     // get the mobile phone number
     strnumber=strData.mid(6,14);       //modify 6,12
```

```
        // decode the mobile phone number
        len=strnumber.length();
        for(i=0;i<len-2;i=i+2)
        {
        strnumtmp+=strnumber.mid(i+1,1);
        strnumtmp+=strnumber.mid(i,1);
        }
        strnumtmp+=strnumber.mid(i+1,1);
        strNum=strnumtmp;
        // get the date and time
        strdate=strData.mid(24,12);                          //22，12
        len=strdate.length();
        // decode the date and time
        for(i=0;i<len;i=i+2)
        {
        strdatetmp+=strdate.mid(i+1,1);
        strdatetmp+=strdate.mid(i,1);
        if(i<4)
            strdatetmp+="-";
        if(i==4)
            strdatetmp+="    ";
        if((i>4)&&(i<10))
            strdatetmp+=":";
        }
        // add the decoded date & time into the message content
        messagecontent+=QString( strdd+strdatetmp+"\n" );
        nType=strData.mid(22,2);                             //20，2
        // get the content string
        strSrc = strData.mid(40,(nPDULength-19)*2);
        if(nType.find("00",false)>=0)
        // 7 bits decoding
        strDes=Bit7Decode(strSrc);
        else
        // PDU decoding ( it's what we use in this contest )
        strDes=DecToUnicode(strSrc);
        strDes=strDes.lower();
        // add the decoded date & time into the message content
        messagecontent+=QString(strcontent+strDes+"\n");
       //return strDes;
        return messagecontent;
}
```

（17）DecToUnicode 方法。此方法根据传入的字符串进行解码，在进行 PDU 编码时，需要进行中英文字符的识别，若为英文字符，则编码时在前面加“00”即可，而对中文字符进行 PDU 编码，是把单个字节转换成 16 进制 Unicode 码实现 PDU 编码，解码过程中英字符按相反的方法进行。具体代码如下：

```
QString SMSWidget::DecToUnicode(QString strSrc)
{
```

```
    int strlength;
    QString strMsgtmp,str0;
    bool ok;
    QString strMsgout;
    ushort num;
    strlength=strSrc.length();
    const ushort *data;
    for(int i=0;i<strlength;i=i+4)
    {
        str0=strSrc.mid(i,4);
        num=str0.toUShort(&ok,16);
        data=&num;
        strMsgtmp=strMsgtmp.setUnicodeCodes(data,1);
        strMsgout+=strMsgtmp;
    }
    return strMsgout;
}
```

（18）Bit7Decode 方法。本方法根据读取的短消息内容作为参数传入进来，按照 7 位解码内容。具体代码如下：

```
QString SMSWidget::Bit7Decode(QString &strSrc)
{
    unsigned char pDst[4096];
    char pSrc[4096];
    int i, length;
    int strlength=strSrc.length();
    for(i=0;i<strlength;i++)
    {
        pSrc[i]=strSrc.at(i).latin1();
    }
    for(i=0;   i<strlength;i=i+2)
    {
        char c[2];
        char *p;
        unsigned long t;
        c[0]=pSrc[i];
        c[1]=pSrc[i+1];
        t=strtoul (c,&p,16);
        pDst[i/2]=t;
    }
    length=GSMDecode7bit(pDst,pSrc,strlength/2);
    QString textout=pSrc;
    return textout;
}
```

（19）GSMDecode7bit 方法。按照源字符串指针 pSrc、目标编码串指针 pDst 以及源字符串长度 nSrcLength 进行解码，返回目标字符串长度。具体代码如下：

```
int SMSWidget::GSMDecode7bit( const unsigned char *pSrc, char *pDst, int nSrcLength )
{
```

```
    int nSrc=0;
    int nDst=0;
    int nByte=0;
    unsigned char nLeft=0;
    while(nSrc<nSrcLength)
    {
        *pDst = ((*pSrc << nByte) | nLeft) & 0x7f;
        nLeft = *pSrc >> (7-nByte);
        pDst++;
        nDst++;
        nByte++;
        if(nByte == 7)
        {
        *pDst = nLeft ;
        pDst++;
        nDst++;
        nByte = 0;
        nLeft = 0;
        }
        pSrc++;
        nSrc++;
    }
    *pDst = 0;
    return nDst;
}
```

（20）on_btnReceivesms_clicked 方法。单击“读取短信”按钮之后，执行此方法首先调用 sendAT 方法，执行 AT+CMGF=0 格式的编码方式，然后延时 5 秒钟，再调用 sendAT 方法，根据参数 4，读取未读的短消息操作。具体代码如下：

```
void SMSWidget::on_btnReceivesms_clicked()
{
    sendAT(mySmsCom,1);
    sleep(5000);
    sendAT(mySmsCom,4);
}
```

5.6　GPRS 短信程序编译运行

5.6.1　桌面 PC 版程序编译运行

1. 桌面 PC 版程序编译

（1）单击左侧一栏“项目”选项，右侧出现如图 5-38 所示的桌面 Qt 版本选项，这里选择桌面 Qt 版本中的 Qt 4.8.5（Qt 4.8.5）调试选项进行编译运行。

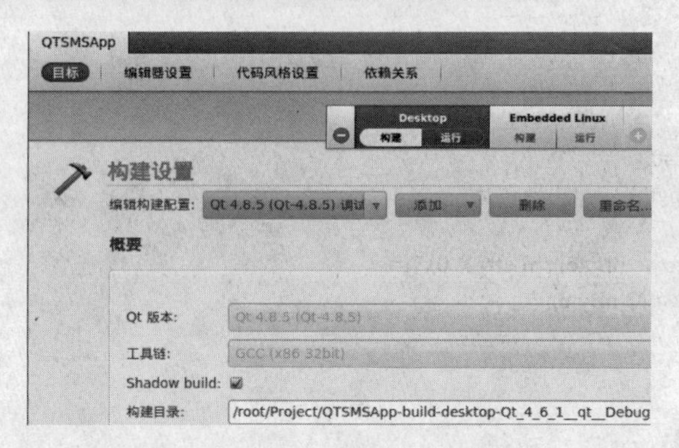

图 5-38　桌面 PC 版编译选项设置

（2）单击左侧一栏的红色三角形按钮，进行程序编译，如图 5-39 所示。

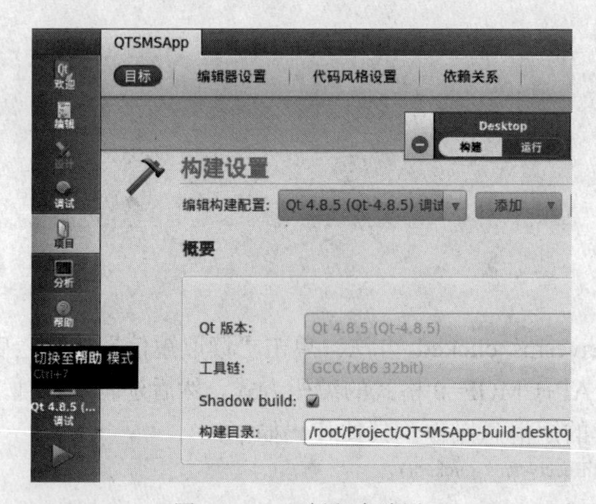

图 5-39　PC 版程序编译

2. 桌面 PC 版程序运行

如果编译成功，运行程序显示如图 5-40 所示的程序界面，这里串口名为 ttyS1。

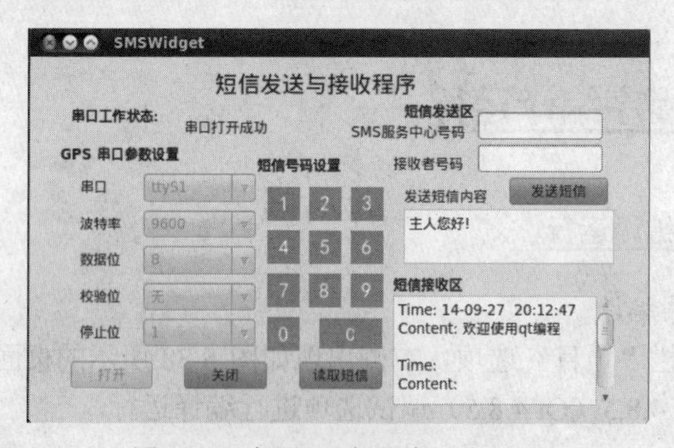

图 5-40　桌面 PC 版程序运行界面

5.6.2　嵌入式 ARM 版交叉编译运行

1．ARM 版程序编译

（1）单击左侧一栏的“项目”选项，在目标界面上选择 Embedded Linux 中的“构建”选项，如图 5-41 所示。

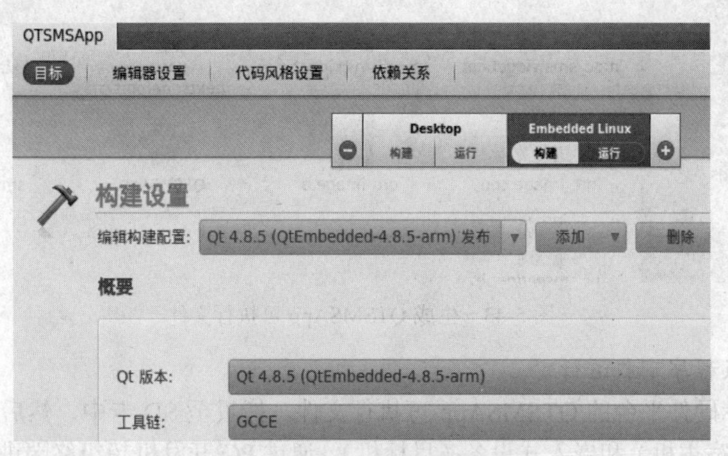

图 5-41　选择 Embedded Qt 版本编译

（2）单击左侧一栏下面的“锤子”图标，进行 ARM 版本的 Qt 程序编译，如图 5-42 所示。

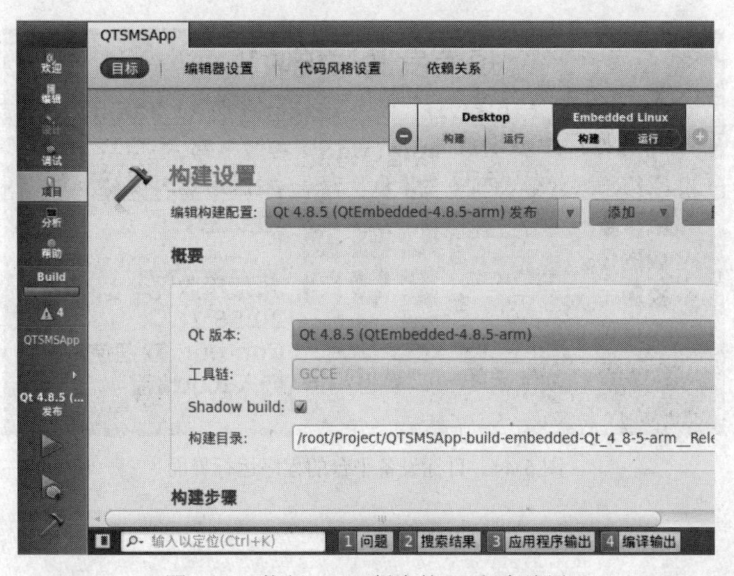

图 5-42　执行 ARM 版本的 Qt 程序编译

（3）ARM 版本的 Qt 程序编译完成之后，在 ARM 版本的项目目录下生成在 ARM 硬件平台下运行的可执行文件 QTSMSApp，如图 5-43 所示。

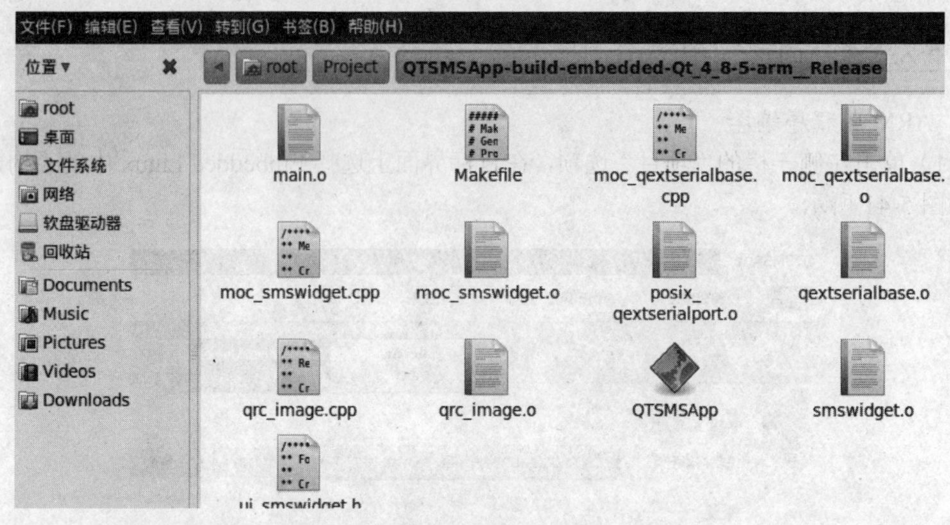

图 5-43　生成 QTSMSApp 可执行文件

2. ARM 版程序下载运行

将针对目标硬件平台的 QTSMSApp 可执行文件，拷贝至 SD 卡中，然后通过串口线缆连接 PC 开发机（宿主机）和嵌入式设备（目标机），通过 PC 开发机超级终端进行串口通信，显示设备上的 Linux 系统文件，执行相应命令运行 QTSMSApp 可执行文件（可以参考 2.4 节“Linux 平台下 Qt 程序编译运行”部分内容），运行界面如图 5-44 所示。

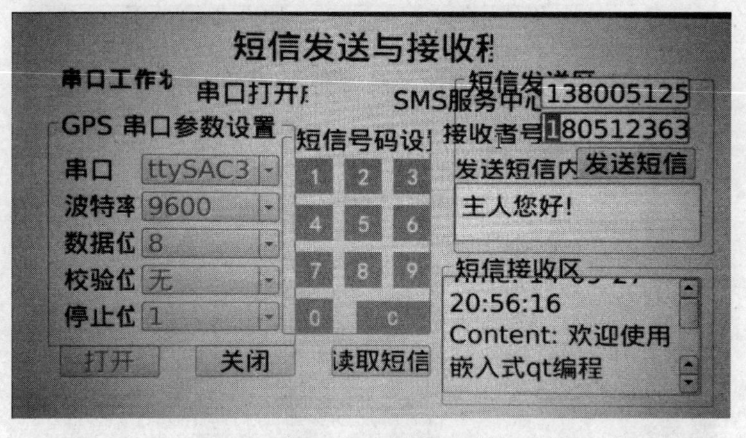

图 5-44　目标设备平台的程序运行界面

第 6 章　温湿度实时数据曲线图程序设计与开发

6.1　数字温湿度传感器简介

DHT11 数字温湿度传感器是一款含有已校准数字信号输出的温湿度复合传感器，其外形如图 6-1 所示。它应用专用的数字模块采集技术和温湿度传感技术，确保产品具有极高的可靠性和卓越的长期稳定性。传感器包括一个电阻式感湿元件和一个 NTC 测温元件，并与一个高性能 8 位单片机相连接。因此该产品具有品质卓越、超快响应、抗干扰能力强、性价比极高等优点。每个 DHT11 传感器都在极为精确的温湿度校验室中进行校准，校准系数以程序的形式存在 OTP 内存中，传感器内部在检测型号的处理过程中要调用这些校准系数。利用单线制串行接口，使系统集成变得简易快捷。它具有超小的体积、极低的功耗，信号传输距离可达 20 米以上，使其成为各类应用场合的最佳选择。

图 6-1　DHT11 外形图

6.1.1　DHT11 引脚说明及接口电路

1. DHT11 典型应用电路（如图 6-2 所示）

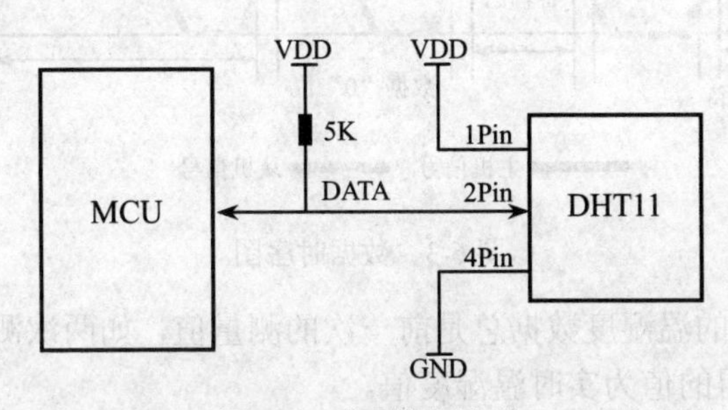

图 6-2　典型应用电路

2. 引脚说明（如表 6-1 所示）

表 6-1 DHT11 引脚说明

引脚号	引脚名称	类型	引脚说明
1	VCC	电源	正电源输入，3～5.5 V，DC
2	DATA	输出	单总线，数据输入、输出引脚
3	NC	空	空脚，扩展未用
4	GND	地	电源地

3. 电源引脚

DHT11 的供电电压为 3～5.5V，传感器上电后，要等待 1s 以越过不稳定状态，在此期间无需发送任何指令。电源引脚（VDD、GND）之间可增加一个 100nF 的电容，用以去耦滤波。

4. 串行接口（单线双向）

DATA 引脚用于微处理器与 DHT11 之间的通讯和同步，采用单总线数据格式，一次通讯时间 4ms 左右，数据分小数部分和整数部分，具体格式在下面说明，当前小数部分用于以后扩展，现读出为零。操作流程如下：一次完整的数据传输为 40bit，高位先出。具体数据格式为“8bit 湿度整数数据+8bit 湿度小数数据+8bit 温度整数数据+8bit 温度小数数据+8bit 校验”的和，数据传送正确时校验和数据等于“8bit 湿度整数数据+8bit 湿度小数数据+8bit 温度整数数据+8bit 温度小数数据”所得结果的末 8 位。

6.1.2 DHT11 数据时序

用户主机（CC2530 MCU）发送一次开始信号后，DHT11 从低功耗模式转换到高速模式，待主机开始信号结束后，DHT11 发送响应信号，送出 40bit 的数据，并触发一次信息采集，用户可选择读取部分数据，信号发送过程如图 6-3 所示。

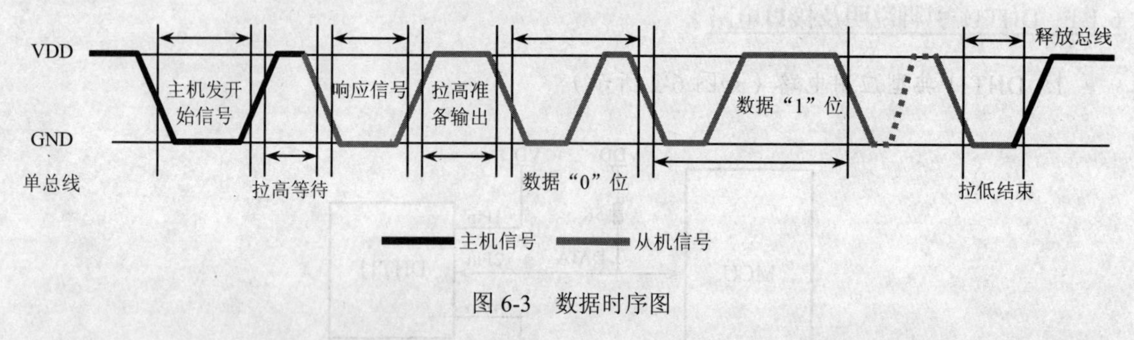

图 6-3 数据时序图

主机从 DHT11 读取的温湿度数据总是前一次的测量值，如两次测量间隔时间很长，需连续读两次，以第二次获得的值为实时温湿度值。

6.1.3　CC2530 与 DHT11 通信

CC2530 和 DHT11 之间的通信可通过如下步骤完成（即 MCU 读取数据的步骤）：

（1）DHT11 上电后（DHT11 上电后要等待 1s 以越过不稳定状态，在此期间不能发送任何指令），测试环境温湿度数据，并记录数据，同时 DHT11 的 DATA 数据线由上拉电阻拉高，一直保持高电平，此时 DHT11 的 DATA 引脚处于输入状态，时刻检测外部信号。

（2）微处理器的 I/O 设置为输出同时输出低电平，且低电平保持时间不能小于 18ms，然后微处理器的 I/O 设置为输入状态，由于上拉电阻，微处理器的 I/O，即 DHT11 的 DATA 数据线也随之变高，等待 DHT11 作出回答信号，发送信号如图 6-4 所示。

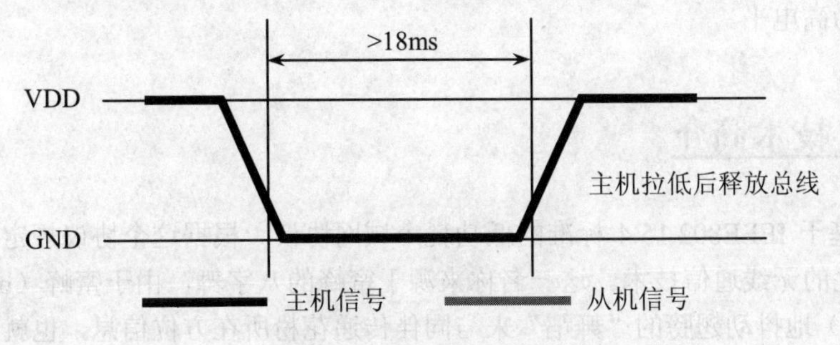

图 6-4　主机发送起始信号

（3）DHT11 的 DATA 引脚检测到外部信号有低电平时，等待外部信号低电平结束，延迟后 DHT11 的 DATA 引脚处于输出状态，输出 80μs 的低电平作为应答信号，紧接着输出 80μs 的高电平通知外设准备接收数据，微处理器的 I/O 此时处于输入状态，检测到 I/O 有低电平（DHT11 回应信号）后，等待 80μs 高电平后的数据接收，发送信号如图 6-5 所示。

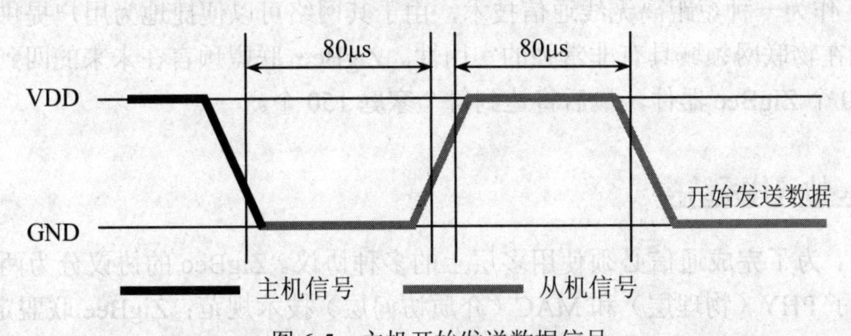

图 6-5　主机开始发送数据信号

（4）由 DHT11 的 DATA 引脚输出 40 位数据，微处理器根据 I/O 电平的变化接收 40 位数据，位数据“0”的格式为：50μs 的低电平和 26～28μs 的高电平，位数据“1”的格式为：50μs 的低电平加 70μs 的高电平。位数据“0”、“1”格式信号如图 6-6 所示。

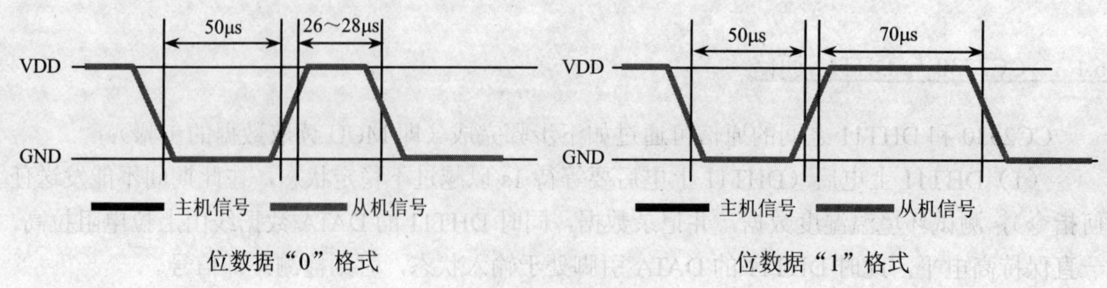

图 6-6　数据格式信号

（5）结束信号。

DHT11 的 DATA 引脚输出 40 位数据后，继续输出低电平 50μs 后转为输入状态，由于上拉电阻随之变为高电平。

6.2　Zigbee 技术简介

Zigbee 是基于 IEEE802.15.4 标准的低功耗个域网协议。根据这个协议规定的技术是一种短距离、低功耗的无线通信技术。这一名称来源于蜜蜂的八字舞，由于蜜蜂（bee）是靠飞翔和“嗡嗡”（zig）地抖动翅膀的“舞蹈”来与同伴传递花粉所在方位信息，也就是说蜜蜂依靠这样的方式构成了群体中的通信网络。其特点是近距离、低复杂度、自组织、低功耗、低数据速率、低成本，主要适合用于自动控制和远程控制领域，可以嵌入各种设备终端。简而言之，ZigBee 就是一种便宜的、低功耗的近距离无线组网通讯技术。所以，Zigbee 主要应用在短距离范围内且数据传输速率不高的各种电子设备之间。

Zigbee 技术弥补了低成本、低功耗和低速率无线通信市场的空缺。中国物联网校企联盟认为，Zigbee 作为一种短距离无线通信技术，由于其网络可以便捷地为用户提供无线数据传输功能，因此在物联网领域具有非常强的实用性。ZigBee 联盟预言在未来的四到五年，每个家庭将拥有 50 个 ZigBee 器件，最后将达到每个家庭 150 个。

6.2.1　ZiggBee 协议体系结构

在网络中，为了完成通信必须使用多层上的多种协议。ZigBee 的协议分为两部分，IEEE 802.15.4 定义了 PHY（物理层）和 MAC（介质访问层）技术规范；ZigBee 联盟定义了 NWK（网络层）、APS（应用程序支持子层）、APL（应用层）技术规范。这些协议按照层次顺序组合在一起，构成了协议栈。ZigBee 协议栈就是将各个层定义的协议都集合在一起，以函数的形式实现，并给用户提供 API（应用层），用户可以直接调用。Zigbee 协议架构如图 6-7 所示。

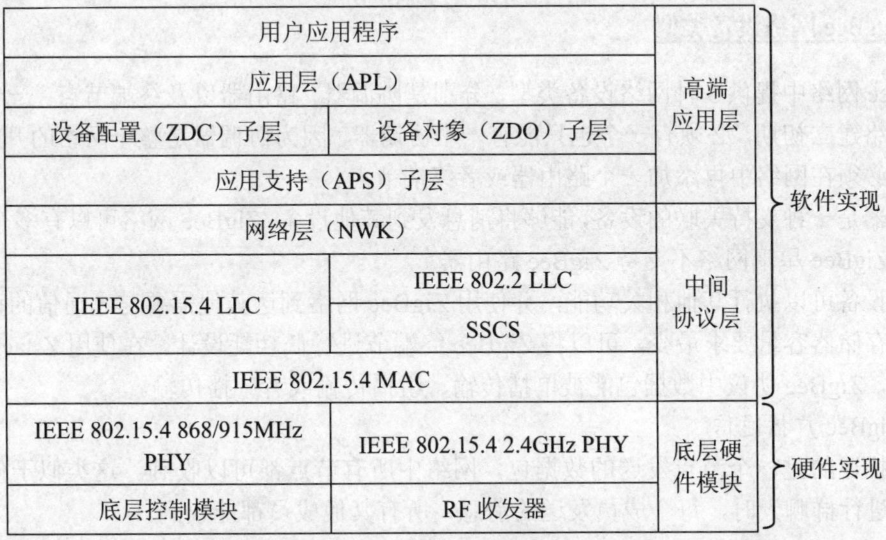

用户应用程序
应用层（APL）
设备配置（ZDC）子层
设备对象（ZDO）子层
应用支持（APS）子层
网络层（NWK）
高端
应用层
软件实现
IEEE 802.15.4 LLC
IEEE 802.2 LLC
SSCS
中间
协议层
IEEE 802.15.4 MAC
IEEE 802.15.4 868/915MHz
PHY
IEEE 802.15.4 2.4GHz PHY
底层硬
件模块
硬件实现
底层控制模块
RF 收发器

图 6-7　ZigBee 协议体系架构图

6.2.2　ZigBee 网络拓扑结构

ZigBee 网络中的三种拓扑结构：星型拓扑（Star）、树型拓扑（Tree）和网状拓扑（Mesh），如图 6-8 所示。一个星型结构包括一个 ZigBee 协调器和一个以上的终端节点设备。在这样的网络拓扑结构里面，所有设备的通信都需要通过协调器完成，如果一个节点需要发送数据给另一个节点，必须先发给协调器，再由协调器转发数据。树型拓扑结构相比星型拓扑结构多路由器节点，当从一个节点向另一个节点发送数据时，信息将沿着树的路径向上传递到最近的路由器节点，然后再向下传递到目标节点。网状拓扑结构是一种特殊的、按多跳方式传输的点对点的网络结构，其路由可自动建立和维护，并且具有强大的自组织、自愈功能。

Star 星型
Tree 树型
Mesh 网状
Coordinator（协调器）
Router（路由器）
End Device（终端节点）

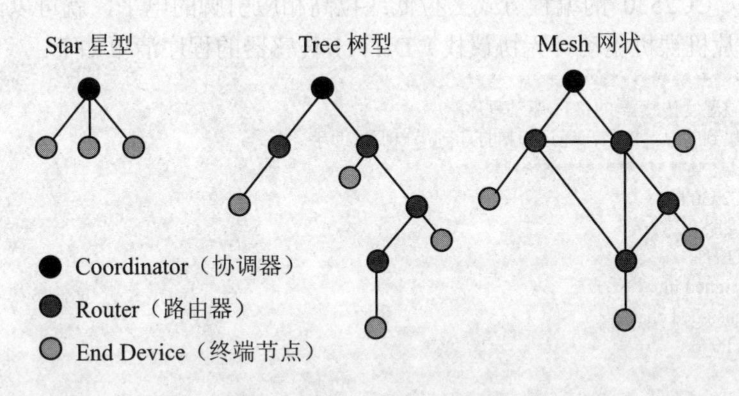

图 6-8　ZigBee 网络拓扑结构

6.2.3 ZiggBee 网络设备类型

Zigbee 网络中提供 3 种网络设备类型，分别是协调器、路由器以及终端节点。一个 Zigbee 网络在网络建立初期，必须有一个也只能有一个协调器，因为协调器是整个网络的开始，要完成通信就必须在网络中再添加一个路由器或者终端节点。

路由器是一种支持关联的设备，能够将消息发到其他设备。ZigBee 网络可以有多个 ZigBee 路由器，ZigBee 星形网络不支持 ZigBee 路由器。

终端设备可以执行其他相关功能，并使用 ZigBee 网络到达其他需要与之通信的设备，终端设备的存储器容量要求最少，可以将 ZigBee 终端节进行低功耗设计。在使用 Zstack 进行网络开发时，ZigBee 协议中数据包能被单播传输、组播传输或者广播传输。

1. ZigBee 广播通信

广播描述的是一个节点发送的数据包，网络中所有节点都可以收到。这类似于使用即时聊天工具进行群聊天时，每个成员发送的消息，所有其他成员都能收到。

2. ZigBee 组播通信

组播描述的是一个节点发送的数据包，只有和该节点属于同一小组的节点才能收到，这类似于教师在上课时采用小组讨论的形式，只有小组成员才可以知道本小组所讨论的议题和内容。

3. ZigBee 单播通信

单播描述的是网络中两个节点之间进行数据包的收发过程。网络节点之间的通信就好像是人们之间的对话一样。如果一个人对另外一个人说话，那么用网络技术术语来描述就是“单播”，此时信息的接收和传递只在两个节点之间进行。在本项目中，所有传感器节点终端采集的温湿度数据都将发给唯一的协调器，所以属于点对点之间的单播通信。

6.2.4 DHT11 传感器驱动程序的设计

本程序中以 CC2530 的编程方式去拉低或拉高相应引脚的电平，就可以读取传感器的数据。CC2530 单片机裸机驱动（无协议栈）DHT11 传感器的程序清单如下：

```
/****************************************/
/*程序名称：温湿度传感器 DHT11 驱动程序 */
/*描述：将采集到的温湿度信息通过串口打印到串口调试助手。
 ***************************************/
#include <ioCC2530.h>
#include <string.h>
#include "UART.H"
#define uint unsigned int
#define uchar unsigned char
#define wenshi P0_6

//温湿度定义
uchar ucharFLAG,uchartemp;
```

```
uchar shidu_shi,shidu_ge,wendu_shi,wendu_ge=4;
uchar ucharT_data_H,ucharT_data_L,ucharRH_data_H,ucharRH_data_L,ucharcheckdata;
uchar ucharT_data_H_temp,ucharT_data_L_temp,ucharRH_data_H_temp,ucharRH_data_L_temp,ucharcheckdata_temp;
uchar ucharcomdata;

uchar temp[2]={0,0};
uchar temp1[5]="temp=";
uchar humidity[2]={0,0};
uchar humidity1[9]="humidity=";
/****************************
        延时函数
****************************/
void Delay_us()                    //1μs 延时
{
    asm("nop");
    asm("nop");
    asm("nop");
    asm("nop");
    asm("nop");
    asm("nop");
    asm("nop");
    asm("nop");
    asm("nop");

}

void Delay_10us()                  //10μs 延时
{
  Delay_us();
  Delay_us();
  Delay_us();
  Delay_us();
  Delay_us();
  Delay_us();
  Delay_us();
  Delay_us();
  Delay_us();
  Delay_us();
}

void Delay_ms(uint Time)           //n ms 延时
{
  unsigned char i;
  while(Time--)
  {
    for(i=0;i<100;i++)
    Delay_10us();
  }
}
```

```
/************************
   温湿度采集
************************/
void COM(void)                  //温湿写入
{
     uchar i;
     for(i=0;i<8;i++)
     {
      ucharFLAG=2;
      while((!wenshi)&&ucharFLAG++);
      Delay_10us();
      Delay_10us();
      Delay_10us();
      uchartemp=0;
      if(wenshi)uchartemp=1;
      ucharFLAG=2;
      while((wenshi)&&ucharFLAG++);
      if(ucharFLAG==1)break;
      ucharcomdata<<=1;
      ucharcomdata|=uchartemp;
      }
}

void DHT11(void)                //温湿度传感启动
{
     wenshi=0;
     Delay_ms(19);              //>18ms
     wenshi=1;
     P0DIR &= ~0x40;            //重新配置 I/O 口方向
     Delay_10us();
     Delay_10us();
     Delay_10us();
     Delay_10us();
      if(!wenshi)
      {
       ucharFLAG=2;
       while((!wenshi)&&ucharFLAG++);
       ucharFLAG=2;
       while((wenshi)&&ucharFLAG++);
       COM();
       ucharRH_data_H_temp=ucharcomdata;
       COM();
       ucharRH_data_L_temp=ucharcomdata;
       COM();
       ucharT_data_H_temp=ucharcomdata;
       COM();
       ucharT_data_L_temp=ucharcomdata;
       COM();
       ucharcheckdata_temp=ucharcomdata;
       wenshi=1;
```

```
    uchar temp=(ucharT_data_H_temp+ucharT_data_L_temp+ucharRH_data_H_temp+ucharRH_data_L_temp);
      if(uchartemp==ucharcheckdata_temp)
      {
          ucharRH_data_H=ucharRH_data_H_temp;
          ucharRH_data_L=ucharRH_data_L_temp;
          ucharT_data_H=ucharT_data_H_temp;
          ucharT_data_L=ucharT_data_L_temp;
          ucharcheckdata=ucharcheckdata_temp;
      }
        wendu_shi=ucharT_data_H/10;
        wendu_ge=ucharT_data_H%10;
        shidu_shi=ucharRH_data_H/10;
        shidu_ge=ucharRH_data_H%10;
    }
    else                                          //没有成功读取时，返回 0 值
    {
        wendu_shi=0;
        wendu_ge=0;
        shidu_shi=0;
        shidu_ge=0;
    }
}
/***************************
            主函数
***************************/
void main(void)
{
        Delay_ms(1000);                           //让设备稳定
        InitUart();                               //串口初始化
    while(1)
    {
        DHT11();                                  //获取温湿度
        P0DIR |= 0x40;                            //I/O 口需要重新配置
        /******温湿度的 ASCII 码转换*******/
        temp[0]=wendu_shi+0x30;
        temp[1]=wendu_ge+0x30;
        humidity[0]=shidu_shi+0x30;
        humidity[1]=shidu_ge+0x30;
        /*******信息通过串口打印********/
        Uart_Send_String(temp1,5);
        Uart_Send_String(temp,2);
        Uart_Send_String("\n",1);
        Uart_Send_String(humidity1,9);
        Uart_Send_String(humidity,2);
        Uart_Send_String("\n",1);
        Delay_ms(2000);                           //延时，使周期性 2s 读取 1 次
      }
}
```

6.3 ZigBee 协调器程序功能实现

6.3.1 Zigbee 协调器建立无线通信网络

Zigbee 协调器建立无线通信网络之后，终端节点自动加入该网络中，然后终端节点周期性的采集温湿度数据并将其发送给协调器，协调器收到温湿度数据后，通过串口将其输出到 PC 机上，同时能够转发 PC 机发送的数据给终端节点。无线温湿度采集和 PC 机无线控制执行机构的实现效果如图 6-9 和图 6-10 所示。

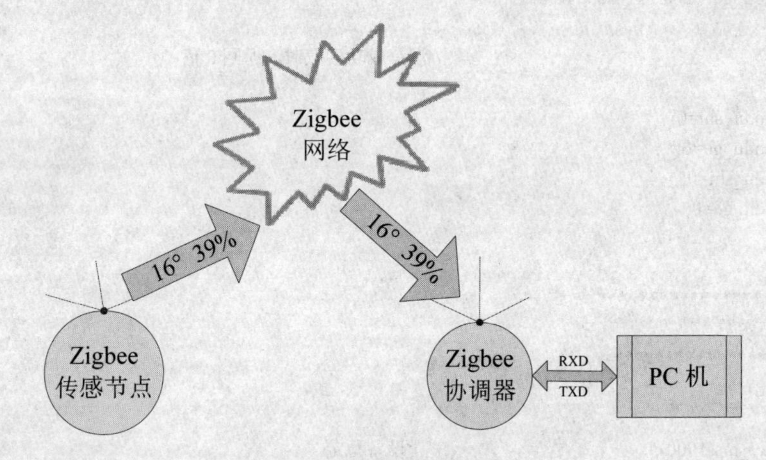

图 6-9 数据采集效果图

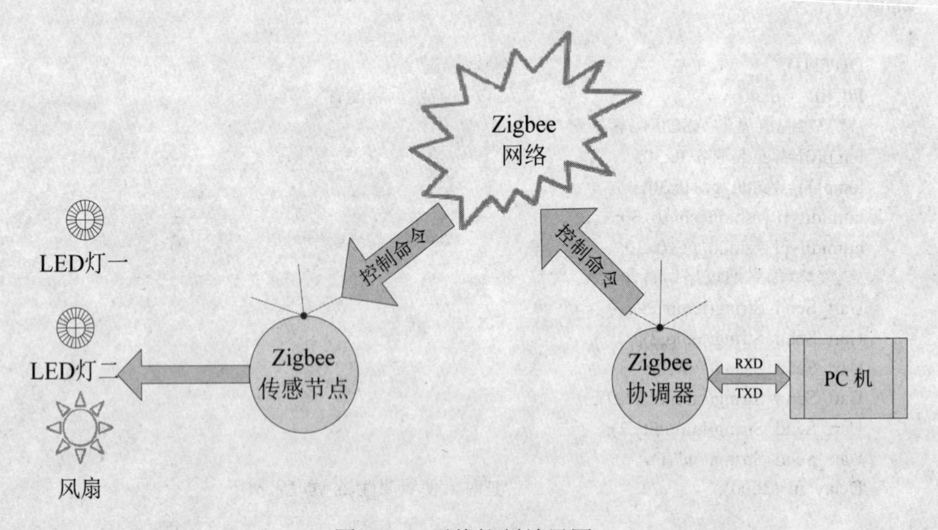

图 6-10 无线控制效果图

无线温湿度控制系统协调器工作流程如图 6-11 所示。

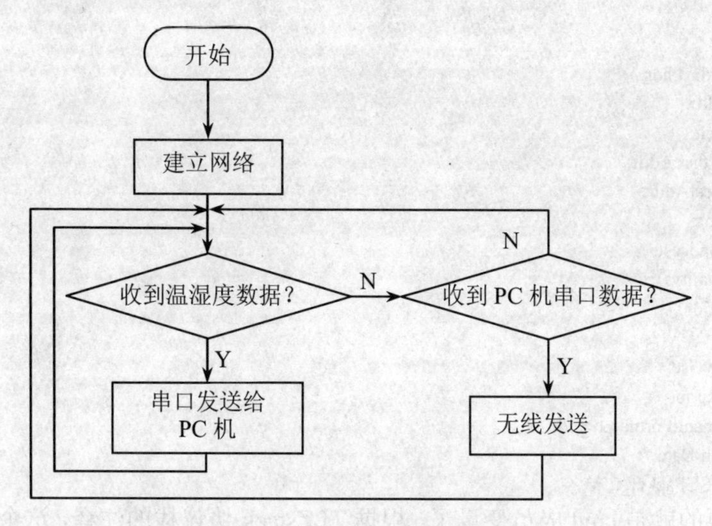

图 6-11　协调器工作流程图

6.3.2　协调器无线温湿度采集功能实现

协调器的编程也是建立在串口通信的基础上进行修改的，打开 SampleApp.c 文件找到消息处理函数 SampleApp_MessageMSGCB()，它是由 AF_INCOMING_MSG_CMD 事件号产生的，它的功能是完成对接收数据的处理，当协调器收到终端传感器节点发送过来的数据后，首先使用 osal_msg_receive()函数，从消息队列接收到消息，然后调用 SampleApp_MessageMSGCB()，因此，需要从 SampleApp_MessageMSGCB()函数中将接收到的数据通过串口发送给 PC 机。

```
void SampleApp_MessageMSGCB( afIncomingMSGPacket_t *pkt )
{
  uint8 i,len;
  uint16 flashTime;
  switch ( pkt->clusterId )
  {
    case   SAMPLEAPP_PERIODIC_CLUSTERID:
      /***********温度打印***************/
    HalUARTWrite(0,"0101",4);                      //提示接收到数据 0101 代表 1 号节点的温度
      HalUARTWrite(0,&pkt->cmd.Data[0],2);   //温度
      HalUARTWrite(0,"\n",1);                    //回车换行
     /**************湿度打印***************/
      HalUARTWrite(0,"0102:",4);                  //提示接收到数据 0102 代表 1 号节点的湿度
      HalUARTWrite(0,&pkt->cmd.Data[2],2);   //湿度
      HalUARTWrite(0,"\n",1);                    //回车换行
      break;
  }
}
```

这里可以看到接收处理函数有个 afIncomingMSGPacket_t 类型的参数，进入类型定义如下：

```
typedef struct
{
   osal_event_hdr_t hdr;
   uint16 groupId;
   uint16 clusterId;
   afAddrType_t srcAddr;
   uint16 macDestAddr;
   uint8 endPoint;
   uint8 wasBroadcast;
   uint8 LinkQuality;
   uint8 correlation;
   int8    rssi;
   uint8 SecurityUse;
   uint32 timestamp;
   afMSGCommandFormat_t cmd;
   /* Application Data */
} afIncomingMSGPacket_t;
```

这里最重要的就是 cmd 成员变量了，根据 TI Zstack 协议栈的注释，这个 afMSGCommand Format_t 类型的变量里就存放着应用层收到的数据，afMSGCommandFormat_t 结构体的定义如下：

```
typedef struct
{
   byte      TransSeqNumber;              //存储的发送序列号
   uint16 DataLength;                     //存储的发送数据的长度信息
   byte     *Data;                        //存储的接收数据缓冲区的指针
} afMSGCommandFormat_t;
```

接收到的数据就存放在结构体 afMSGCommandFormat_t 的这三个变量中，数据接收后存放在一个缓冲区中，*Data 参数存储了指向该缓冲区的指针，&pkt->cmd.Data 就是存放接收数据的首地址。

6.4 ZigBee 终端节点程序功能实现

6.4.1 终端温湿度数据发送功能实现

对于终端节点而言，需要周期性的采集温湿度数据，采集到的温湿度数据可以通过读取 DHT11 温湿度传感器得到。同时终端节点还需要接收来自协调器转发的 PC 机控制命令，从而实现对相关硬件控制操作。无线温湿度控制系统终端节点工作流程如图 6-12 所示。

使用 Zigbee 协议栈进行无线传感网络开发时，可以将完成的传感器驱动相关的函数嵌入在协议栈 App 目录下即可，如图 6-13 所示。

因为终端节点加入网络后，需要周期性地向协调器发送数据，这里需要使用到 zigbee 协议栈里面的一个定时函数 osal_start_timerEx()，该函数可以实现毫秒级的定时，发送数据到协调器，这就实现了数据的周期性发送。

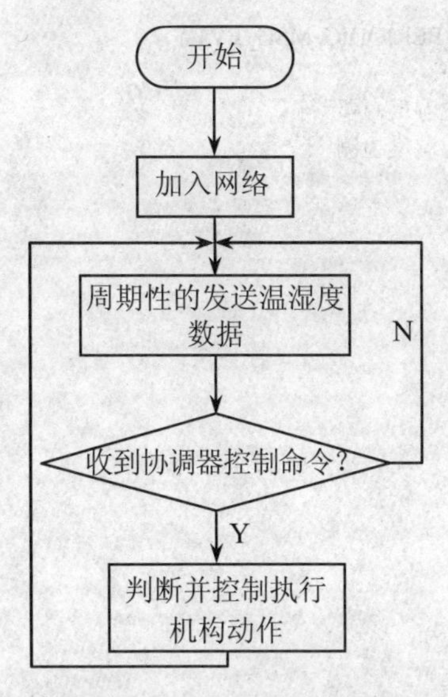

图 6-12　终端节点流程图

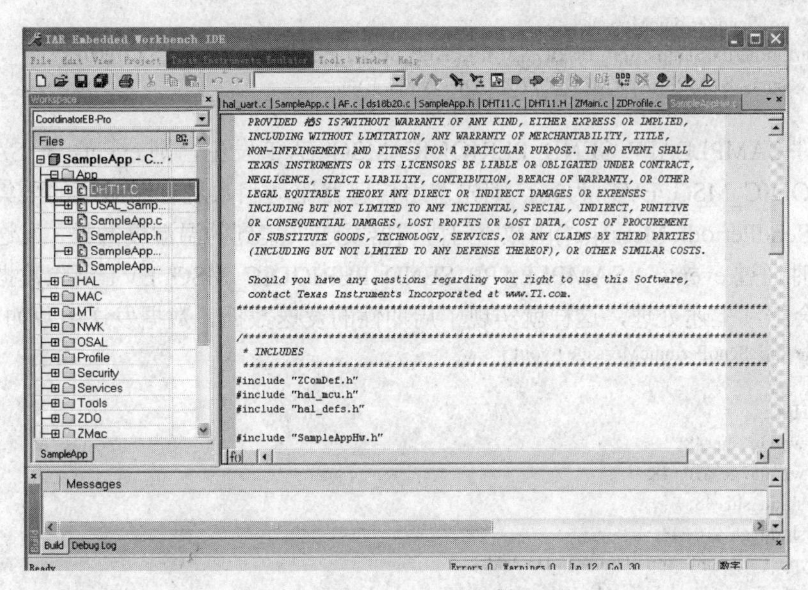

图 6-13　嵌入 DHT11 传感器驱动

osal_start_timerEx()函数原型如下：

```
osal_start_timerEx( SampleApp_TaskID,
                    SAMPLEAPP_SEND_PERIODIC_MSG_EVT,
                    SAMPLEAPP_SEND_PERIODIC_MSG_TIMEOUT );
```

在 osal_start_timerEx()函数中，三个参数分别表示了定时时间到达后，哪个任务对其做出响应，事件具体的 ID，定时的时间（以毫秒为单位）。接下来是添加对该事件的事件处理函数。

```
if ( events & SAMPLEAPP_SEND_PERIODIC_MSG_EVT )
  {
    uint8 T[8];                    //温湿度+提示符
    DHT11_TEST();                  //温湿度检测
    T[0]=wendu_shi+48;
    T[1]=wendu_ge+48;
    T[2]=' ';
    T[3]=shidu_shi+48;
    T[4]=shidu_ge+48;
    T[5]=' ';
    T[6]=' ';
    T[7]=' ';
    /*******串口打印 *********/
    HalUARTWrite(0,"temp=",5);
    HalUARTWrite(0,T,2);
    HalUARTWrite(0,"\n",1);
    HalUARTWrite(0,"humidity=",9);
    HalUARTWrite(0,T+3,2);
    HalUARTWrite(0,"\n",1);
    //调用周期性发送函数
   SampleApp_SendPeriodicMessage();
   osal_start_timerEx(SampleApp_TaskID,SAMPLEAPP_SEND_PERIODIC_MSG_EVT, 1000);
   return (events ^ SAMPLEAPP_SEND_PERIODIC_MSG_EVT);
}
```

如果事件 SAMPLEAPP_SEND_PERIODIC_MSG_EVT 发生，则 events & SAMPLEAPP_SEND_PERIODIC_MSG_EVT 为真，则先调用传感器驱动函数进行温湿度的采集，然后执行 SampleApp_SendPeriodicMessage()函数，向协调器发送采集到的温湿度数据，发送完数据后再定时 1s，同时通过 events ^ SAMPLEAPP_SEND_PERIODIC_MSG_EVT 清除数据，定时时间到达后，还会继续上述处理，这样就实现了周期性的发送数据。数据发送函数如下：

```
void SampleApp_SendPeriodicMessage ( void )
{
  uint8 T_H[4];                              //温湿度
  T_H[0]=wendu_shi+48;
  T_H[1]=wendu_ge%10+48;
  T_H[2]=shidu_shi+48;
  T_H[3]=shidu_ge%10+48;
  afAddrType_t   SampleApp_ Unicast _DstAddr;
SampleApp_ Unicast _DstAddr .addrMode=(afAddrMode_t)Addr16bit;
SampleApp_ Unicast _DstAddr.endPoint = SAMPLEAPP_ENDPOINT;
 SampleApp_ Unicast _DstAddr.addr.shortAddr = 0x0000;
  if ( AF_DataRequest( & SampleApp_ Unicast _DstAddr,
                        &SampleApp_epDesc,
                        SAMPLEAPP_PERIODIC_CLUSTERID,
                        4,
                        T_H,
                        &SampleApp_TransID,
```

```
                              AF_DISCV_ROUTE,
                              AF_DEFAULT_RADIUS ) == afStatus_SUCCESS )
    {
    }
}
```

在上述数据发送函数中，发送温湿度数据到协调器，因为协调器的网络地址是 0x0000，所以直接调用数据发送函数 AF_DataRequest()即可，在该函数的参数中确定了发送的目的地址是协调器地址 0x0000，发送模式是单播，发送的数据是存放温湿度的数组变量 T_H[4]，数据长度是 4。

6.4.2　下载和调试通信程序

将程序下载到 Zigbee 开发板之后，打开串口调试助手，波特率设为 115200，开启协调器和终端节点电源，当组网成功后，在串口调试助手上可以看到采集到的温湿度数据，如图 6-14 所示为采集到的温湿度数据，可以得知目前节点 1 附近的温湿度现在是 14 摄氏度和 40%。

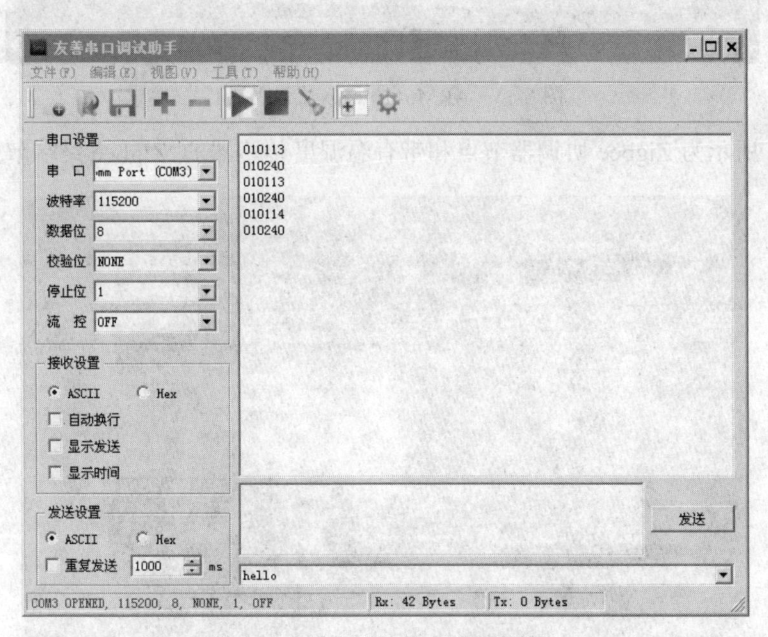

图 6-14　采集到的节点温湿度数据

6.5　温湿度实时数据曲线图程序设计

6.5.1　硬件设备平台构建

首先将带有串口的 Zigbee 协调器模块通过串口线连接至带有 Linux 操作系统的嵌入式设

备上，然后分别给嵌入式设备和带有温湿度传感器的 Zigbee 终端节点加电，如图 6-15 所示为 ARM6410 嵌入式设备硬件。

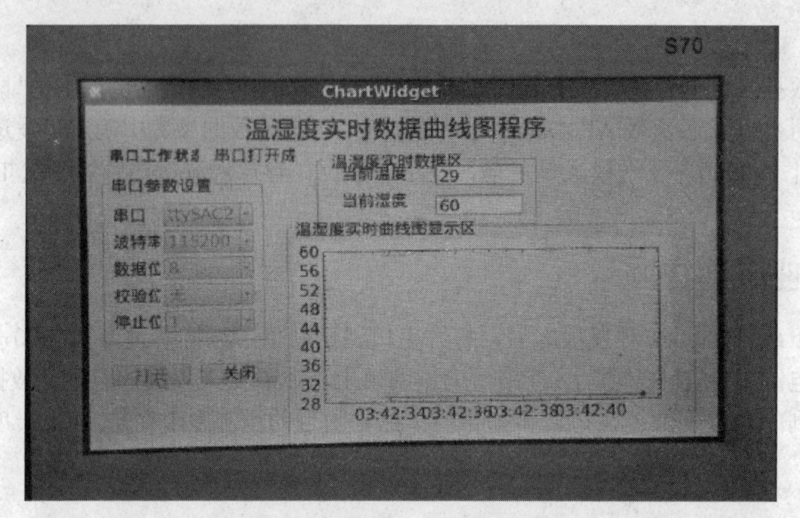

图 6-15　ARM6410 嵌入式设备硬件

如图 6-16 所示为 Zigbee 协调器节点和带有温湿度传感器的 Zigbee 终端节点。

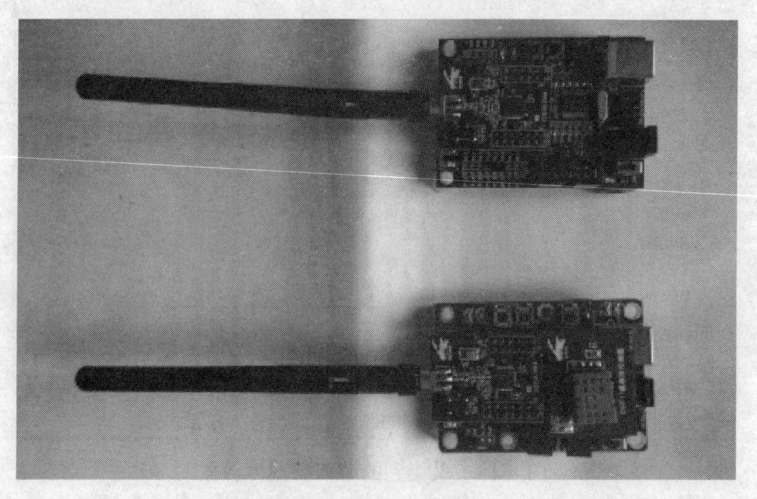

图 6-16　Zigbee 节点

6.5.2　串口工具测试 Zigbee 节点模块

首先将 Zigbee 协调器节点通过串口连接至宿主机上的串口，接着使用虚拟机上 Linux 系统打开 miniCom 串口调试工具，然后设置串口参数，最后获取从温湿度节点发送至协调器的数据，miniCom 串口调试工具接收到相应的温湿度数据信息，如图 6-17 所示。

```
root@whtc-desktop: ~
File Edit View Terminal Help
Compiled on Jan 25 2010, 06:49:09.
Port /dev/ttyS2

Press CTRL-A Z for help on special keys

30
AT S7=45 S0=0 L1 V1 X4 &c1 E1 Q0
010127
      010288
            010127
                  010288
                        010127
                              010288
                                    010127
                                          010288
                                                010127
                                                      010288
                                                            010127
                                                                  010288
                                                                        010127
                                                                              08
                                                                               7
                                                                               8
```

图 6-17　miniCom 接收温湿度数据

6.5.3　功能模块设计

Zigbee 采集控制系统功能模块分成两个部分，一个是温度采集模块，另一个是湿度采集模块，如图 6-18 所示为软件功能模块设计结构图。

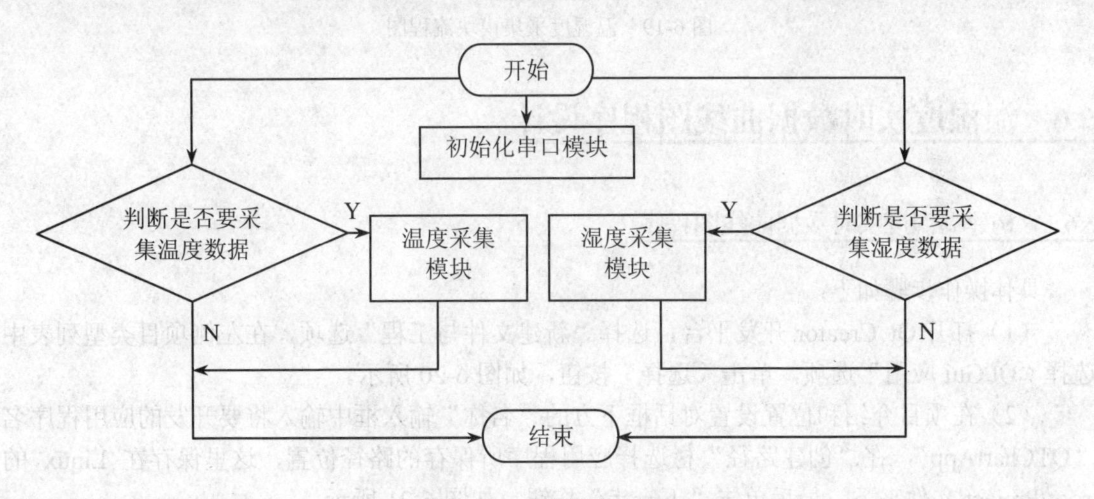

图 6-18　功能模块结构图

温湿度采集模块包括温度数据采集和湿度数据采集显示。这里温湿度传感器实时采集温湿度数据信息，周期性的通过 Zigbee 网络发送至 Zigbee 协调器，由 Zigbee 协调器通过 RS-232 串口发送给设备端进行解析处理，并显示在 Qt 图形交互界面上。如图 6-19 所示为温湿度采集模块流程图。

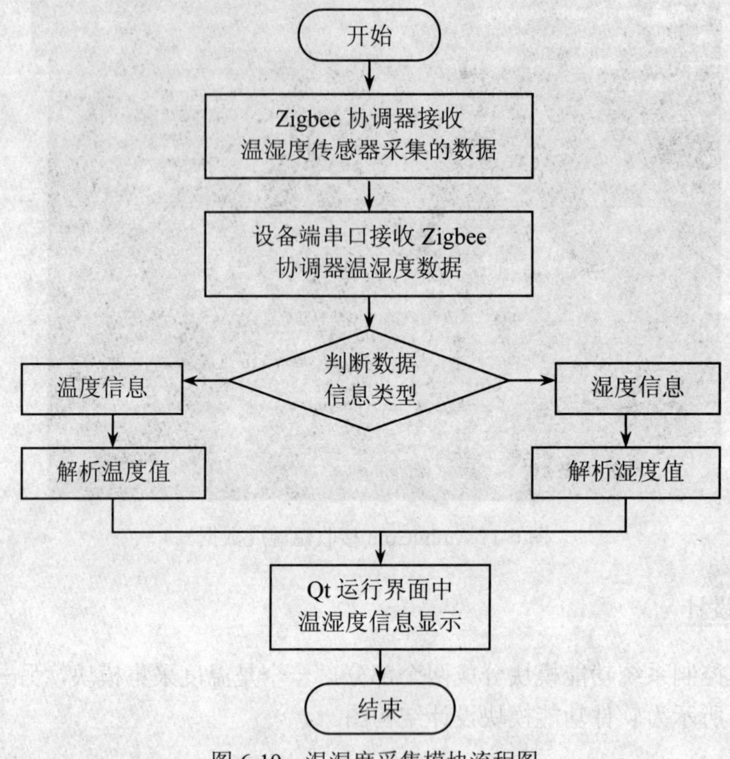

图 6-19　温湿度采集模块流程图

6.6　温湿度实时数据曲线图程序设计

6.6.1　构建温湿度实时数据曲线图程序

具体操作步骤如下：

（1）打开 Qt Creator 开发平台，选择“新建文件与工程”选项，在左侧项目类型列表中选择“Qt Gui 应用”选项，单击“选择”按钮，如图 6-20 所示。

（2）在项目介绍和位置设置对话框下方的“名称”输入框中输入将要开发的应用程序名“QTChartApp”，在“创建路径”栏选择应用程序所保存的路径位置，这里保存在 Linux 的 /root/Project 文件夹下，最后单击“下一步”按钮，如图 6-21 所示。

（3）在目标设置对话框中，勾选 Embedded Linux 复选框，这里有四项选择，其中 Qt 4.8.5（Qt-4.8.5）release 和 Qt 4.8.5（Qt-4.8.5）debug 版本能够使程序利用桌面版面的 Qt 库在 PC 机上先进行编译调试程序代码功能，当程序各项功能测试通过之后，选择 Qt 4.8.5（Embedded-4.8.5-arm）release 和 Qt 4.8.5（Embedded-4.8.5-arm）debug 版本，将程序交叉编译为目标平台可执行代码，设置完成之后，单击“下一步”按钮，如图 6-22 所示。

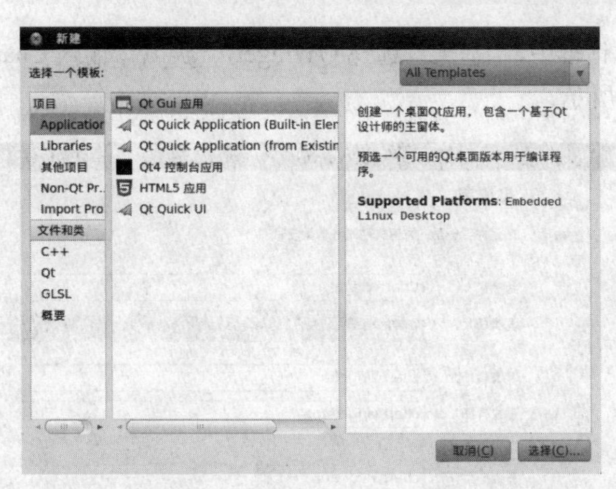

图 6-20　新建 Qt Gui 应用模板

Qt Gui 应用

位置
目标
详情
汇总

项目介绍和位置

本向导将创建一个Qt4 GUI应用项目，应用程序默认继承自QApplication并且包含一个空白的窗体。

名称: QTChartApp

创建路径: /root/Project　浏览...

设为默认的工程路径

下一步(N) >　取消

图 6-21　设置项目名称与路径

图 6-22　选择 PC 版本和 ARM 版本的 Qt 库

（4）在类信息对话框中，“基类”选择 QWidget，“类名”输入 ChartWidget，单击“下一步”按钮，如图 6-23 所示。

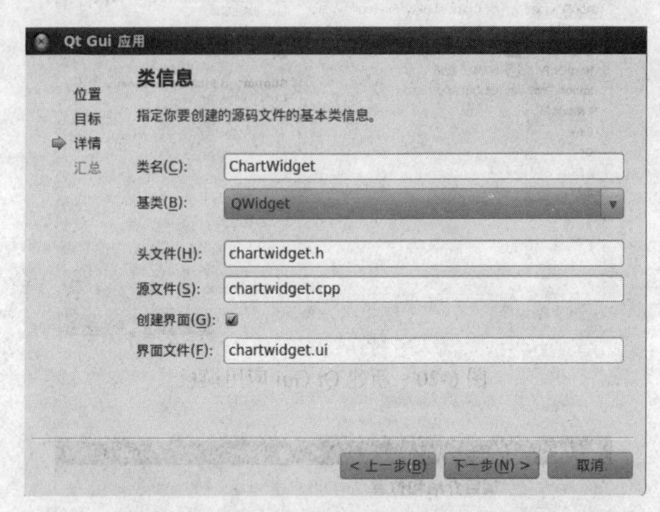

图 6-23　设置类名及基类

（5）当项目参数设置完成之后，QTChartApp 工程项目创建完成，如图 6-24 所示。

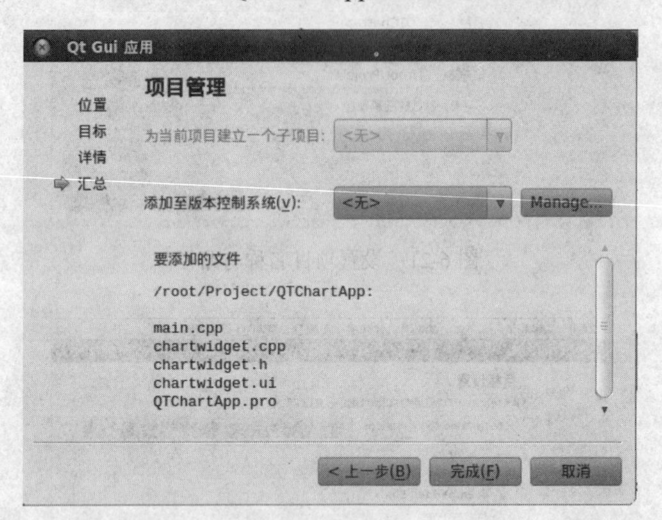

图 6-24　QTChartApp 工程项目创建完成

6.6.2　嵌入式网关串口通信界面设计

1. 串口通信部分界面设计

（1）当 QTChartApp 程序工程项目创建完成之后，在项目栏中显示如图 6-25 所示的项目工程文件。

图 6-25　QTChartApp 程序工程项目文件

（2）在前一个 GPS 定位程序项目中，已详细讲解了串口通信界面的设计步骤，此处不再赘述，设计完成之后如图 6-26 所示。

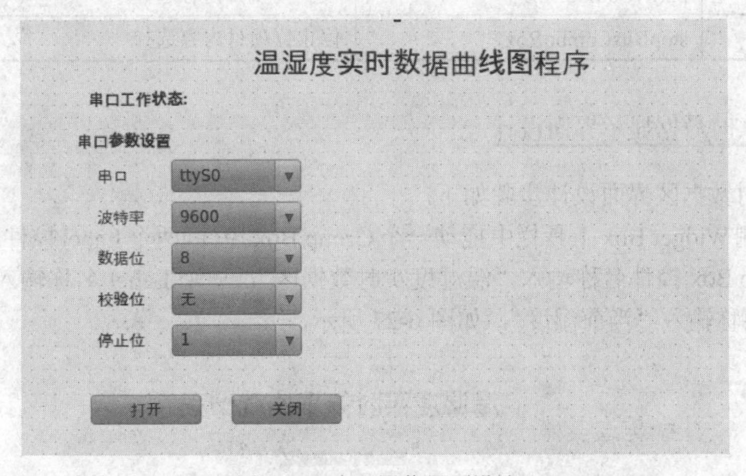

图 6-26　串口通信界面设计

2. 进行规范命名

将图 6-26 中主要控件进行规范命名，按表 6-2 进行说明。

表 6-2　程序各项控件说明

控件名称	命名	说明
PushButton	StartChartbtn	打开串口设备
PushButton	StopChartbtn	关闭串口设备
Label	titlelabel	程序标题为“温湿度实时数据曲线图程序”
Label	labelstatus	串口工作状态
Label	statusBar	显示串口打开或者关闭状态
GroupBox	GroupBoxchart	组名称为 SMS 串口参数设置
Label	labelCom	串口名称

续表

控件名称	命名	说明
Label	Labelbaud	波特率名称
Label	labeldatabits	数据位名称
Label	labelparity	校验位名称
Label	labelstopBits	停止位名称
ComboBox	portNameComboBox	串口项目内容选择
ComboBox	baudRateComboBox	波特率项目内容选择
ComboBox	dataBitsComboBox	数据位项目内容选择
ComboBox	parityComboBox	校验位项目内容选择
ComboBox	stopBitsComboBox	停止位项目内容选择

6.6.3 温湿度实时数据显示界面设计

温湿度实时数据区界面设计步骤如下：

（1）从左侧 Widget Box 工具栏中拖动一个 Group Box 控件，两个 Label 控件和两个 LineEdit 控件，将 Group Box 控件名称输入“温湿度实时数据区”，一个 Label 名称输入“当前温度”，另一个 Label 名称输入“当前湿度”，如图 6-27 所示。

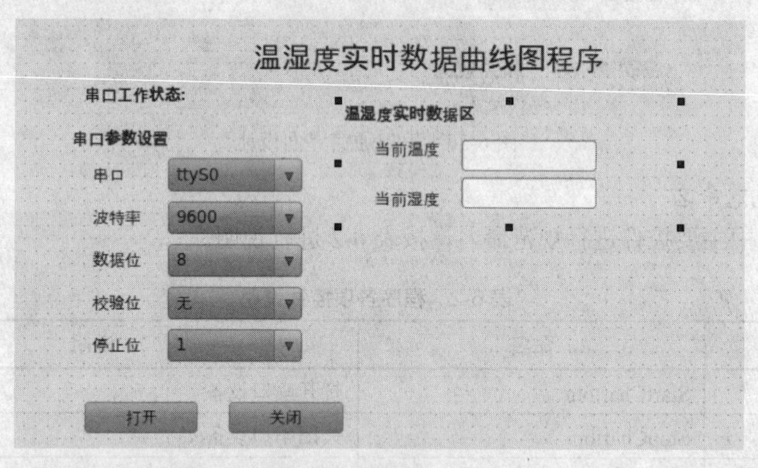

图 6-27 温湿度实时数据区界面设计

（2）选择其中一个 LineEdit 控件，在 Qt 设计界面的属性编辑器中，将 objectName 值设为 lineEdittemp，表示温度值显示的变量命名为 lineEdittemp，如图 6-28 所示。

（3）选择另一个 LineEdit 控件，在 Qt 设计界面的属性编辑器中，将 objectName 值设为 lineEdithum，表示湿度值显示的变量命名为 lineEdithum，如图 6-29 所示。

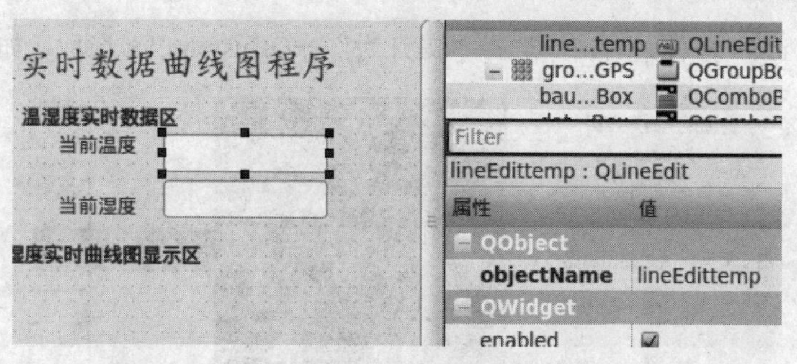

图 6-28　设置温度变量

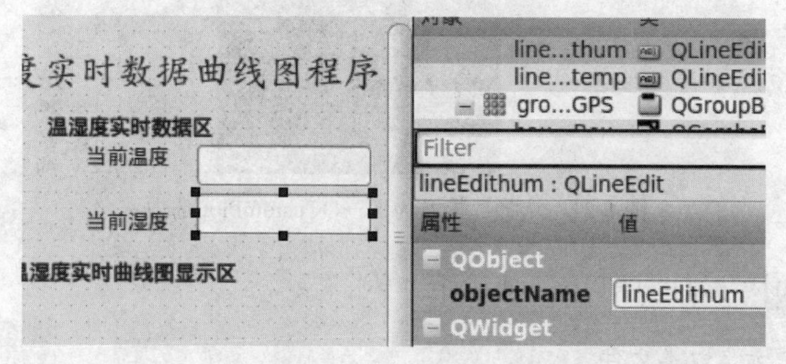

图 6-29　设置湿度变量

6.6.4　温湿度实时数据曲线图界面设计

温湿度实时数据曲线图界面设计步骤如下：

（1）从左侧 Widget Box 工具栏中拖动一个 Group Box 控件和一个 widget 控件，将 Group Box 控件名称输入“温湿度实时曲线图显示区”，如图 6-30 所示。

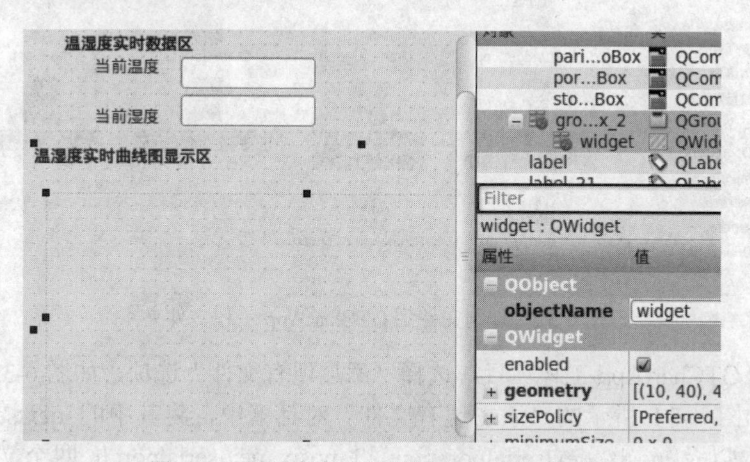

图 6-30　温湿度实时曲线图显示区界面设计

（2）选择 widget 控件，右击，选择“提升为”→QCustomPlot 选项，如图 6-31 所示。

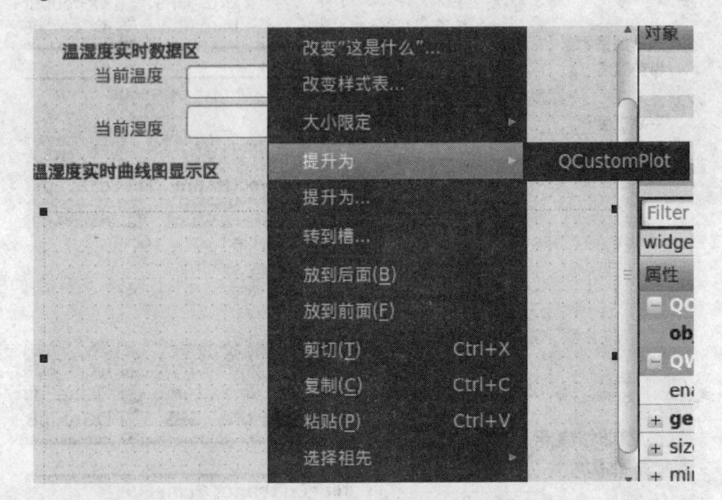

图 6-31　选择“提升为”→QCustomPlot 选项

6.6.5　温湿度实时数据曲线图程序功能设计

1. 添加第三方串口类文件

在 Linux 系统下需要将 qextserialbase.cpp 和 qextserialbase.h 以及 posix_qextserialport.cpp 和 posix_qextserialport.h 这四个文件导入到 QTSMSApp 工程项目中。

（1）将四个文件分别复制添加到 QTChartApp 工程项目文件夹中，如图 6-32 所示。

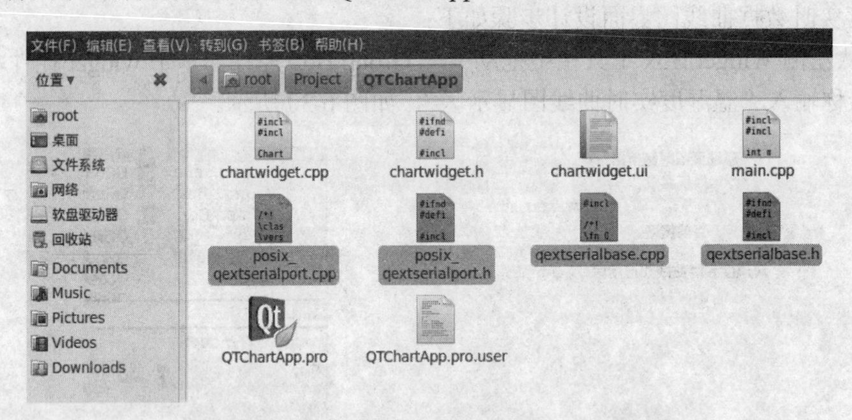

图 6-32　复制文件到 QTChartApp 工程文件夹

（2）右击 QTChartApp 工程项目，选择“添加现有文件”选项，如图 6-33 所示。

（3）在如图 6-34 所示的“添加现有文件”对话框中，将其中的 qextserialbase.cpp 和 qextserialbase.h 以及 posix_qextserialport.cpp 和 posix_qextserialport.h 四个文件分别添加到 QTChartApp 工程项目对应的文件夹中，单击“打开”按钮。

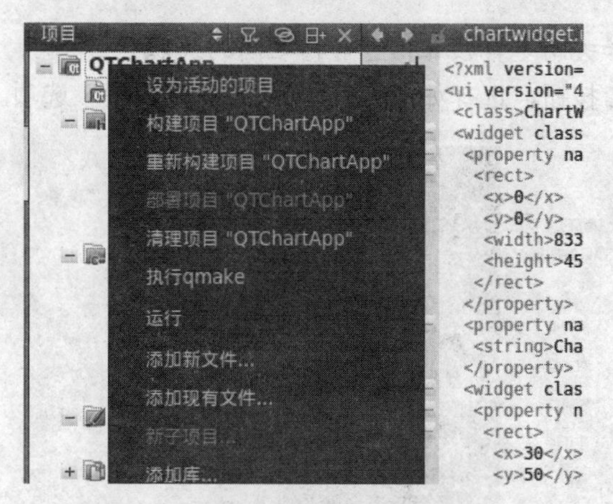

图 6-33　选择“添加现有文件”选项

图 6-34　添加文件到 QTChartApp 工程文件夹

（4）添加完成之后，可以看到 QTChartApp 工程文件夹项目中已添加完成的四个串口文件，如图 6-35 所示。

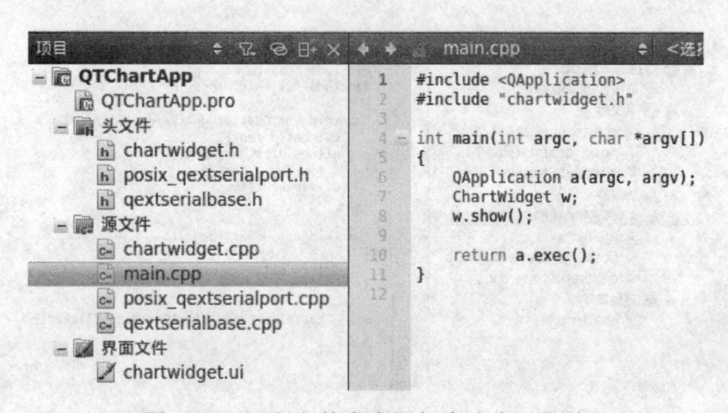

图 6-35　工程文件夹中添加完成串口文件

2. 构建打开串口和关闭串口按钮信号与槽之间的关联

（1）右击“打开”按钮，选择如图 6-36 所示的“转到槽”选项。

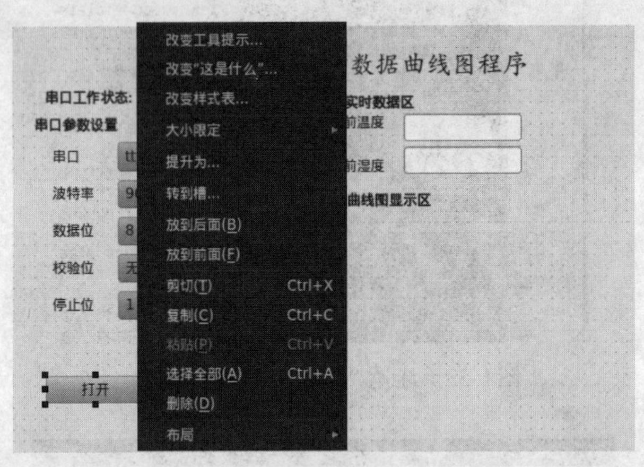

图 6-36　选择“转到槽”选项

（2）在“转到槽”对话框中，选择 clicked()信号，单击“确定”按钮，如图 6-37 所示。

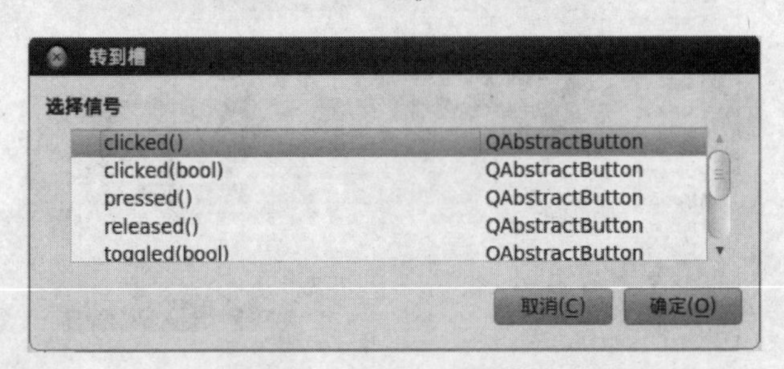

图 6-37　选择 clicked()信号

（3）当 clicked()信号选择完成之后，系统会自动将 on_Startsmsbtn_clicked()槽与 clicked()信号产生关联，自动产生的关联代码如图 6-38 所示。

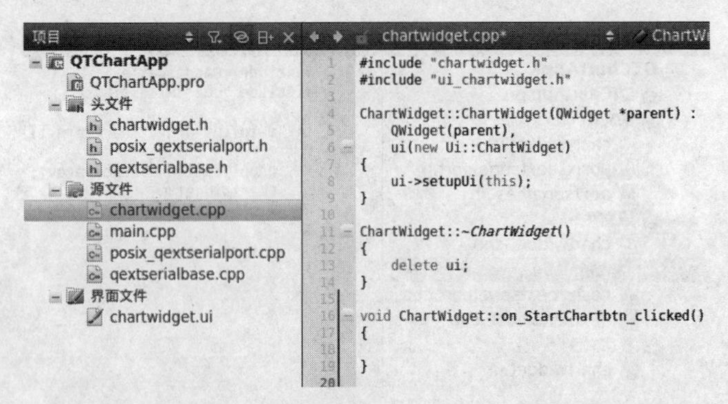

图 6-38　构建完成“打开”按钮槽

（4）继续同样的操作完成关闭按钮信号和槽之间的关联，完成之后，系统会自动将 on_StopChartbtn_clicked()槽与 clicked()信号产生关联，自动产生的关联代码如图 6-39 所示。

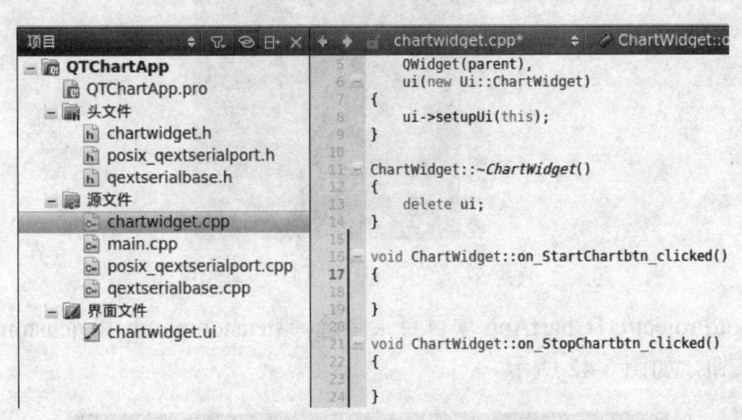

图 6-39　构建完成“关闭”按钮槽

3．添加 Qt 第三方库 QCustomPlot

QCustomPlot 是一个用于制作图形和图表，以及提供实时可视化应用程序的高性能绘图图表 Qt C++控件。它是一个超强超小巧的 Qt 绘图类，非常漂亮，易用，只需要加入一个 qcustomplot.h 和 qcustomplot.cpp 文件即可使用，本项目的温湿度曲线图绘制即采用 QCustomPlot 实现。

（1）将 qcustomplot.h 和 qcustomplot.cpp 文件拷贝至/root/Project/QTChartApp 项目目录下，如图 6-40 所示。

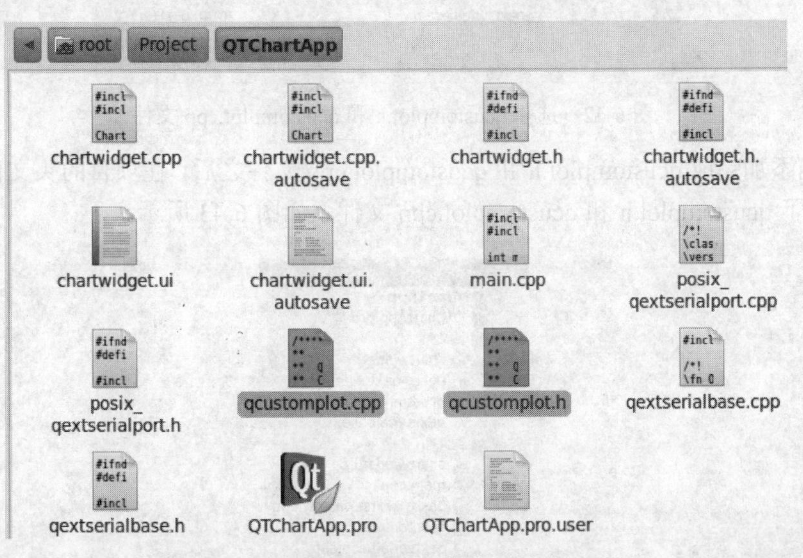

图 6-40　QCustomPlot 库文件拷贝至项目目录

（2）右击 QTChartApp 项目，选择“添加现有文件”选项，如图 6-41 所示。

图 6-41 “添加现有文件”选项

（3）在/root/Project/QTChartApp 项目目录中选择 qcustomplot.h 和 qcustomplot.cpp 文件，单击“打开”按钮，如图 6-42 所示。

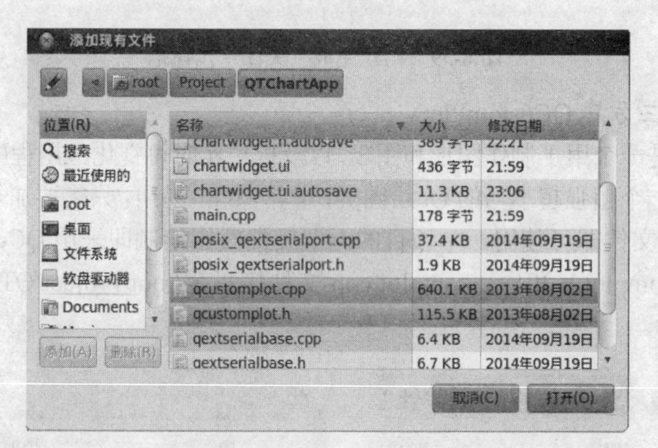

图 6-42 选择 qcustomplot.h 和 qcustomplot.cpp 文件

（4）当添加完成 qcustomplot.h 和 qcustomplot.cpp 文件之后，在项目的头文件和源文件中即分别增加了 qcustomplot.h 和 qcustomplot.cpp 文件，如图 6-43 所示。

图 6-43 添加完成 qcustomplot.h 和 qcustomplot.cpp 文件

（5）这时.pro 文件会添加上 qcustomplot.cpp 和 qcustomplot.h 这两个文件，由于使用到打印相关，所以需要加入 printsupport，在原有的 widgets 后面加入“QT += widgets printsupport”即可，这时就可以使用 QCustomPlot 进行曲线绘制，如图 6-44 所示。

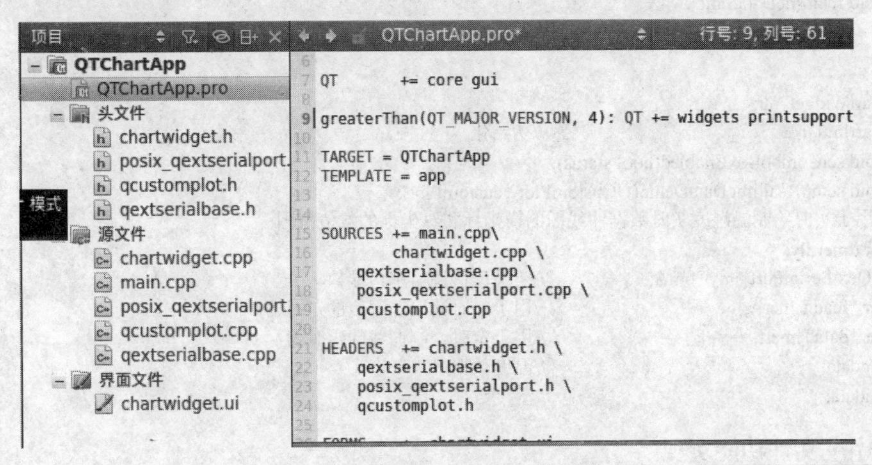

图 6-44 设置工程.pro 文件属性

6.7 温湿度实时数据曲线图程序代码功能实现

前面所介绍的是针对项目的界面和功能进行整体设计的，现在从代码实现角度详细讲解温湿度实时数据曲线图的各项功能。

6.7.1 程序头文件功能实现

程序 chartwidget.h 文件代码功能实现

（1）打开 chartwidget.h 文件，在头部加上相关的 include 文件和#define 宏定义，具体如下：

```
#include <QWidget>
#include "posix_qextserialport.h"
#include <QMessageBox>
#include <QFile>
#include <QTimer>
#include "qcustomplot.h"
#define TIME_OUT 10                //延时，TIME_OUT 是串口读写的延时
#define TIMER_INTERVAL 500         //读取定时器计时间隔，500ms
```

（2）建立私有类型的槽，其中 void on_StartChartbtn_clicked()和 void on_StopChartbtn_clicked()槽方法是系统自动产生的，不需要用户自定义，这里只需自定义一个 readMyComA()槽方法，它与定时器 timeout 信号产生关联，用于定时读取从 Zigbee 协调器发送的温湿度数据，另一个是 realtimeDataSlot()槽方法，它与定时器 timeout 信号产生关联，用于将实时温湿度数据在曲线图上进行绘制，具体如下：

```
private slots:
    void on_StartChartbtn_clicked();
    void on_StopChartbtn_clicked();
    void readMyComA();                         //读取串口
    void realtimeDataSlot();
```

（3）私有变量定义如下：

```
private:
Ui::ChartWidget *ui;
void startInit();                              //初始化
    void setComboBoxEnabled(bool status);
    void setupRealtimeDataDemo(QCustomPlot *customPlot);
    //用于实时绘制温湿度实时数据曲线图的横坐标和纵坐标的数值范围
    int timerdly;
Posix_QextSerialPort *myComA;                  //定义读协调器串口端口
QTimer *readTimerA;                            //用于定时读取温湿度的定时器
QTimer *dataTimer;                             //用于定时绘制曲线的定时器
int tempdata;                                  //温度数据
int humdata;                                   //湿度数据
```

6.7.2 程序主文件功能实现

1. chartwidget.cpp 文件代码功能实现

项目中 chartwidget.cpp 文件框架结构如下：

```
#include "chartwidget.h"
#include "ui_chartwidget.h"
#include <QDebug>
#include <QPainter>
#include <QDesktopWidget>
#include <QScreen>
#include <QMessageBox>
#include <QMetaEnum>

ChartWidget::ChartWidget(QWidget *parent) :            //构造方法
    QWidget(parent),
    ui(new Ui::ChartWidget)
{
    ui->setupUi(this);
}
void ChartWidget::startInit()          //初始化“打开”和“关闭”按钮以及实例化定时器并建立信号和槽的关联
{
}
void ChartWidget::setComboBoxEnabled(bool status)       //设置 ComboBox 控件的可用性
{
}
ChartWidget::~ChartWidget()                            //析构方法
{
    delete ui;
}
```

```
void ChartWidget::on_StartChartbtn_clicked()        //打开串口方法
{
}
void ChartWidget::readMyComA()                      //用于定时读取从 Zigbee 协调器发送的温湿度数据
{
}
void ChartWidget::setupRealtimeDataDemo(QCustomPlot *customPlot)
//用于实时绘制温湿度数据曲线图的横坐标和纵坐标的数值范围
{
}
void ChartWidget::realtimeDataSlot()                //用于将实时温湿度数据在曲线图上进行定时绘制
{
}
void ChartWidget::on_StopChartbtn_clicked()         //关闭串口方法
{
}
```

2. 方法说明

（1）ChartWidget 构造方法。当实例化 ChartWidget 类对象时，执行 ChartWidget 构造方法，在构造方法中，首先调用 startInit()方法执行初始化操作，包括“打开”和“关闭”按钮以及用于定时读取协调器数据的定时器对象构建等操作，接着将串口状态开始设置为串口关闭，然后将实时数据曲线图的坐标范围进行设定，最后再构建一个进行实时绘制数据曲线图的定时器对象。具体代码如下：

```
ChartWidget::ChartWidget(QWidget *parent) :
    QWidget(parent),
    ui(new Ui::ChartWidget)
{
    ui->setupUi(this);
    startInit();
    ui->statusBar->setText(tr("串口关闭"));
    setGeometry(400, 250, 542, 390);
    dataTimer = new QTimer(this);
    connect(dataTimer, SIGNAL(timeout()), this, SLOT(realtimeDataSlot()));
}
```

（2）startInit 方法。此方法首先设置“打开”按钮可用，“关闭”按钮不可用，然后创建定时器对象，并设置读取定时器计时间隔，最后通过 connect 函数构建定时器信号和槽之间的关联。具体代码如下：

```
void ChartWidget::startInit()
{
  ui->StartChartbtn->setEnabled(true);
  ui->StopChartbtn->setEnabled(false);
    //初始化读取定时器计时间隔
    timerdly = TIMER_INTERVAL;
    //设置读取计时器
    readTimerA = new QTimer(this);
connect(readTimerA, SIGNAL(timeout()), this, SLOT(readMyComA()));
}
```

（3）setComboBoxEnabled 方法。此方法通过传入的 bool 类型参数设置串口名称、波特率、数据位、校验位以及停止位的 ComboBox 控件项是否可用。如果传入 true 值，ComboBox 控件项可以选择，否则不可使用。具体代码如下：

```
void ChartWidget::setComboBoxEnabled(bool status)
{
    ui->portNameComboBox->setEnabled(status);
    ui->baudRateComboBox->setEnabled(status);
    ui->dataBitsComboBox->setEnabled(status);
    ui->parityComboBox->setEnabled(status);
    ui->stopBitsComboBox->setEnabled(status);
}
```

（4）on_StartChartbtn_clicked 方法。当单击“打开”按钮时执行此方法，首先选择串口名称，接着以查询方式创建串口对象，然后设置波特率、数据位、校验位、停止位、数据流控制以及读取的延迟时间，最后开启定时器，进行间隔读取协调器从串口发送过来的温湿度数据，另外再调用 setupRealtimeDataDemo 方法进行实时数据曲线图绘制。具体代码如下：

```
void ChartWidget::on_StartChartbtn_clicked()
{
    QString portName = "/dev/" + ui->portNameComboBox->currentText();    //获取串口名
    myComA = new Posix_QextSerialPort(portName, QextSerialBase::Polling);
    //这里 QextSerialBase::QueryMode 应该使用 QextSerialBase::Polling
    if(myComA->open(QIODevice::ReadOnly)){
            ui->statusBar->setText(tr("串口打开成功"));
    }else{
            ui->statusBar->setText(tr("串口打开失败"));
        return;
    }
    //设置波特率
    myComA->setBaudRate((BaudRateType)ui->baudRateComboBox->currentIndex());
    //设置数据位
    myComA->setDataBits((DataBitsType)ui->dataBitsComboBox->currentIndex());
    //设置校验位
    myComA->setParity((ParityType)ui->parityComboBox->currentIndex());
    //设置停止位
    myComA->setStopBits((StopBitsType)ui->stopBitsComboBox->currentIndex());
    //设置数据流控制
    myComA->setFlowControl(FLOW_OFF);
    //设置延时
    myComA->setTimeout(TIME_OUT);
    setComboBoxEnabled(false);
    readTimerA->start(TIMER_INTERVAL);
    ui->StartChartbtn->setEnabled(false);
    ui->StopChartbtn->setEnabled(true);
    setupRealtimeDataDemo(ui->customPlot);
}
```

（5）readMyComA 方法。当串口缓冲区有数据时，进行 readMyCom()读串口操作。从串口读出数据之后，首先判断数据是否为空，当不为空时，再判断字符串是否以“0101”开始，如果成立，则取 0101 后面的两位字符，代表温度数据。然后判断“0102”字符串是否存在，如果成立，则取 0102 后面的两位字符，代表湿度数据。具体代码如下：

```
void ChartWidget::readMyComA()
{
    QByteArray temp = myComA->readAll();
    QString   str=QString(temp);
    bool ok;
    if(!temp.isEmpty())
    {
        if(str.indexOf("0101")>=0)
         {
            QString   temprature=str.mid((str.indexOf("0101")+4),2);
            ui->lineEdittemp->setText(temprature);
            tempdata=temprature.toInt(&ok);
            setupRealtimeDataDemo(ui->customPlot);
         }
          if(str.indexOf("0102")>=0)
        {
            QString   humidity=str.mid((str.indexOf("0102")+4),2);
            ui->lineEdithum->setText(humidity);
            humdata=humidity.toInt(&ok);
            qDebug()<<humdata;
        }
    }
}
```

（6）setupRealtimeDataDemo 方法。此方法在执行过程中，通过 addGraph 即可添加一个曲线图层，在图层上设置画笔颜色、时间格式、绘制风格，构建用于实时改变 X 和 Y 轴范围的信号和槽的关联，最后实时曲线绘制开启定时器对象。具体代码如下：

```
void ChartWidget::setupRealtimeDataDemo(QCustomPlot *customPlot)
{
#if QT_VERSION < QT_VERSION_CHECK(4, 7, 0)
  QMessageBox::critical(this, "", "You're using Qt < 4.7, the realtime data demo needs functions that are available with Qt
  4.7 to work properly");
#endif
 // demoName = "Real Time Data Demo";
  customPlot->addGraph();                                              // blue line
  customPlot->graph(0)->setPen(QPen(Qt::blue));
  customPlot->graph(0)->setBrush(QBrush(QColor(240, 255, 200)));
  customPlot->graph(0)->setAntialiasedFill(false);
  customPlot->addGraph();                                              // red line
  customPlot->graph(1)->setPen(QPen(Qt::red));
  customPlot->graph(0)->setChannelFillGraph(customPlot->graph(1));
  customPlot->addGraph();                                              // blue dot
  customPlot->graph(2)->setPen(QPen(Qt::blue));
  customPlot->graph(2)->setLineStyle(QCPGraph::lsNone);
  customPlot->graph(2)->setScatterStyle(QCPScatterStyle::ssDisc);
  customPlot->addGraph();                                              // red dot
```

```
    customPlot->graph(3)->setPen(QPen(Qt::red));
    customPlot->graph(3)->setLineStyle(QCPGraph::lsNone);
    customPlot->graph(3)->setScatterStyle(QCPScatterStyle::ssDisc);
    customPlot->xAxis->setTickLabelType(QCPAxis::ltDateTime);
    customPlot->xAxis->setDateTimeFormat("hh:mm:ss");
    customPlot->xAxis->setAutoTickStep(false);
    customPlot->xAxis->setTickStep(2);
    customPlot->axisRect()->setupFullAxesBox();
    // make left and bottom axes transfer their ranges to right and top axes:
    connect(customPlot->xAxis, SIGNAL(rangeChanged(QCPRange)), customPlot->xAxis2, SLOT(setRange(QCPRange)));
    connect(customPlot->yAxis, SIGNAL(rangeChanged(QCPRange)), customPlot->yAxis2, SLOT(setRange(QCPRange)));
    // setup a timer that repeatedly calls MainWindow::realtimeDataSlot:
    dataTimer->start(10);                    // Interval 10 means to refresh as fast as possible
}
```

（7）realtimeDataSlot 方法。此方法在执行过程中，提供曲线绘制需要的温湿度数据，然后设置 X、Y 轴的范围，最后调用 replot 函数使图像进行重绘。具体代码如下：

```
void ChartWidget::realtimeDataSlot()
{
    // calculate two new data points:
#if QT_VERSION < QT_VERSION_CHECK(4, 7, 0)
    double key = 0;
#else
    double key = QDateTime::currentDateTime().toMSecsSinceEpoch()/1000.0;
#endif
    static double lastPointKey = 0;
    if (key-lastPointKey > 0.01) // at most add point every 10 ms
    {
      // add data to lines:
      ui->customPlot->graph(0)->addData(key, tempdata);
      ui->customPlot->graph(1)->addData(key, humdata);
      // set data of dots:
      ui->customPlot->graph(2)->clearData();
      ui->customPlot->graph(2)->addData(key, tempdata);
      ui->customPlot->graph(3)->clearData();
      ui->customPlot->graph(3)->addData(key, humdata);
      // remove data of lines that's outside visible range:
      ui->customPlot->graph(0)->removeDataBefore(key-8);
      ui->customPlot->graph(1)->removeDataBefore(key-8);
      // rescale value (vertical) axis to fit the current data:
      ui->customPlot->graph(0)->rescaleValueAxis();
      ui->customPlot->graph(1)->rescaleValueAxis(true);
      lastPointKey = key;
    }
    // make key axis range scroll with the data (at a constant range size of 8):
    ui->customPlot->xAxis->setRange(key+0.5, 10, Qt::AlignRight);
   // ui->customPlot->xAxis->setRange(10, 8, Qt::AlignRight);
    ui->customPlot->replot();
}
```

（8）on_StopChartbtn_clicked 方法。当单击“关闭”按钮时执行此方法，首先将串口对象进行关闭，接着删除串口对象，关闭定时器，停止读取串口数据，然后再将定时绘制实时数据曲线图的定时器关闭，最后将界面控件状态还原成初始状态。具体代码如下：

```
void ChartWidget::on_StopChartbtn_clicked()
{
    myComA->close();
    delete myComA;
    dataTimer->stop();
    readTimerA->stop();
    ui->statusBar->setText(tr("串口关闭"));
    setComboBoxEnabled(true);
    ui->StartChartbtn->setEnabled(true);
    ui->StopChartbtn->setEnabled(false);
}
```

6.8　温湿度实时数据曲线图程序编译运行

6.8.1　桌面 PC 版程序编译运行

1．桌面 PC 版程序编译

（1）单击左侧一栏“项目”选项，右侧出现如图 6-45 所示的桌面 Qt 版本选项，这里选择桌面 Qt 版本中的 Qt 4.8.5（Qt-4.8.5）调试选项进行编译运行。

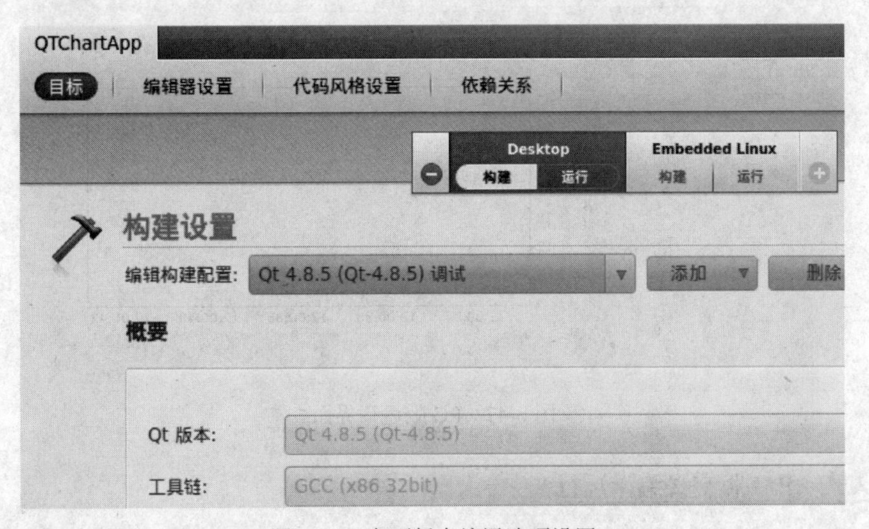

图 6-45　桌面版本编译选项设置

（2）单击左侧一栏的红色三角形按钮，进行程序编译，如图 6-46 所示。

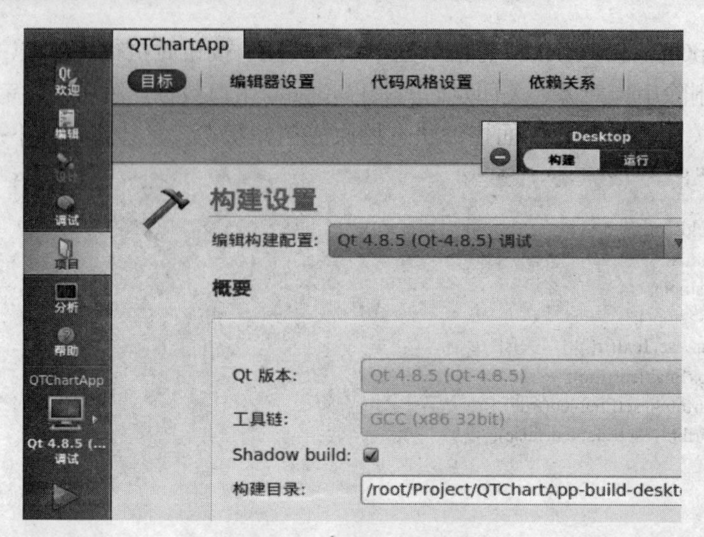

图 6-46　PC 版程序编译

2. 桌面 PC 版程序运行

如果编译成功，则运行显示如图 6-47 所示的程序界面，这里串口名为 ttyS1。

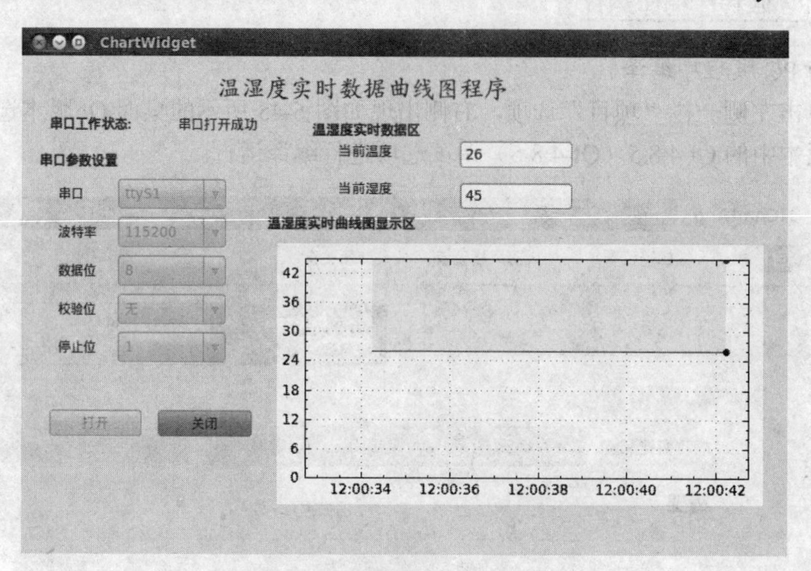

图 6-47　PC 版运行界面

6.8.2　嵌入式 ARM 版交叉编译运行

1. ARM 版程序编译

（1）单击左侧一栏的“项目”选项，在目标界面上选择 Embedded Linux 中的“构建”选项，如图 6-48 所示。

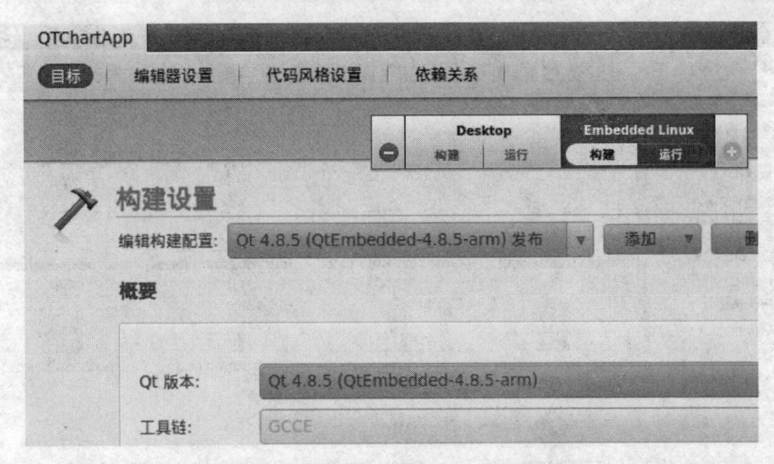

图 6-48　选择 Embedded Qt 版本编译

（2）单击左侧一栏下面的“锤子”图标，进行 ARM 版本的 Qt 程序编译，如图 6-49 所示。

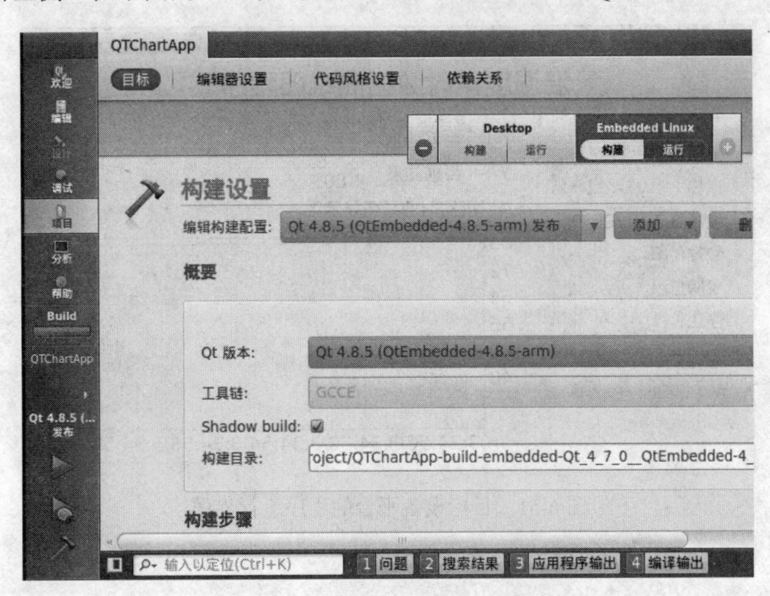

图 6-49　执行 ARM 版本的 Qt 程序编译

（3）ARM 版本的 Qt 程序编译完成之后，在 ARM 版本的项目目录下生成在 ARM 硬件平台下运行的可执行文件 QTChartApp，如图 6-50 所示。

2. ARM 版程序下载运行

将针对目标硬件平台的 QTChartApp 可执行文件，拷贝至 SD 卡中，然后通过串口线缆连接 PC 开发机（宿主机）和嵌入式设备（目标机），通过 PC 开发机超级终端进行串口通信，显示设备上的 Linux 系统文件，执行相应命令运行 QTChartApp 可执行文件（可以参考 2.4 节“Linux 平台下 Qt 程序编译运行”部分内容），运行界面如图 6-51 所示。

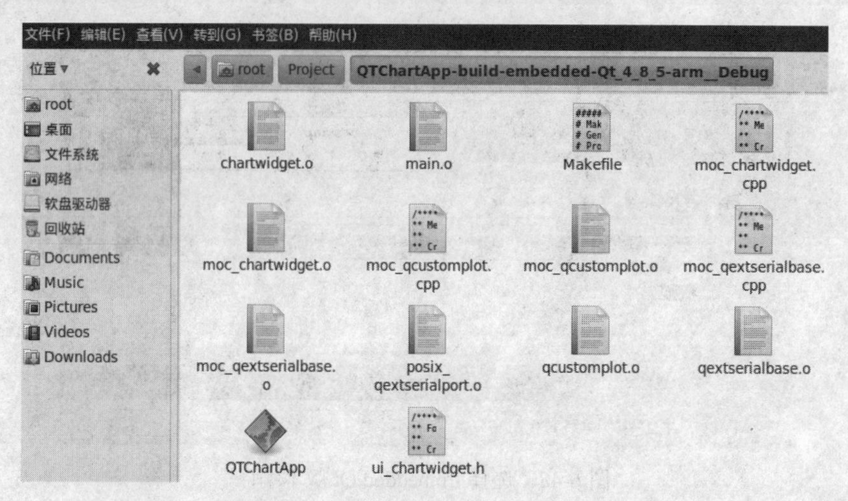

图 6-50　生成 QTChartApp 可执行文件

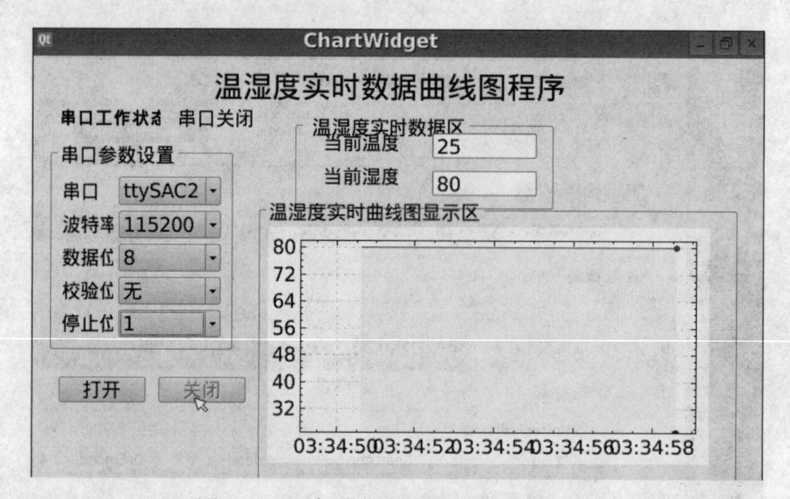

图 6-51　目标设备平台的程序运行界面

附　录

附录 1　电子相册程序实现源码

（1）main.cpp 源代码如下：

```
#include <QApplication>
#include "photowidget.h"

int main(int argc, char *argv[])
{
    QApplication a(argc, argv);
    PhotoWidget w;
    w.show();

    return a.exec();
}
```

（2）photowidget.h 源代码如下：

```
#ifndef PHOTOWIDGET_H
#define PHOTOWIDGET_H
#include <QWidget>
#include <QStringList>
#include <QString>
#include <QTimer>
#include <QLabel>
#include <QPixmap>
#include <QPalette>
#include <QMatrix>
#include <QString>
#include <QImage>
#include <QBrush>
#include <QFileDialog>
#include <QMessageBox>

namespace Ui {
class PhotoWidget;
}

class PhotoWidget : public QWidget
{
    Q_OBJECT
public:
    explicit PhotoWidget(QWidget *parent = 0);
```

```
    ~PhotoWidget();

private slots:
    void on_Openbtn_clicked();
    void on_prevbtn_clicked();
    void on_Playbtn_clicked();
    void on_Stopbtn_clicked();
    void on_Nextbtn_clicked();
    void on_Enlargebtn_clicked();
    void on_Rotateleftbtn_clicked();
    void on_Rotaterightbtn_clicked();
    void on_Smallbtn_clicked();
     void displayImage();
private:
    Ui::PhotoWidget *ui;
    void InitSignalandSlot();
    QTimer *timer;
    QLabel *label;
    QPixmap pix;
    QMatrix matrix;
    int i,j;
    qreal w,h;                          //这个值很重要，它保证了要缩放图片的保真
    QString image_sum ,image_positon;
    QStringList imageList;              //保存图片路径
    QDir imageDir;
};

#endif // PHOTOWIDGET_H
```

（3）photowidget.cpp 源代码如下：

```
#include "photowidget.h"
#include "ui_photowidget.h"

Photowidget::photowidget(qwidget *parent) :
    qwidget(parent),
    ui(new ui::photowidget)
{
    ui->setupui(this);
    qimage image;
    image.load(":/image/mainbg.png");
    qpalette palette;
    palette.setbrush(this->backgroundrole(),qbrush(image));
    this->setpalette(palette);
    i=0;
    j=0;
    label = new qlabel(this);
    ui->scrollarea->setwidget(label);
    ui->scrollarea->setalignment(qt::aligncenter);
    ui->image_number->settext(tr("0 / 0"));
    timer = new qtimer(this);
```

```
    connect(timer,signal(timeout()),this,slot(displayimage()));
}
Photowidget::~photowidget()
{
    delete ui;
}
Void photowidget::on_openbtn_clicked()
{
    qstring dir = qfiledialog::getexistingdirectory(this,
                            tr("open directory"),qdir::currentpath(),
                            qfiledialog::showdirsonly | qfiledialog::dontresolvesymlinks);
        if(dir.isempty())
            return;
        imagedir.setpath(dir);
        qstringlist filter;
        filter<<"*.jpg"<<"*.bmp"<<"*.jpeg"<<"*.png"<<"*.xpm";
        imagelist = imagedir.entrylist(filter,qdir::files);        //返回 imagedir 里面的文件
        j=imagelist.size();
       image_sum = qstring::number(j);
        image_positon = qstring::number(0);
       ui->image_number->settext(tr("%1 / %2").arg(image_sum).arg(image_positon));
}
Void photowidget::displayimage()                        //定时器时间一到，执行图片显示
{
    pix.load(imagedir.absolutepath() +    qdir::separator() + imagelist.at(i));
          w = label->width();
          h = label->height();
        pix = pix.scaled(w,h,qt::ignoreaspectratio);//设置图片的大小和 label 的大小相同，注意：ignoreaspectratio 很重要
        label->setpixmap(pix);
          image_positon = qstring::number(i+1);
              i++;
        ui->image_number->settext(tr("%1 / %2").arg(image_sum).arg(image_positon));
        if(i==j)
            i=0;
}
Void photowidget::on_playbtn_clicked()
{
    timer->start(1000);
}
Void photowidget::on_stopbtn_clicked()
{
     timer->stop();
}
Void photowidget::on_prevbtn_clicked()
{
    timer->stop();
        i--;
        if(i<0)
        i=j-1;
```

```
            pix.load(imagedir.absolutepath() +    qdir::separator() + imagelist.at(i));
            w = label->width();
            h = label->height();
            pix = pix.scaled(w,h,qt::ignoreaspectratio);//设置图片的大小和 label 的大小相同，注意：ignoreaspectratio 很重要
            label->setpixmap(pix);
            image_positon = qstring::number(i+1);
            ui->image_number->settext(tr("%1 / %2").arg(image_sum).arg(image_positon));
}
Void photowidget::on_nextbtn_clicked()
{
        timer->stop();
            i++;
            if(i==j)                        //当播放图片大于总图片数时，跳回第一张
            i=0;
            pix.load(imagedir.absolutepath() +    qdir::separator() + imagelist.at(i));
            w = label->width();
            h = label->height();
            pix = pix.scaled(w,h,qt::ignoreaspectratio);//设置图片的大小和 label 的大小相同，注意：ignoreaspectratio 很重要
            label->setpixmap(pix);
            image_positon = qstring::number(i+1);
            ui->image_number->settext(tr("%1 / %2").arg(image_sum).arg(image_positon));
}

Void photowidget::on_enlargebtn_clicked()
{
      timer->stop();
            pix.load(imagedir.absolutepath() +    qdir::separator() + imagelist.at(i));
            w *= 1.2;
            h *= 1.2;
            pix = pix.scaled(w,h);            //设置图片的大小和 label 的大小相同，注意：ignoreaspectratio 很重要
            label->setpixmap(pix);
}

Void photowidget::on_rotateleftbtn_clicked()
{
      timer->stop();
          matrix.rotate(90);                    //旋转 90°
          pix = pix.transformed(matrix,qt::fasttransformation);
          pix = pix.scaled(label->width(),label->height(),qt::ignoreaspectratio);
          //设置图片大小为 label 的大小，否则就会出现滑动条
          label->setpixmap(pix);
}

Void photowidget::on_rotaterightbtn_clicked()
{
      timer->stop();
          matrix.rotate(-90);                   //旋转 90°
          pix = pix.transformed(matrix,qt::fasttransformation);
          pix = pix.scaled(label->width(),label->height(),qt::ignoreaspectratio);
        //设置图片大小为 label 的大小，否则就会出现滑动条
```

```
        label->setpixmap(pix);
}

Void photowidget::on_smallbtn_clicked()
{
    timer->stop();
        pix.load(imagedir.absolutepath() + qdir::separator() + imagelist.at(i));
        w *= 0.8;
        h *= 0.8;
        pix = pix.scaled(w,h);            //设置图片的大小和 label 的大小相同，注意：ignoreaspectratio 很重要
        label->setpixmap(pix);
}
```

附录 2　GPS 定位程序实现源码

（1）main.cpp 源代码如下：

```
#include <QApplication>
#include "gpswidget.h"
#include <QTextCodec>

int main(int argc, char *argv[])
{
    QApplication a(argc, argv);
    QTextCodec::setCodecForTr(QTextCodec::codecForName("utf8"));
    GPSWidget w;
    w.show();

    return a.exec();
}
```

（2）gpswidget.h 源代码如下：

```
#ifndef GPSWIDGET_H
#define GPSWIDGET_H
#include <QWidget>
#include "posix_qextserialport.h"
#include <QMessageBox>
#include <QTimer>

//延时，TIME_OUT 是串口读写的延时
#define TIME_OUT 10
//读取定时器计时间隔，200ms，读取定时器是读取串口缓存的延时
#define TIMER_INTERVAL 200

namespace Ui {
class GPSWidget;
}
class GPSWidget : public QWidget
{
```

```
    Q_OBJECT

public:
    explicit GPSWidget(QWidget *parent = 0);
    ~GPSWidget();
private slots:
    void on_StartGPSbtn_clicked();
    void on_StopGPSbtn_clicked();
    void readGpsData();                          //读 GPS 设备数据
private:
    Ui::GPSWidget *ui;
    void startInit();
    void setComboBoxEnabled(bool status);
    void GpsDisplay();                           //显示定位信息
    QString&   UTCtime(QString& u_time);
    QString&   UTCdate(QString& u_date);
    QString&   alt_position(QString& alt_str);
    QString&   lon_position(QString& lon_str);
    int timerdly;
    Posix_QextSerialPort *myGpsCom;              //定义读 GPS 端口
    QByteArray GPS_RMC;
    QList<QByteArray> Gps_list;                  //GPS 信息容器
    QTimer      *readTimer;                      //定义一个定时器
};

#endif // GPSWIDGET_H
```

（3）gpswidget.cpp 源代码如下：

```
#include "gpswidget.h"
#include "ui_gpswidget.h"

GPSWidget::GPSWidget(QWidget *parent) :
    QWidget(parent),
    ui(new Ui::GPSWidget)
{
    ui->setupUi(this);
   startInit();
   ui->statusBar->setText(tr("串口关闭"));
}
//初始化
void GPSWidget::startInit()
{
  ui->StartGPSbtn->setEnabled(true);
  ui->StopGPSbtn->setEnabled(false);
    //初始化读取定时器计时间隔
    timerdly = TIMER_INTERVAL;
    //设置读取计时器
    readTimer = new QTimer(this);
    connect(readTimer, SIGNAL(timeout()), this, SLOT(readGpsData()));
}
```

```
void GPSWidget::setComboBoxEnabled(bool status)
{
    ui->portNameComboBoxGPS->setEnabled(status);
    ui->baudRateComboBoxGPS->setEnabled(status);
    ui->dataBitsComboBoxGPS->setEnabled(status);
    ui->parityComboBoxGPS->setEnabled(status);
    ui->stopBitsComboBoxGPS->setEnabled(status);
}
GPSWidget::~GPSWidget()
{
    delete ui;
}
void GPSWidget::on_StartGPSbtn_clicked()
{
   QString portName = "/dev/" + ui->portNameComboBoxGPS->currentText();     //获取串口名
    myGpsCom = new Posix_QextSerialPort(portName, QextSerialBase::Polling);
    //这里 QextSerialBase::QueryMode 应该使用 QextSerialBase::Polling
    if(myGpsCom->open(QIODevice::ReadOnly)){
            ui->statusBar->setText(tr("串口打开成功"));
    }else{
            ui->statusBar->setText(tr("串口打开失败"));
        return;
    }
    //设置波特率
    myGpsCom->setBaudRate((BaudRateType)ui->baudRateComboBoxGPS->currentIndex());
    //设置数据位
    myGpsCom->setDataBits((DataBitsType)ui->dataBitsComboBoxGPS->currentIndex());
    //设置校验位
    myGpsCom->setParity((ParityType)ui->parityComboBoxGPS->currentIndex());
    //设置停止位
    myGpsCom->setStopBits((StopBitsType)ui->stopBitsComboBoxGPS->currentIndex());
    //设置数据流控制
    myGpsCom->setFlowControl(FLOW_OFF);
    //设置延时
    myGpsCom->setTimeout(TIME_OUT);
    setComboBoxEnabled(false);
    readTimer->start(TIMER_INTERVAL);
    ui->StartGPSbtn->setEnabled(false);
    ui->StopGPSbtn->setEnabled(true);
}
void GPSWidget::readGpsData()
{
    QByteArray GPS_Data = myGpsCom->readAll();
    if(!GPS_Data.isEmpty())
    {
      ui->textEditGPSData->append(GPS_Data);
      if(GPS_Data.contains("$GPRMC"))                    //读取 RMC 语句
      {
          GPS_Data.remove(0,GPS_Data.indexOf("$GPRMC"));
          if(GPS_Data.contains("*"))
```

```
            {
                GPS_RMC = GPS_Data.left(GPS_Data.indexOf("*"));
                //获得$GPRMC 句子的定位信息
                Gps_list.clear();
                Gps_list << GPS_RMC.split(',');
                //提取分隔符之间的信息，存入容器列表
                GpsDisplay();
            }
        }
    }
}

void GPSWidget::GpsDisplay()
{
    QString alt_str;//altitude value
    QString lon_str;//longtitude value
    QString u_date;//utc date value
    QString u_time;//utc time value
        ui->altitudedisplay->setText(alt_position(alt_str));
        ui->longtitudedisplay->setText(lon_position(lon_str));
        ui->speeddisplay->setText(Gps_list[7]);
        ui->datedisplay->setText(UTCdate(u_date));
        ui->timedisplay->setText(UTCtime(u_time));
        if(Gps_list[2].contains("A"))
            ui->statusdisplay->setText(tr("GPS 运行中"));
        else
            ui->statusdisplay->setText(tr("GPS 无信号"));
}

QString&    GPSWidget::alt_position(QString& alt_str)
    {
        alt_str.clear();
        QByteArray altitude = Gps_list[3];
        float SecNum= altitude.mid(5,4).toInt()*60/10000;
        QString str=QString::number(SecNum);
        if(Gps_list[4]=="N")
        {
            alt_str=tr("北纬")+altitude.mid(0,2)+tr("度")
                +altitude.mid(2,2)+tr("分")
                +str.mid(0,2)+tr("秒");                    //纬度方向
        }
        else
        {
            alt_str=tr("南纬")+altitude.mid(0,2)+tr("度")
                +altitude.mid(2,2)+tr("分")
                +str.mid(0,2)+tr("秒");                    //纬度方向
        }
        return alt_str;
    }

QString&    GPSWidget::lon_position(QString& lon_str)
```

```
    {
        lon_str.clear();
        QByteArray longtitude = Gps_list[5];
        float SecNum = longtitude.mid(6,4).toInt()*60/10000;
        QString str = QString::number(SecNum);
        if(Gps_list[6]=="W")
        {
            lon_str=tr("西经")+longtitude.mid(0,3)+tr("度")
                    +longtitude.mid(3,2)+tr("分")
                    +str.mid(0,2)+tr("秒");                    //经度方向
        }
        else
        {
            lon_str=tr("东经")+longtitude.mid(0,3)+tr("度")
                    +longtitude.mid(3,2)+tr("分")
                    +str.mid(0,2)+tr("秒");                    //经度方向
        }
        return lon_str;
    }

QString&   GPSWidget::UTCdate(QString& u_date)
    {
        u_date.clear();
        QByteArray Udate = Gps_list[9];
        u_date = "20"+Udate.mid(4,2)+tr("年 ")
                 +Udate.mid(2,2)+tr("月 ")
                 +Udate.mid(0,2)+tr("日 ");
        return u_date;
    }

QString&   GPSWidget::UTCtime(QString& u_time)
    {
        //Gps_list[1]+"   UTC"
        u_time.clear();
        QByteArray Utime = Gps_list[1];
        u_time = QString::number((Utime.mid(0,2).toInt())+8)+":"    //小时
                 +Utime.mid(2,2)+":"                               //分
                 +Utime.mid(4,2);                                  //秒
        return u_time;
    }

void GPSWidget::on_StopGPSbtn_clicked()
{
    myGpsCom->close();
    delete myGpsCom;
    readTimer->stop();
    ui->statusBar->setText(tr("串口关闭"));
    setComboBoxEnabled(true);
    ui->StartGPSbtn->setEnabled(true);
    ui->StopGPSbtn->setEnabled(false);
}
```

附录 3　GPRS 短信程序实现源码

（1）main.cpp 源代码如下：

```
#include <QApplication>
#include "smswidget.h"
#include <QTextCodec>

int main(int argc, char *argv[])
{
    QApplication a(argc, argv);
    QTextCodec *codec = QTextCodec::codecForName("UTF-8");
    QTextCodec::setCodecForLocale(codec);
    QTextCodec::setCodecForCStrings(codec);
    QTextCodec::setCodecForTr(codec);
    SMSWidget w;
    w.show();

    return a.exec();
}
```

（2）smswidget.h 源代码如下：

```
#ifndef SMSWIDGET_H
#define SMSWIDGET_H

#include <QWidget>
#include "posix_qextserialport.h"
#include <QMessageBox>
#include <QFile>
#include <QTimer>
//延时，TIME_OUT 是串口读写的延时
#define TIME_OUT 10
//读取定时器计时间隔，200ms，读取定时器是读取串口缓存的延时
#define TIMER_INTERVAL 1000
namespace Ui {
class SMSWidget;
}

class SMSWidget : public QWidget
{
    Q_OBJECT

public:
    explicit SMSWidget(QWidget *parent = 0);
    ~SMSWidget();
    void sendAT(Posix_QextSerialPort* NewCom,int iOrder);          //发送指令
    QString convertMesg(QString);                                  //转换字符串信息变成 PDU 格式
    QString convertPhone(QString);                                 //电话号码两两颠倒
```

```
        int ConnectPduData(QString,QString,QString);
        void SendSms(QString qStrSend,QString qStrNum);             //发送短信
        QString stringToUnicode(QString str);                        //字符串转为 unicode
        QString DecToUnicode(QString strSrc);
        QString Bit7Decode(QString &strSrc);
        int GSMDecode7bit( const unsigned char *pSrc, char *pDst, int nSrcLength );
        QString ReadMsg(QString str);
private slots:
        void on_Startsmsbtn_clicked();
        void on_Stopsmsbtn_clicked();
        void on_btnSendSMS_clicked();
        void on_btnReceivesms_clicked();
        void on_btn1_clicked();
        void on_btn2_clicked();
        void on_btn3_clicked();
        void on_btn4_clicked();
        void on_btn5_clicked();
        void on_btn6_clicked();
        void on_btn7_clicked();
        void on_btn8_clicked();
        void on_btn9_clicked();
        void on_btn0_clicked();
        void on_btnback_clicked();
        void on_lineEditcenterphone_lostFocus();
        void on_lineEditsmsphone_lostFocus();
        void slotReadMesg();
private:
        Ui::SMSWidget *ui;
        Posix_QextSerialPort *mySmsCom;                              //定义读 SMS 端口
        void setComboBoxEnabled(bool status);
        QString strPhoneNumber;
        QString strCenterNumber;
        void    sleep(unsigned int msec);
        QString m_qStrInfo;                                          //串口接收的信息
        QString m_SendCont;                                          //整理好的短信发送内容
        QString sHex;
        QString str;
        bool focusflag;
        QTimer     *readTimer;                                       //定义一个定时器
    int timerdly;
    QString strMsgContent;
};
#endif // SMSWIDGET_H
```

（3）smswidget.cpp 源代码如下：

```
#include "smswidget.h"
#include "ui_smswidget.h"
#include <QDebug>
#include <QTextCodec>
#include <QTime>
```

```
#include <QVector>

SMSWidget::SMSWidget(QWidget *parent) :
    QWidget(parent),
    ui(new Ui::SMSWidget)
{
    ui->setupUi(this);
    ui->Startsmsbtn->setEnabled(true);
    ui->Stopsmsbtn->setEnabled(false);
    ui->statusBar->setText(tr("串口关闭"));
    ui->textEditsmsContent->setText(tr("主人您好!"));
    //初始化读取定时器计时间隔
    timerdly = TIMER_INTERVAL;
    //设置读取计时器
    readTimer = new QTimer(this);
    connect(readTimer, SIGNAL(timeout()), this, SLOT(slotReadMesg()));
}

void SMSWidget::setComboBoxEnabled(bool status)
{
    ui->portNameComboBoxGPS->setEnabled(status);
    ui->baudRateComboBoxGPS->setEnabled(status);
    ui->dataBitsComboBoxGPS->setEnabled(status);
    ui->parityComboBoxGPS->setEnabled(status);
    ui->stopBitsComboBoxGPS->setEnabled(status);
}

SMSWidget::~SMSWidget()
{
    delete ui;
}

void SMSWidget::on_Startsmsbtn_clicked()
{
  QString portName = "/dev/" + ui->portNameComboBoxGPS->currentText();    //获取串口名
        mySmsCom = new Posix_QextSerialPort(portName, QextSerialBase::Polling);
        //这里 QextSerialBase::QueryMode 应该使用 QextSerialBase::Polling
        if(mySmsCom->open(QIODevice::ReadWrite)){
                ui->statusBar->setText(tr("串口打开成功"));
        }else{
                ui->statusBar->setText(tr("串口打开失败"));
            return;
        }
        //设置波特率
        mySmsCom->setBaudRate((BaudRateType)ui->baudRateComboBoxGPS->currentIndex());
        //设置数据位
        mySmsCom->setDataBits((DataBitsType)ui->dataBitsComboBoxGPS->currentIndex());
        //设置校验位
        mySmsCom->setParity((ParityType)ui->parityComboBoxGPS->currentIndex());
        //设置停止位
```

```
        mySmsCom->setStopBits((StopBitsType)ui->stopBitsComboBoxGPS->currentIndex());
        //设置数据流控制
        mySmsCom->setFlowControl(FLOW_OFF);
        //设置延时
        mySmsCom->setTimeout(TIME_OUT);
        setComboBoxEnabled(false);
        readTimer->start(TIMER_INTERVAL);
        ui->Startsmsbtn->setEnabled(false);
        ui->Stopsmsbtn->setEnabled(true);
}

void SMSWidget::on_Stopsmsbtn_clicked()
{
    mySmsCom->close();
    delete mySmsCom;
    readTimer->stop();
    ui->statusBar->setText(tr("串口关闭"));
    setComboBoxEnabled(true);
    ui->Startsmsbtn->setEnabled(true);
    ui->Stopsmsbtn->setEnabled(false);
}

void SMSWidget::on_btnSendSMS_clicked()
{
    sendAT(mySmsCom,1);
    sleep(5000);
    ConnectPduData(ui->textEditsmsContent->toPlainText(),ui->lineEditcenterphone->text(),ui->lineEditsmsphone->text());
    sendAT(mySmsCom,2);
    sleep(5000);
    sendAT(mySmsCom,3);
}

void SMSWidget::slotReadMesg()
{
    QByteArray temp = mySmsCom->readAll();
    m_qStrInfo.append(temp.data());
    QString strsms=QString(temp);
  if(m_qStrInfo.contains("CMGL")&&m_qStrInfo.contains("OK"))
    {
    strMsgContent= ReadMsg(strsms);
    ui->textBrowsersms->append(strMsgContent);
     qDebug()<<"strsms"<<strsms<<endl;
     qDebug()<<"strMsgContent"<<strMsgContent<<endl;
    }
}

QString SMSWidget::ReadMsg(QString strMsg)
{
    QString strNum;
    char *strdd="Time: ";
```

```
char *strcontent="Content: ";
QString ctrlouttmp;
QString strupper;
int n, nPDULength, i, len ;
QString strData,strSrc,strDes,nType,strPDULength;
QString strnumber , strdate, strnumtmp, strdatetmp;
const char *charPDULength;
QString messagecontent;
n = strMsg.findRev(',');
strPDULength = strMsg.mid(n+1,2);
charPDULength=strPDULength.latin1();
nPDULength=(*charPDULength-48)*10;
nPDULength+=*(charPDULength+1)-48;
// get the TPDU content
strData = strMsg.mid(n+23,nPDULength*2);
// get the mobile phone number
strnumber=strData.mid(6,14);        //modify 6,12
// decode the mobile phone number
len=strnumber.length();
for(i=0;i<len-2;i=i+2)
{
strnumtmp+=strnumber.mid(i+1,1);
strnumtmp+=strnumber.mid(i,1);
}
strnumtmp+=strnumber.mid(i+1,1);
strNum=strnumtmp;
// get the date and time
strdate=strData.mid(24,12); //22,12
len=strdate.length();
// decode the date and time
for(i=0;i<len;i=i+2)
{
strdatetmp+=strdate.mid(i+1,1);
strdatetmp+=strdate.mid(i,1);
if(i<4)
    strdatetmp+="-";
if(i==4)
    strdatetmp+="    ";
if((i>4)&&(i<10))
    strdatetmp+=":";
}
// add the decoded date & time into the message content
messagecontent+=QString( strdd+strdatetmp+"\n" );
nType=strData.mid(22,2);//20,2
// get the content string
strSrc = strData.mid(40,(nPDULength-19)*2);
if(nType.find("00",false)>=0)
// 7 bits decoding
strDes=Bit7Decode(strSrc);
else
```

```
        // PDU decoding ( it's what we use in this contest )
        strDes=DecToUnicode(strSrc);
        strDes=strDes.lower();
        // add the decoded date & time into the message content
        messagecontent+=QString(strcontent+strDes+"\n");
       //return strDes;
        return messagecontent;
}

QString SMSWidget::DecToUnicode(QString strSrc)
{
        int strlength;
        QString strMsgtmp,str0;
        bool ok;
        QString strMsgout;
        ushort num;
        strlength=strSrc.length();
        const ushort *data;
        for(int i=0;i<strlength;i=i+4)
        {
              str0=strSrc.mid(i,4);
              num=str0.toUShort(&ok,16);
              data=&num;
              strMsgtmp=strMsgtmp.setUnicodeCodes(data,1);
              strMsgout+=strMsgtmp;
        }
        return strMsgout;
}

/****************************************************************************/
QString SMSWidget::Bit7Decode(QString &strSrc)
{
        unsigned char pDst[4096];
        char pSrc[4096];
        int i, length;
        int strlength=strSrc.length();
        for(i=0;i<strlength;i++)
        {
              pSrc[i]=strSrc.at(i).latin1();
        }
        for(i=0;   i<strlength;i=i+2)
        {
              char c[2];
              char *p;
              unsigned long t;
              c[0]=pSrc[i];
              c[1]=pSrc[i+1];
              t=strtoul (c,&p,16);
              pDst[i/2]=t;
        }
```

```
    length=GSMDecode7bit(pDst,pSrc,strlength/2);
    QString textout=pSrc;
    return textout;
}

/*************************************************************************/
int SMSWidget::GSMDecode7bit( const unsigned char *pSrc, char *pDst, int nSrcLength )
{
    int nSrc=0;
    int nDst=0;
    int nByte=0;
    unsigned char nLeft=0;
    while(nSrc<nSrcLength)
    {
        *pDst = ((*pSrc << nByte) | nLeft) & 0x7f;
        nLeft = *pSrc >> (7-nByte);
        pDst++;
        nDst++;
        nByte++;
        if(nByte == 7)
        {
        *pDst = nLeft ;
        pDst++;
        nDst++;
        nByte = 0;
        nLeft = 0;
        }
        pSrc++;
        nSrc++;
    }
    *pDst = 0;
    return nDst;
}

void SMSWidget::on_btnReceivesms_clicked()
{
    sendAT(mySmsCom,1);
    sleep(5000);
    sendAT(mySmsCom,4);
   }

void SMSWidget::on_btn1_clicked()
{
    if(focusflag)
    {
        str= ui->lineEditsmsphone->text();
        str += '1';
      ui->lineEditsmsphone->setText(str);
    }
    else
```

```
        {
            str= ui->lineEditcenterphone->text();
            str += '1';
        ui->lineEditcenterphone->setText(str);
        }
}

void SMSWidget::on_btn2_clicked()
{
        if(focusflag)
        {
            str= ui->lineEditsmsphone->text();
            str += '2';
          ui->lineEditsmsphone->setText(str);
        }
        else
        {
            str= ui->lineEditcenterphone->text();
            str += '2';
        ui->lineEditcenterphone->setText(str);
        }
}

void SMSWidget::on_btn3_clicked()
{
        if(focusflag)
        {
            str= ui->lineEditsmsphone->text();
            str += '3';
          ui->lineEditsmsphone->setText(str);
        }
        else
        {
            str= ui->lineEditcenterphone->text();
            str += '3';
        ui->lineEditcenterphone->setText(str);
        }
}

void SMSWidget::on_btn4_clicked()
{
        if(focusflag)
        {
            str= ui->lineEditsmsphone->text();
            str += '4';
          ui->lineEditsmsphone->setText(str);
        }
        else
        {
            str= ui->lineEditcenterphone->text();
```

```
            str += '4';
        ui->lineEditcenterphone->setText(str);
        }
}

void SMSWidget::on_btn5_clicked()
{
        if(focusflag)
        {
            str= ui->lineEditsmsphone->text();
            str += '5';
          ui->lineEditsmsphone->setText(str);
        }
        else
        {
            str= ui->lineEditcenterphone->text();
            str += '5';
        ui->lineEditcenterphone->setText(str);
        }
}

void SMSWidget::on_btn6_clicked()
{
        if(focusflag)
        {
            str= ui->lineEditsmsphone->text();
            str += '6';
          ui->lineEditsmsphone->setText(str);
        }
        else
        {
            str= ui->lineEditcenterphone->text();
            str += '6';
        ui->lineEditcenterphone->setText(str);
        }
}

void SMSWidget::on_btn7_clicked()
{
        if(focusflag)
        {
            str= ui->lineEditsmsphone->text();
            str += '7';
          ui->lineEditsmsphone->setText(str);
        }
        else
        {
            str= ui->lineEditcenterphone->text();
            str += '7';
        ui->lineEditcenterphone->setText(str);
```

```
    }
}

void SMSWidget::on_btn8_clicked()
{
    if(focusflag)
    {
        str= ui->lineEditsmsphone->text();
        str += '8';
      ui->lineEditsmsphone->setText(str);
    }
    else
    {
        str= ui->lineEditcenterphone->text();
        str += '8';
    ui->lineEditcenterphone->setText(str);
    }
}

void SMSWidget::on_btn9_clicked()
{
    if(focusflag)
    {
        str= ui->lineEditsmsphone->text();
        str += '9';
      ui->lineEditsmsphone->setText(str);
    }
    else
    {
        str= ui->lineEditcenterphone->text();
        str += '9';
    ui->lineEditcenterphone->setText(str);
    }
}

void SMSWidget::on_btn0_clicked()
{
    if(focusflag)
    {
        str= ui->lineEditsmsphone->text();
        str += '0';
      ui->lineEditsmsphone->setText(str);
    }
    else
    {
        str= ui->lineEditcenterphone->text();
        str += '0';
    ui->lineEditcenterphone->setText(str);
```

```
        }
}

void SMSWidget::on_btnback_clicked()
{
    if(focusflag)
    {
    str = ui->lineEditsmsphone->text();
    str = str.left(str.length()-1);
    ui->lineEditsmsphone->setText(str);
    }
    else
    {
        str = ui->lineEditcenterphone->text();
        str = str.left(str.length()-1);
        ui->lineEditcenterphone->setText(str);
    }
}

void SMSWidget::sendAT(Posix_QextSerialPort *myCom1 ,int iOrder)
{
    QString qStrCmd;
    switch(iOrder)
    {
    case 1:
    {
        //设置短信格式
        qStrCmd= "AT+CMGF=0\r";
        myCom1->write(qStrCmd.toAscii());
        break;
    }
    case 2:
    {
        //发送短信长度指令
        int iLength=strlen(m_SendCont.toStdString().c_str())/2;
        qDebug()<<"sms======len:"<<iLength;
        qStrCmd=QString("%1%2\r").arg("AT+CMGS=").arg(iLength-9);
        myCom1->write(qStrCmd.toAscii());
        break;
    }
    case 3:
    {
        //发送短信内容指令
        qDebug()<<"sms======cont:"<<m_SendCont;
        myCom1->write((m_SendCont+"\x01a").toStdString().c_str());
        break;
    }
    case 4:
```

```
            //读取未读短信
            qStrCmd= "AT+CMGL=0\r";
            qDebug()<<qStrCmd;
            myCom1->write(qStrCmd.toAscii());
                break;
    default:
        break;
    }
}

QString SMSWidget::stringToUnicode(QString str)
{
QTextCodec::setCodecForTr(QTextCodec::codecForLocale());
    const QChar *q;
    QChar qtmp;
    QString str0, strout;
    int num;
    q=str.unicode();
    int len=str.count();
    for(int i=0;i<len;i++)
    {
        qtmp =(QChar)*q++;
        num= qtmp.unicode();
        if(num<255)
            strout+="00";                //英文或数字前加“00”
        str0=str0.setNum(num,16);        //变成十六进制数
        strout+=str0;
    }
    return strout;
}

QString SMSWidget::convertMesg(QString qStrMesg)
{
    QTextCodec::setCodecForTr(QTextCodec::codecForLocale());
    qStrMesg = tr(qStrMesg.toStdString().c_str());
    qStrMesg=stringToUnicode(qStrMesg);
    int i=qStrMesg.length()/2;               //内容长度
    QString sHex1;
    sHex1.setNum(i,16);
    if(sHex1.length()==1)
    {
        sHex1="0"+sHex1;
    }
    QString qStrMesgs;
    qStrMesgs = QString("%1%2").arg(sHex1).arg(qStrMesg);
    qDebug()<<qStrMesgs<<endl;
    return qStrMesgs;
}
```

```
QString SMSWidget::convertPhone(QString qStrPhone)
{
    int i=qStrPhone.length()+2;                //长度包括 86
    sHex.setNum(i,16);                         //转成十六进制
    if(sHex.length()==1)
    {
        sHex="0"+sHex;
    }
    if(qStrPhone.length()%2 !=0)               //为奇数位后面加 F
    {
        qStrPhone+="F";
    }
    //奇数位偶数位交换
    QString qStrTemp2;
    for(int i=0; i<qStrPhone.length(); i+=2)
    {
        qStrTemp2 +=qStrPhone.mid(i+1,1)+qStrPhone.mid(i,1);
    }
    return qStrTemp2;
}
int SMSWidget::ConnectPduData(QString Msg,QString centerphone,QString smsphone)
{
   QString    centerStr=convertPhone(centerphone);
   QString    smsStr=convertPhone(smsphone);
   QString    smsMsg=convertMesg(Msg);
  //1100：固定；sHex：手机号码的长度，不包括+号，十六进制表示；91：发送到手机为 91
QString   qStrTemp2="089168"+centerStr+"1100"+sHex+"9168"+smsStr+"000801"+smsMsg;
    m_SendCont=qStrTemp2;
    return m_SendCont.length();
}

void SMSWidget::sleep(unsigned int msec)
{
    QTime dieTime = QTime::currentTime().addMSecs(msec);
    while( QTime::currentTime() < dieTime )
        QCoreApplication::processEvents(QEventLoop::AllEvents, 100);
}

void SMSWidget::on_lineEditcenterphone_lostFocus()
{
    focusflag=false;
}

void SMSWidget::on_lineEditsmsphone_lostFocus()
{
    focusflag=true;
}
```

附录 4 温湿度实时数据曲线图程序实现源码

（1）main.cpp 源代码如下：

```
#include <QApplication>
#include "chartwidget.h"
#include <QTextCodec>     //Qt 的字符编码头文件

int main(int argc, char *argv[])
{
    QApplication a(argc, argv);
   QTextCodec::setCodecForTr(QTextCodec::codecForName("utf8"));
    ChartWidget w;
    w.show();

    return a.exec();
}
```

（2）chartwidget.h 源代码如下：

```
#ifndef CHARTWIDGET_H
#define CHARTWIDGET_H
#include <QWidget>
#include "posix_qextserialport.h"
#include <QMessageBox>
#include <QFile>
#include <QTimer>
#include "qcustomplot.h"
//延时，TIME_OUT 是串口读写的延时
#define TIME_OUT 10
//读取定时器计时间隔，200ms，读取定时器是读取串口缓存的延时
#define TIMER_INTERVAL 500
namespace Ui {
class ChartWidget;
}

class ChartWidget : public QWidget
{
    Q_OBJECT
public:
    explicit ChartWidget(QWidget *parent = 0);
    ~ChartWidget();
private slots:
    void on_StartChartbtn_clicked();
    void on_StopChartbtn_clicked();
    void readMyComA();            //读取串口 A
    void realtimeDataSlot();
private:
    Ui::ChartWidget *ui;
```

```
    void startInit();
    void setComboBoxEnabled(bool status);
    void setupRealtimeDataDemo(QCustomPlot *customPlot);
    int timerdly;
    Posix_QextSerialPort *myComA;           //定义串口 A
    QTimer *readTimerA;                     //定时器 A
    QTimer *dataTimer;
    QMutex mutex;
     int tempdata;
       int humdata;
};
#endif // CHARTWIDGET_H
```

（3）chartwidget.cpp 源代码如下：

```
#include "chartwidget.h"
#include "ui_chartwidget.h"
#include <QDebug>
#include <QPainter>                          //画图头文件
#include <QDesktopWidget>
#include <QScreen>
#include <QMessageBox>
#include <QMetaEnum>

ChartWidget::ChartWidget(QWidget *parent) :
    QWidget(parent),
    ui(new Ui::ChartWidget)
{
    ui->setupUi(this);
    startInit();
    ui->statusBar->setText(tr("串口关闭"));
    setGeometry(400, 250, 542, 390);
    dataTimer = new QTimer(this);
    connect(dataTimer, SIGNAL(timeout()), this, SLOT(realtimeDataSlot()));
}

//初始化
void ChartWidget::startInit()
{
   ui->StartChartbtn->setEnabled(true);
   ui->StopChartbtn->setEnabled(false);
    //初始化读取定时器计时间隔
    timerdly = TIMER_INTERVAL;
    //设置读取计时器
    readTimerA = new QTimer(this);
    connect(readTimerA, SIGNAL(timeout()), this, SLOT(readMyComA()));
}

void ChartWidget::setComboBoxEnabled(bool status)
{
    ui->portNameComboBox->setEnabled(status);
```

```
        ui->baudRateComboBox->setEnabled(status);
        ui->dataBitsComboBox->setEnabled(status);
        ui->parityComboBox->setEnabled(status);
        ui->stopBitsComboBox->setEnabled(status);
}

ChartWidget::~ChartWidget()
{
        delete ui;
}

void ChartWidget::on_StartChartbtn_clicked()
{
        QString portName = "/dev/" + ui->portNameComboBox->currentText();    //获取串口名
        myComA = new Posix_QextSerialPort(portName, QextSerialBase::Polling);
        //这里 QextSerialBase::QueryMode 应该使用 QextSerialBase::Polling
        if(myComA->open(QIODevice::ReadOnly)){
                ui->statusBar->setText(tr("串口打开成功"));
        }else{
                ui->statusBar->setText(tr("串口打开失败"));
            return;
        }
        //设置波特率
        myComA->setBaudRate((BaudRateType)ui->baudRateComboBox->currentIndex());
        //设置数据位
        myComA->setDataBits((DataBitsType)ui->dataBitsComboBox->currentIndex());
        //设置校验位
        myComA->setParity((ParityType)ui->parityComboBox->currentIndex());
        //设置停止位
        myComA->setStopBits((StopBitsType)ui->stopBitsComboBox->currentIndex());
        //设置数据流控制
        myComA->setFlowControl(FLOW_OFF);
        //设置延时
        myComA->setTimeout(TIME_OUT);
        setComboBoxEnabled(false);
        readTimerA->start(TIMER_INTERVAL);
        ui->StartChartbtn->setEnabled(false);
        ui->StopChartbtn->setEnabled(true);
}

//读取串口 A 并显示出来
void ChartWidget::readMyComA()
{
        QByteArray temp = myComA->readAll();
        QString    str=QString(temp);
        bool ok;
        //取数据，发信号，各 FORM 接收处理
        if(!temp.isEmpty())
        {
            if(str.indexOf("0102")>=0)
```

```
            {
                QString    humidity=str.mid((str.indexOf("0102")+4),2);
                ui->lineEdithum->setText(humidity);
                 humdata=humidity.toInt(&ok);
                   qDebug()<<humdata;
            }
            if(str.indexOf("0101")>=0)
             {
               QString    temprature=str.mid((str.indexOf("0101")+4),2);
                ui->lineEdittemp->setText(temprature);
                tempdata=temprature.toInt(&ok);
                 setupRealtimeDataDemo(ui->customPlot);
             }
        }
}

void ChartWidget::setupRealtimeDataDemo(QCustomPlot *customPlot)
{
#if QT_VERSION < QT_VERSION_CHECK(4, 7, 0)
   QMessageBox::critical(this, "", "You're using Qt < 4.7, the realtime data demo needs functions that are available with Qt
   4.7 to work properly");
#endif
  // demoName = "Real Time Data Demo";
   customPlot->addGraph(); // blue line
   customPlot->graph(0)->setPen(QPen(Qt::blue));
   customPlot->graph(0)->setBrush(QBrush(QColor(240, 255, 200)));
   customPlot->graph(0)->setAntialiasedFill(false);
   customPlot->addGraph(); // red line
   customPlot->graph(1)->setPen(QPen(Qt::red));
   customPlot->graph(0)->setChannelFillGraph(customPlot->graph(1));
   customPlot->addGraph(); // blue dot
   customPlot->graph(2)->setPen(QPen(Qt::blue));
   customPlot->graph(2)->setLineStyle(QCPGraph::lsNone);
   customPlot->graph(2)->setScatterStyle(QCPScatterStyle::ssDisc);
   customPlot->addGraph(); // red dot
   customPlot->graph(3)->setPen(QPen(Qt::red));
   customPlot->graph(3)->setLineStyle(QCPGraph::lsNone);
   customPlot->graph(3)->setScatterStyle(QCPScatterStyle::ssDisc);
   customPlot->xAxis->setTickLabelType(QCPAxis::ltDateTime);
   customPlot->xAxis->setDateTimeFormat("hh:mm:ss");
   customPlot->xAxis->setAutoTickStep(false);
   customPlot->xAxis->setTickStep(2);
   customPlot->axisRect()->setupFullAxesBox();
   // make left and bottom axes transfer their ranges to right and top axes:
   connect(customPlot->xAxis, SIGNAL(rangeChanged(QCPRange)), customPlot->xAxis2, SLOT(setRange(QCPRange)));
   connect(customPlot->yAxis, SIGNAL(rangeChanged(QCPRange)), customPlot->yAxis2, SLOT(setRange(QCPRange)));
   // setup a timer that repeatedly calls MainWindow::realtimeDataSlot:
   dataTimer->start(10);                          // Interval 0 means to refresh as fast as possible
}
```

```
void ChartWidget::realtimeDataSlot()
{
  // calculate two new data points:
#if QT_VERSION < QT_VERSION_CHECK(4, 7, 0)
  double key = 0;
#else
  double key = QDateTime::currentDateTime().toMSecsSinceEpoch()/1000.0;
#endif
  static double lastPointKey = 0;
  if (key-lastPointKey > 0.01)             // at most add point every 10 ms
  {
    // add data to lines:
    ui->customPlot->graph(0)->addData(key, tempdata);
    ui->customPlot->graph(1)->addData(key, humdata);
    // set data of dots:
    ui->customPlot->graph(2)->clearData();
    ui->customPlot->graph(2)->addData(key, tempdata);
    ui->customPlot->graph(3)->clearData();
    ui->customPlot->graph(3)->addData(key, humdata);
    // remove data of lines that's outside visible range:
    ui->customPlot->graph(0)->removeDataBefore(key-8);
    ui->customPlot->graph(1)->removeDataBefore(key-8);
    // rescale value (vertical) axis to fit the current data:
    ui->customPlot->graph(0)->rescaleValueAxis();
    ui->customPlot->graph(1)->rescaleValueAxis(true);
    lastPointKey = key;
  }
  // make key axis range scroll with the data (at a constant range size of 8):
  ui->customPlot->xAxis->setRange(key+0.5, 10, Qt::AlignRight);
  ui->customPlot->replot();
}

void ChartWidget::on_StopChartbtn_clicked()
{
    myComA->close();
    delete myComA;
    dataTimer->stop();
    readTimerA->stop();
    ui->statusBar->setText(tr("串口关闭"));
    setComboBoxEnabled(true);
    ui->StartChartbtn->setEnabled(true);
    ui->StopChartbtn->setEnabled(false);
}
```